信息通信工程设计实务（下册）

——管线及铁塔工程设计与概预算

编著　孙青华　张志平　牛建彬
曲文敬　郭　武

北京理工大学出版社
BEIJING INSTITUTE OF TECHNOLOGY PRESS

内 容 简 介

本系列书籍共分上、下两册，全面地介绍通信工程设计及概预算的理论及实务，从通信工程设计的专业岗位出发，以典型工作任务为主线，系统介绍动力系统、传输、交换、数据、监控、移动、管道、线路、小区接入、室分、铁塔系统的设计及概预算编制方法。

上册主要介绍设备工程设计与概预算实务，共分 6 章，以设计专业岗位为基础，以典型工作任务为主线展开。第 1 章介绍了电源设备安装工程的勘察、设计及概预算编制；第 2～4 章讲述了通信设备（包括传输、数据、交换）工程的勘察、设计及概预算编制；第 5 章讲述了视频监控设备工程的勘察、设计及概预算编制；第 6 章重点介绍了无线通信设备工程的勘察、设计及概预算编制。

下册主要介绍管线工程设计与概预算实务，共分 5 章，以线务工程为基础，以典型工作任务为主线展开讲述。第 1 章介绍了通信管道工程的勘察、设计及概预算编制；第 2 章介绍了通信线路工程的勘察、设计及概预算编制；第 3 章介绍了小区接入工程的勘察、设计及概预算编制；第 4 章介绍了无线室内分布系统的勘察、设计及概预算编制；第 5 章介绍了铁塔工程的勘察、设计及概预算编制。

本书可作为通信类核心专业能力课程的配套教材，包括了大量情境教学实例，既可作为通信工程、移动通信、数据通信、光纤通信、通信工程设计与监理等专业本科或高职高专教材，也可作为通信系统、网络工程、通信工程设计与监理的工程技术人员的参考书。

版权专有　侵权必究

图书在版编目（CIP）数据

信息通信工程设计实务. 下册，管线及铁塔工程设计与概预算 / 孙青华等编著. --北京：北京理工大学出版社，2022.11

ISBN 978-7-5763-1905-7

Ⅰ. ①信…　Ⅱ. ①孙…　Ⅲ. ①通信线路–线路工程–工程设计–概算编制②通信线路–线路工程–工程设计–预算编制③输电铁塔–工程设计–概算编制④输电铁塔–工程设计–预算编制　Ⅳ. ①TN91

中国版本图书馆 CIP 数据核字（2022）第 230372 号

出版发行 / 北京理工大学出版社有限责任公司
社　　址 / 北京市海淀区中关村南大街 5 号
邮　　编 / 100081
电　　话 /（010）68914775（总编室）
（010）82562903（教材售后服务热线）
（010）68944723（其他图书服务热线）
网　　址 / http://www.bitpress.com.cn
经　　销 / 全国各地新华书店
印　　刷 / 三河市龙大印装有限公司
开　　本 / 787 毫米×1092 毫米　1/16
印　　张 / 14.5
字　　数 / 323 千字
版　　次 / 2022 年 11 月第 1 版　2022 年 11 月第 1 次印刷
定　　价 / 65.00 元

责任编辑 / 王玲玲
文案编辑 / 王玲玲
责任校对 / 刘亚男
责任印制 / 施胜娟

图书出现印装质量问题，请拨打售后服务热线，本社负责调换

前　言

通信技术的革命将改变人们的生活、工作和相互交往的方式。伴随着通信技术的发展，信息产业已成为信息化社会的基础。特别是光通信、移动通信突飞猛进，使通信技术日新月异，作为社会基础设施的通信技术革新正向数字化、宽带化、综合化、智能化和个人化方向发展。通信工程建设项目日益增加，急需既懂通信专业理论又懂工程设计的复合型人才。

本系列书籍以通信设计专业岗位为基础，以典型工作任务为主线，系统地介绍了电源、传输、数据、交换、视频监控、移动、管道、线路、小区接入、室分系统、铁塔工程的勘察、设计及概预算编制方法。由于通信工程发展很快，本系列书籍在内容广泛、实用和讲解通俗的基础上，尽量选用最新的资料。

学习本书所需要的准备

学习本书需要具备现代通信技术的基础知识。对各类通信网络有一定了解的读者都会在本书中得到有益的知识。

本书的风格

作为通信工程专业核心技能培养的配套教材，本系列书籍选取了大量的情境教学实例，以期达到理论与实践一体化的教学效果。本系列书籍分为上、下两册，从通信工程设计的专业岗位出发，以典型工作任务为主线，系统介绍设备工程、线务工程以及其他典型工程的勘察、设计及概预算编制方法与实务。上册重点介绍设备工程设计与概预算实务，下册重点介绍管线工程设计与概预算实务。

本系列书籍含有大量的图表、数据、案例和插图，以达到深入浅出的教学效果。通信工程设计及概预算涉及内容比较复杂，而且与通信工程设计与概预算有前后的关联性，本系列书籍尽可能用形象的图表及实例来解释和描述，为读者建立清晰而完整的体系框架（见下图）。

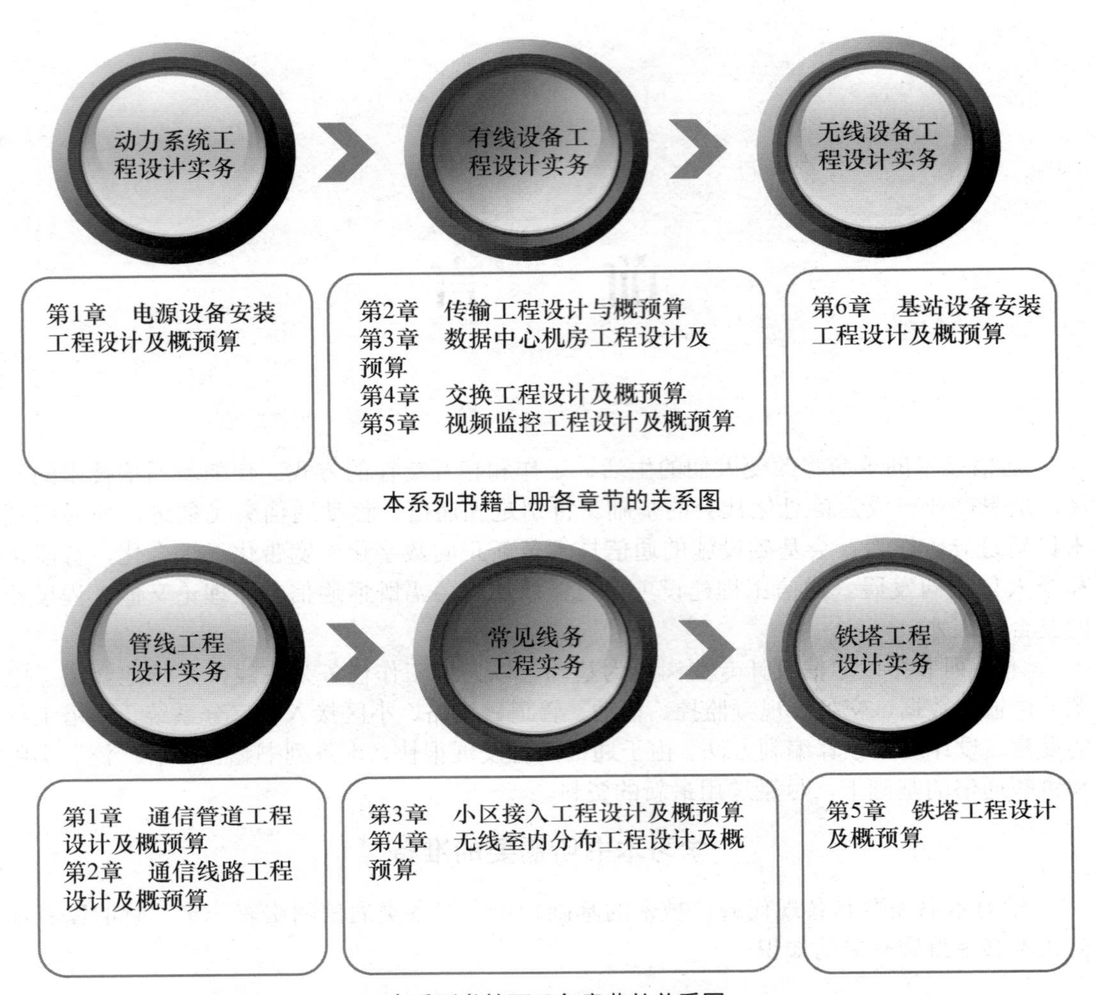

本系列书籍上册各章节的关系图

本系列书籍下册各章节的关系图

在每章的开始明确本章的学习重点、难点、课程思政及学习目录和要求，引导读者深入学习。

为配合教、学、做一体的教学形式，本书结合每章教学内容，设计了教学情境，使教学与实践有机结合在一起。

随着云大物智移技术的发展，通信工程成为当前最有活力的领域之一，书中的内容紧跟当前发展的脚步。

上册的结构

第 1 章以典型的电源设备安装工程设计为主线，介绍了电源及机房环境的工程勘察、方案设计、设备选型、设计文档编制及概预算文档编制等。

第 2 章以典型的传输设备工程设计为主线，介绍了传输工程勘察、方案设计、设备选型、设计文档编制及概预算文档编制等。

第 3 章以典型的数据设备工程设计为主线，介绍了数据通信工程勘察、方案设计、设备选型、设计文档编制及概预算文档编制等。

第 4 章以典型的交换设备工程设计为主线，介绍了交换工程勘察、方案设计、设备选型、设计文档编制及概预算文档编制等。

第 5 章以典型的视频监控设备工程设计为主线，介绍了监控设备工程勘察、方案设计、设备选型、设计文档编制及概预算文档编制等。

第 6 章以典型的无线设备工程设计为主线，介绍了移动通信工程勘察、方案设计、设备选型、设计文档编制及概预算文档编制等。

下册的结构

第 1 章以典型的通信管道工程设计为主线，介绍了通信管道工程勘察、方案设计、设计文档编制及概预算文档编制等。

第 2 章以典型的通信线路工程设计为主线，介绍了线路工程勘察、方案设计、设计文档编制及概预算文档编制等。

第 3 章以典型的小区接入工程设计为主线，介绍了小区接入工程勘察、方案设计、设计文档编制及概预算文档编制等。

第 4 章以典型的无线室内分布系统设计为主线，介绍了室分系统的工程勘察、方案设计、设备选型、设计文档编制及概预算文档编制等。

第 5 章以典型的铁塔工程设计为主线，介绍了铁塔工程的勘察、方案设计、设计文档编制及概预算文档编制等。

在本书的编写过程中，我要感谢我的同事和朋友给我的影响和帮助。特别感谢河北电信咨询有限公司技术创新中心的支撑与建议，感谢中国移动通信集团设计院有限公司郭武高级工程师的支持与帮助。

本书上册第 1 章由石家庄邮电职业技术学院刘保庆编著；第 2 章由石家庄邮电职业技术学院孙青华和河北电信设计咨询有限公司赵建鹏编著；第 3 章由石家庄邮电职业技术学院曲文敬编著；第 4 章由河北电信设计咨询有限公司张东风编著；第 5 章由惠远通服科技有限公司顾长青编著；第 6 章由河北电信设计咨询有限公司阎伟然编著。下册第 1 章和第 3 章由惠远通服科技有限公司牛建彬编著；第 2 章由石家庄邮电职业技术学院张志平编著；第 4 章由石家庄邮电职业技术学院曲文敬编著；第 5 章由石家庄邮电职业技术学院孙青华与郭武共同编著。全书统稿孙青华。由于编者水平有限，书中难免存在一些缺点和欠妥之处，恳切希望广大读者批评指正。

孙青华

目　录

第 1 章　通信管道工程设计及概预算

本章内容

- 通信管道工程勘察与设计方法
- 通信管道工程概预算编制方法

本章重点

- 通信管道工程勘察方法
- 通信管道工程设计方案的确定
- 通信管道工程概预算编制方法

本章难点

- 通信管道工程纵剖面设计
- 通信管道工程的工程量统计

本章学习目的和要求

- 理解通信管道的概念和特点
- 掌握通信管道工程勘察、设计的一般方法
- 掌握通信管道工程概预算的编制方法

本章课程思政

- 通过通信管道项目，体验规划设计工作在我国城市化、宽带化进程中的关键作用，培养严谨、认真的工作态度和工匠精神。

本章学时数：8 学时

1.1　通信管道工程概述

1.1.1　基本概念

通信管道作为信息通信线缆的主要载体之一，是城市通信线路的主要敷设方式，为基础电信运营商及地方政府、企事业单位提供地下通信线路专用通道。

1. 通信管道

通信管道指以管型材料为主体、为通信线缆提供敷设安装路由和固定、保护功能的建筑物。通信管道一般为地下埋设方式，属于隐蔽工程。

2. 通信通道

通信通道是一种以砖砌侧墙（240 mm 或 370 mm）承载光缆、电缆的建筑结构空间。优点是容纳线缆条数较多，主要适用于所需容量大（管孔大于 48 孔）、不易扩建的地段，如大局站的局前部分、穿越城市主干街道、高速公路、铁道等路段的管道，可以考虑建筑通信通道。

3. 综合管廊

综合管廊是指在城市道路下面修建的，集中了供热、给排水、电力、通信等多种工程管线的市政隧道空间。其特点是综合性强、容量大、可以避免反复开挖、后期管线检修较方便，但一次性投资大，因专业交叉多，消防、通风、监控等配套设施要求严格，需要实施统一的规划设计、建设和管理。

综合管廊分为干线综合管廊、支线综合管廊和线缆管廊，当前的综合管廊多采用整体现浇钢筋混凝土结构或预制拼装结构，多为矩形或圆形截面。通信线缆在综合管廊以桥架或托架方式敷设安装。图 1－1 为设有两个独立舱室的干线综合管廊示意图。

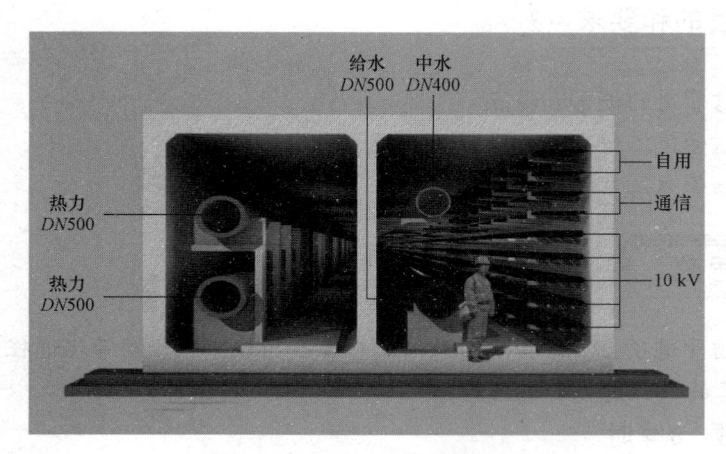

图 1－1　干线综合管廊示意图

1.1.2 通信管道的组成

从通信工程设计角度，通信管道由管道段和人（手）孔组成。

1. 人（手）孔

人（手）孔是指管道建筑中用于线缆施工和检修（包括线缆穿放、接头、分歧和引出等）而设置的建筑结构空间，是管道连接、转向和分歧的节点。管道人孔和手孔主要差异是容积不同。手孔容积较小，而人孔容积较大，有相对宽裕的作业空间。通信管道人孔、手孔建筑的规格型号标准详见通信标准图集，如小号直通人孔等。工程中也可以根据需要采用非标人（手）孔建筑。

2. 管道段

管道段是指由人（手）孔等分割成的，具有一定长度，按一定规则排列的管孔组合（管群）规模的管路。同一个管道段内，管材规格、管孔数量不可改变，一般为直线路由，特殊情况下可采用小的弧形弯曲，但不得以 S 形弯曲。

1.1.3 通信管道的特点

相对于线缆架空和直埋方式而言，通信管道具有以下特点：

（1）容量较大，使用灵活、维护方便，使用寿命较长。

（2）安全隐蔽，可以满足美化市容的要求。

（3）工程建设难度大，建设周期长，工程投资大。

1.1.4 通信管道的分类

随着光缆网络建设需求的迅猛发展，通信管道建设技术和建设模式也呈现灵活多样的特点。以下介绍四种常用的通信管道分类方法。

1. 按工程性质分类

根据工程性质不同，通信管道可分为新建、扩容、迁改三种。实际中多为新建工程。扩容方式有外扩容和内扩容两种。外扩容是指沿原有管道路由上新铺设管孔，实际中很少使用；内扩容是指在原有管道空余管孔内穿放小口径管孔的建设方式，小口径管孔包括普通塑料子管和适用于穿放微型光缆的微管。

迁改工程是指受城市建设等因素影响，对原有管道进行迁移改造的工程，包括垂直迁改（管群和人孔下沉）、水平迁改和加固改造三种方式。

2. 按建设目的分类

根据建设目的和主要用途不同，通信管道可分为长途通信管道、城域通信管道、用户接入管道。

（1）长途通信管道主要用于长途通信光缆和信息专网系统光缆的穿放，一般沿铁路、高等级公路或高速公路建设。

（2）城域通信管道是指沿城镇路网建设的通信管道，一般用于城域光缆网的建设，包括出局管道、主干管道、中继管道等。

（3）用户接入管道是指用于特定的企事业单位或居民小区接入的通信管道。用户接入管道可分为用户引接管道和小区通信管道两部分。

3. 按结构材料分类

根据材料类型不同，通信管道大致可分为陶瓷管管道、金属管管道（镀锌钢管、铸铁管）、水泥管管道（混凝土管、石棉水泥管）和塑料管管道（PVC_U、HDPE 等）。目前，石棉水泥管、陶瓷管已很少使用。

1.2 通信管道工程设计任务书

1.2.1 主要内容

通信管道工程设计任务书一般包括以下内容：

（1）建设目的、建设规模、投资控制标准和预期增加的通信能力。

（2）工程名称、工程性质、管道具体路段、路由走向。

（3）设计方式要求、设计依据、取费标准。

1.2.2 任务书实例

本章实例为某新建通信管道工程，其设计任务书见表 1－1。

表 1－1 工程设计任务书

建设单位：××公司××市分公司

<table>
<tr><td colspan="2">项目名称：长安路（昌平街东）通信管道工程（项目编号为 GD20××0021）</td></tr>
<tr><td colspan="2">设计单位：××邮电设计有限公司</td></tr>
<tr><td colspan="2">工程概况及主要要求：
为满足附近政企用户光缆接入需求，根据省公司关于管道工程可行性研究报告的批复，计划在长安路（昌平街东）南侧新建塑料通信管道（5 根七孔梅花管和 1 根波纹管），路由长度约 0.1 km，要求与长安路原有管道连通，并为路南两个政企用户的接入提供管道路由条件。根据市城乡规划部门提供的规划设计条件，新建通信管道位置距离南侧建筑红线 2.2 m。
七孔梅花管及其他主要材料依据省公司采购价格，水泥等地方性材料可参照当地现行价格。施工、赔补等各项费用根据我公司招标结果计取。本工程采用一阶段设计。</td></tr>
<tr><td>投资控制范围：20 万元</td><td>完成时间：20××年 3 月 15 日</td></tr>
<tr><td colspan="2">其他：会审时间另行通知。</td></tr>
<tr><td colspan="2">委托单位（章）
××公司××市分公司网络发展部
项目负责人（签字）：</td></tr>
<tr><td colspan="2">主管领导：
年　月　日</td></tr>
</table>

1.3　通信管道工程勘察测量

1.3.1　勘察工作的目的和要求

通信管道的勘察与光电缆线路勘察有很多共同点，同时，通信管道工程也具有自身特点。下面介绍通信管道专业勘察工作的具体要求。

1. 勘察目的

通信管道勘察工作的目的是作业人员根据任务书要求和现有资料，通过现场查勘，掌握拟建工程现场基本情况，并通过勘察测量，采集现场基础数据，核对现有资料，确定通信管道的具体建设方案（包括路由位置、管井设置、建筑安装工艺、障碍物处理以及各项防护措施等），为编制勘察报告（如任务书有要求）、绘制设计图纸和编制概算或预算文件提供必要的基础资料。

2. 勘察要求

1）主要影响因素

影响勘察工作的主要因素有：① 工程的类别；② 设计深度的要求；③ 基础资料的完备程度；④ 水文地质、气象条件；⑤ 工程现场的复杂程度。

2）注意事项

① 在勘察前，要详细分析任务书要求，做到需求明确，资料详尽。

② 在勘察现场，要做到重点突出、信息全面、粗细有度。管道起止点、预留接入点或分歧点、交叉路口，以及与其他管线交越点等位置是查勘的重点。要结合工作量统筹勘察工作进度，既要避免勘测不仔细导致设计错误或勘察返工，又要注意避免现场浪费不必要的时间。

③ 勘察成果必须满足设计的需要。因为信息量比较大，勘察草图不仅要内容翔实，记录书写也要力求规范、工整。

1.3.2　勘察的依据

通信管道工程的勘察依据包括设计规范、规划设计条件和建设单位的要求。

1. 设计规范

设计规范中关于路由和位置选择、人手孔设置等内容是勘察工作的基本原则。目前，我国通信管道工程设计的相关规范主要有信息产业部颁布的《通信管道与通道工程设计规范》（GB 50373—20××）和《长途通信光缆塑料管道工程设计规范》（YD 5025—20××）。另外，中国工程建设标准化协会出台的推荐性标准《城市地下通信塑料管道工程设计规范》（CECS 165:2004）可作为通信管道勘察设计的重要参考。

2. 规划设计条件

国土和规划建设部门批复的规划设计条件一般包括管道距离道路中心线的位置、埋深要求以及特殊地段（如桥梁箱涵）说明等。

3. 建设单位的要求

建设单位的设计要求包括建设标准、建设需求、设计深度等方面的要求等，具体体现方式包括阶段性的工程建设指导意见、针对具体项目的设计任务书等。

1.3.3 勘察工作的主要步骤

下面对通信管道设计工作中的常规方法和步骤作简要说明。

1. 收集资料、调查情况

通信管道一般建在城市建成区内或沿规划成型的道路两侧，勘察前应搜集好管道路由沿线的高程图以及道路综合管网图。根据基础图纸，一般可以拟定初步的设计方案，并整理出勘察重点，从而提高勘察测量工作的效率和准确性。

一般而言，新建街道和公路的纵向剖面图应当依据市政道路工程的设计文件绘制，城区现有街道的纵向剖面图可依据平面带状地形图的高程绘制。

横断图一般包括主街道断面图纸和相交街道的横断图纸，其用途有所不同：

（1）主街道断面图：用于表达新建管道的位置及管道间的位置关系。

（2）相交街道横断图：用于表达新建管道与相交街道上其他管线穿越时的位置关系。

实际工作中，设计人员要根据《城市工程管线综合规划规范》的基本要求，综合考虑城市道路下各类管线在水平或垂直面上的空间间隔，并到相关部门和现场调查、核实数据，搜集现有地下设施和道路图纸资料，调查了解城市建设近远期总体规划、道路（桥梁、涵洞）扩建改造计划、地下管网设施的建设和改造计划、电厂电站和化工厂有关情况、地下水位和冰冻层深度、政府赔补费用标准以及其他有关方面的情况，认真研究确定设计方案。

2. 协调与其他管网位置关系

常见的地下管线包括通信管道（通常用“T”表示）、电力电缆或管道（D 或 L）、煤气管道（M）或其他燃气管道、热力管道（R）、给水管道（J）、雨水管道（Y）、污水管道（W）、中水管道（Z）等；地下通道有人防通道、地铁通道和综合管廊等。在拟定通信管道的路由方案时，需要根据收集的资料，协调市政综合管网的位置关系，避免通信管道与沿途企事业单位的管网发生冲突。

1）总体原则

① 通信管道宜安排在人行道下；当人行道宽度不够时，可敷设在非机动车道下。

② 市政管线之间应当尽量减少交叉。为此，各类管线一般在各自独立的位置、平行于道路中心线敷设。

③ 一般情况下，给水管、电力线路宜在道路西侧或北侧敷设，电信线路（含广播电视线路）、燃气管宜在道路东侧或南侧敷设。

2）间距要求

通信管道与通道应尽量避免与燃气管道、高压电力电缆在道路同侧建设，通信管道、通道与其他地下管线及建筑物间应满足最小净距要求（表 1－2）。

表 1－2　通信管道、通道和其他地下管线及建筑物间的最小净距表

其他地下管线及建筑物名称		平行净距/m	交叉净距/m
已有建筑物		2.0	
规划建筑物红线		1.5	
给水管	管径 300 mm 以下	0.5	0.15
	管径 300～500 mm	1.0	
	管径 500 mm 以上	1.5	
污水、排水管		1.0①	0.15②
热力管		1.0	0.25
煤气管	压力≤300 kPa（压力≤3 kg/cm²）	1.0	0.3③
	300 kPa＜压力≤800 kPa（3 kg/cm²＜压力≤8 kg/cm²）	2.0	
电力电缆	35 kV 以下	0.5	0.5④
	35 kV 以上	2.0	
高压铁塔基础边	大于 35 kV	2.5	
通信电缆（或通信管道）		0.5	0.25
绿化	乔木	1.5	
	灌木	1.0	
地上杆柱		0.5～1.0	
马路边石边缘		1.0	
铁路钢轨（或坡脚）		2.0	
沟渠（基础底）			0.5
涵洞（基础底）			0.25
电车轨底			1.0
铁路轨底			1.0

注：① 主干排水管后敷设时，其施工沟边与管道间的水平净距不宜小于 1.5 m。
② 当管道在排水管下部穿越时，净距不宜小于 0.4 m，通信管道应做包封。
③ 在交越处 2 m 范围内，煤气管不应做接合装置和附属设备；如上述情况不能避免时，通信管道应做包封。
④ 如电力电缆加保护管时，净距可减至 0.15 m。

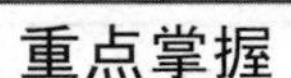

- 掌握城市带状图关键要素。
- 掌握街道断面图中各类城市道路地下管线间距要求。

3. 选定路由和位置

通信管道路由的具体位置一般应严格按照国土和规划建设部门提供的规划设计条件确定。在选取管道路由和位置时，则应当考虑以下要求：

（1）选取通信管道路由时，应考虑选择路由平直、地势平坦、地质稳固、高差较小、土质较好、石方量较小、不易塌陷和冲刷的地段。

（2）通信管道应铺设在路由较稳定的位置，避免受道路和沿路建筑扩建改造的影响，并避开地上和地下管线及障碍物较多、经常挖掘动土的地段。

（3）通信管道与通道一般应顺路取直，或平行于道路中心线或建筑红线。在道路弯曲或需绕越障碍物时，可建设弯曲管道，但应根据材料类型保证曲率半径要求（水泥管道应不小于 36 m、塑料管应不小于外径的 15 倍）。弯管道中心夹角宜尽量小，以减小光缆和电缆敷设时的侧压力。同一段管道不应有 S 形反向弯曲或弯曲部分的中心夹角大于 90°的 U 形弯曲。

（4）市区通信管道应选择地下、地上障碍物较少的街道，最好建筑在人行道下，如在人行道下无法建设，可建筑在慢车道下，但不宜建筑在快车道下。

（5）高等级公路上的通信管道建筑位置选择顺序依次是：隔离带下、路肩上、防护网以内。

（6）通信管道与通道应避免建在尚未成型的规划道路或虽已成型但土壤尚未沉实的道路上；避免在流砂、翻浆或有岩石的地带修建。

（7）通信管道与通道路由应远离电蚀和化学腐蚀地带。

（8）通信管道与通道位置不宜选在制造、储藏易燃易爆品场所附近。

（9）通信管道路由不宜选择在地下水位高和常年积水的地区。

（10）通信管道与通道位置不宜选在埋设较深的其他管线附近。

（11）为便于光缆和电缆引上或引出，通信管道位置宜建于杆路同侧，以及目标客户道路同侧。

4. 勘察测量

通信管道工程造价与地质地形密切相关，勘测过程中应重视满足测量精度要求，避免出现较大的误差。现场勘测的主要五项内容是：管道测量、人（手）孔定位、其他相关管线、地面情况测绘和地质情况测绘。

1）管道测量

管道测量分为平面测量和高程测量。

① 平面测量的目的是使用测量仪器确定管道的位置，并测量管道的路由长度和管线间距。平面测量中主要需要测绘：

● 街道总体情况：包括街道中心线、两侧边石、两侧房屋基线（建筑红线）、街心绿化隔离带、树木、路灯等，以确定或核对街道横向断面图。

● 管道附近情况：主要是指地面稳定的可见标志物，包括电杆、标石、光电缆交接箱、变压器室、路灯控制箱、消火栓、邮筒、地下管线检查井、地下通道透气孔等，勘测时可根据管道建筑土方规模，详细测绘出管道中心线 2～3 m 内的地面可见标志物。

街道带状地形图以及卫星定位工具可以有效避免平面测量的累计误差。

② 高程测量的目的是测量地面各点之间的高程差值，据以确定管道的坡度、埋深。高程测量常用的仪器是水准仪。在我国城市规划地图中标注的高程一般是绝对高程，绝对高程是以黄海平均海面作为水准零点测量的数据。相对高程是在一个工程项目中设定一个水准点（可选取管道起点附近永久性建筑的某个位置）作为高程的起点后，测量出的地面各点与该水准点之间的高程差值，作为管道设计的高程参数。

2）人（手）孔定位

现场勘测时，应注意以下事项：

① 局站前以及主要路口、规划路口附近必须修建人（手）孔。

② 光缆和电缆分支点处、引出点（包括预期接入的企事业单位）、接口点（如建筑物地下线路引入点）等位置。

③ 管道水平路由拐点或突出弯曲点、坡度的显著变化点应设置人（手）孔。

④ 穿越铁路等交通设施或顶管穿越其他障碍时，两侧应设置人（手）孔。

⑤ 靠近消火栓、水井、排水检查井等设施及容易积水漏水的位置不应设置人（手）孔。

⑥ 障碍较多、距离其他人（手）孔以及建筑较近而造成的空间紧张或危及相邻建筑物安全的位置不应设置人（手）孔。

⑦ 交通繁忙的要道路口、加油站或公共建筑门前等可能影响交通安全的位置不宜设置人（手）孔。

⑧ 临街危建、危险品仓库附近不宜设置人（手）孔。

3）其他相关管线

勘测时，应核查地下管线的情况，包括管线的类别、走向、埋深等信息，一般可通过邻近的检查井确定相关管线的平面交叉位置、管径大小以及埋深，必要时应选取关键位置进行坑探。

4）地面情况测绘

地面情况包括路由附近建筑物和路由上的路面形式。地面情况测绘就是通过观察、测量，将地面情况绘制在勘察草图上。对于路由上有永久性障碍的，应避开，有临时性障碍的，应考虑迁移障碍物；根据经验确定路面是否可以开挖。

① 开挖方式应注意的问题。

● 对于由砖石铺砌的路面，需要根据管道沟上口宽度和砖石的规格确定单位长度上开挖砖石的数量。

● 对于临街单位自行修筑的柏油、混凝土路面，建议考虑厚度估算。

② 顶管方式应注意的问题。

● 应详细勘测地下管线的综合情况，确定安全、合理的顶管深度。

● 顶管方式有人工顶管、液压机械顶管、微控顶管等。对应于不同的顶管方式，勘

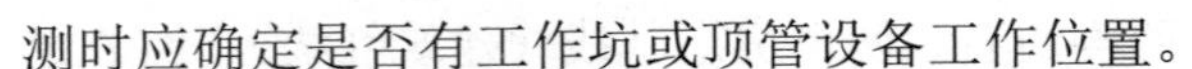

测时应确定是否有工作坑或顶管设备工作位置。

5）地质情况测绘

地质情况关系到土石方开挖、基础修建、防水处理等多方面的问题。土质、地下水位、冰冻层可到城市建设部门搜集资料，无资料可查时应进行坑探。一般要求坑探深度在通信管道设计沟底 1 m 以下。

1.3.4 常用勘察工具

通信管道工程勘察设计需要三维坐标系统，并且每个方向的测量范围和精度要求也不尽相同。勘察中常用的工器具有卷尺、地链、测距推车、平板仪、经纬仪、红外测距仪、激光测距仪、卫星定位系统终端等。各种勘测工具在测量精度、测量方法和操作性上均有独特的优点，所以，准确把握各种工器具的适用场所和使用范围，可以充分发挥各种工器具的优点，做到优势互补，满足工程勘察测量的具体要求。

1.3.5 勘察测量实例

以下根据本章设计任务书确定的勘察设计任务，介绍勘察工作过程。

1. 勘察准备工作

1）资料调研

① 取得国土和规划建设部门的批复。本实例项目批复的规划设计条件概括为：通信管道规划在道路南侧，管道基本断面为 300 mm × 200 mm 塑料管道，距离道路建筑红线标准段别为 2.2 m。

② 熟悉国土和规划建设部门提供的图纸。本实例中的图纸资料包括从规划部门取得的比例为 1:500 的带状地形图、街道断面示意图等。

③ 通过其他途径查阅有关资料。本实例选用了最新出版的省级地图册，同时辅以电子地图软件，详细了解拟建管道的街道周边的自然环境、企事业单位和主要建筑物情况。该市地处平原，拟建工程位于新区交通干道。地下水位较低，水文地质等情况对项目实施无特殊要求。

④ 经核查，城市建设规划总体设计和中期城市道路建设规划等相关文件与图纸，无影响项目实施和稳固使用的情况存在。

2）勘察工具准备

在取得精度很高的电子版图纸的基础上，本实例项目的勘测可以选用卷尺（建议 10 m 及以上规格）和测距推车，另需准备好绘图相关的工具材料。

思政故事

自 20 世纪末以来，美国 GPS 几乎成为卫星定位系统的代名词，GPS 终端也越来越成为工程勘察设计必不可少的工具。为了在关键技术领域不再受制于人，1994 年我国正式启动以“北斗”命名的卫星导航系统研制计划。历经几代科技工作者的不懈努力，五十余颗北斗导航卫星已在轨运行，北斗系统在我国越来越多的行业领域得到推广应用，并通过

“一带一路”造福更多的国家和人民。截至 2021 年年底，国内具有北斗定位功能的终端产品社会总保有量超过 10 亿台/套。以手机为例，约 95%的国产智能手机具备北斗系统定位功能。

① 测距推车用于管道路由上的纵向长度测量，可据此初步拟定人孔位置。

② 卷尺用于横向间距测量，可据此找准管道相对于红线和相邻管线或参照物的路由位置，并可以大致测量原有人孔的规格数据。

如果需要进入原有人孔，则需要打开井盖的工具、折叠式竖梯、有毒气体检测仪、手电筒等配套工具。

3）勘测人员组织

勘测小组由三名勘测人员组成：组长具体负责管道路由横向情况的调查和测量，工具是卷尺和打开井盖的钥匙；测量员具体负责管道纵向路由的确认和测量，工具是测距推车；绘图员具体负责草图绘制和数据记录，工具是手工绘图工具、材料。

2. 实地勘察

1）初勘路由

管道路由较短，采用步行方式由西向东完成初勘，取得以下结论：

① 确认国土和规划建设部门批复的路由位置可行，无其他管线和障碍物压占路由；

② 工程实施难度不大，无须特殊设计（如桥梁、涵洞等），通用设计即可；

③ 工程难点是破、复花砖路面，需跑办手续并在一定程度上增加了工程成本。

2）详细勘察测量

具体步骤不再赘述，需要注意两点：一是长度测量的基准点是人孔井盖中心点；二是间距测量也应以管线中心线测量和标注，并根据设计需求决定是否换算为管线净距。勘察测量取得的数据和结果主要有以下内容：

① 路由长度为 120 m，通信管道南侧有中水管线（距建筑红线 0.7 m）。

② 通信管道在人行便道，路面采用开挖花砖便道方式。勘察草图如图 1－2 所示。

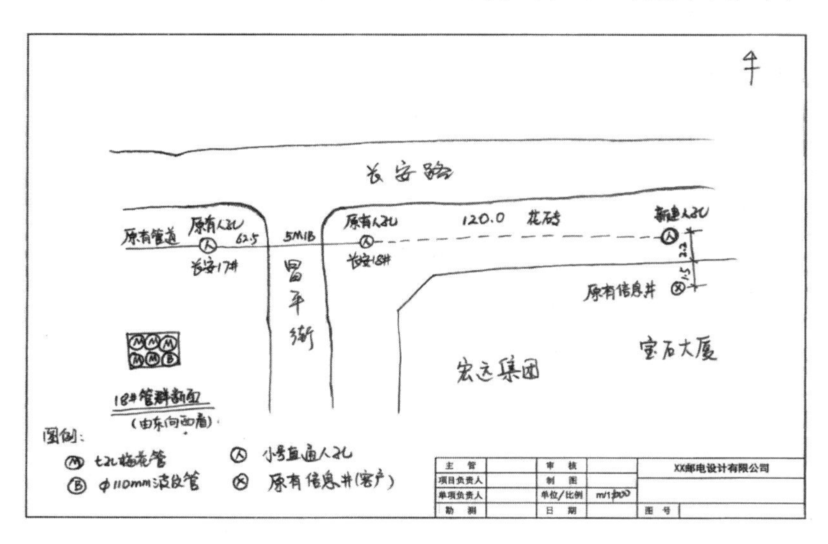

图 1－2　通信管道工程实例勘察草图

③ 长安18#原有人孔东侧人孔壁已预留管群窗口，需记录相应尺寸和位置。

警　示

- 在城市繁忙街道勘测时，要注意交通安全。
- 打开各种人孔时，要注意设置安全警示和围挡。
- 通信人孔中毒窒息伤人事故常有发生，务必注意通风换气，经气体检测仪检测安全方可进入。
- 出入人孔时，要使用竖梯，不得踩踏管线设施。

1.4　通信管道工程设计方案

1.4.1　容量的确定

通信管道是一种长期稳定的电信基础资源，在管道覆盖范围、网络整体结构上，应根据各运营商发展远期容量的需要进行总体规划，在各个路段的管道容量上，也应根据远期业务预测进行规划，保证主干管道与接入管道保持合理的容量配比关系和管群组合关系，满足电信业务长期发展的需要，避免在一条路由上多次开挖。管道建设容量一般可以按下面的方法估算。

1）计算基础容量

在根据线缆外径取定子孔规格的基础上，根据线缆条数推算出各种规格子孔的数量。某种规格子孔的基础容量可按式（1－1）计算：

$$基础容量=本期占用子孔数量+预留自用子孔数量+预留出租子孔数量 \tag{1-1}$$

2）确定设计容量

设计容量根据基础容量、管材规格和管群排列等因素综合取定。

1. 长途通信管道容量计算应注意的问题

长途通信管道距离长，管孔数量变化对投资影响比较大，而且一定时期的业务量需求基本可以在光缆纤芯容量、波分设备扩容两个层面得以保证，因此，管道容量不宜过大，全程不宜频繁变化，并充分考虑管孔出租的可能性。

2. 城域通信管道容量计算应注意的问题

（1）影响管道容量需求的主要因素可归纳为业务发展和技术发展两个方面。其中，技术发展层面潜在的决定因素是有线技术与无线技术、光缆与电缆接入技术以及线路与设备技术等方面的发展造成的成本变化，这种变化通过局站的分布密度和光电缆的网络结构最终影响到管道容量需求的变化。

（2）具体路段的管道容量要根据路段与局站的位置关系、附近业务发展预测结果来综合考虑，一般应当从长途光缆、城域网核心层和汇聚层光缆、接入层光缆和电缆等几个层面分别考虑光缆、电缆的建设需求，其中，对管孔容量起决定作用的是以星型和树型结构为主的接入层光缆和电缆的需求。最常用的方法是将整个城市合理划分为若干个汇聚区，仅在所属的汇聚区内综合考虑该路段与局站的位置关系以及附近业务发展情况，使问题得到简化。

（3）由于城域网业务容量大、种类多、发展快、分布不平衡等特点，城市主要街道的通信管道规划应考虑充分的预留容量。

3. 用户接入管道容量计算应注意的问题

1）用户引接管道

用户引接管道是用户机房上连城域网局站的光缆通道，这里仅指小区外的部分。如果不考虑用户机房覆盖其他区域的业务，该部分一般 1～2 孔管道即可。

2）小区通信管道

小区通信管道一般可根据当前可以预测的容量需求并适当留有备用孔即可，不宜扩大管孔建设规模。在管孔分配时，应注意各种电缆线路之间的相互干扰，电视电缆、广播电缆线路不宜和市话通信电缆共管孔敷设。

1.4.2 工程材料及选择

1. 管材

通信管道的基本作用是为光电缆提供安全的路由通道，所以，通信管道通常采用的管材应具有足够的机械强度、较小的内壁摩擦系数、良好的密闭性和稳定性，并且不应对光电缆的外护层有腐蚀作用。

按结构不同，通信管道的材料可分为单孔管和多孔管。按材质不同，通信管道的材料分为水泥管、塑料管和金属管等，以下分别予以介绍。

1）水泥管

水泥管道由水泥管块组成管群拼接而成。水泥管道的优点是原材料丰富、制造简单、造价较低；缺点是密闭性差、管口易错位、施工难度大、管孔内壁摩擦系数大（约 0.8）。随着光缆的普及，水泥管道在通信工程中的使用范围在逐步缩小。

水泥管块孔径是根据电缆的外径来确定的，常用的三孔、四孔和六孔水泥管每节的长度均为 600 mm，横断面如图 1－3 所示。

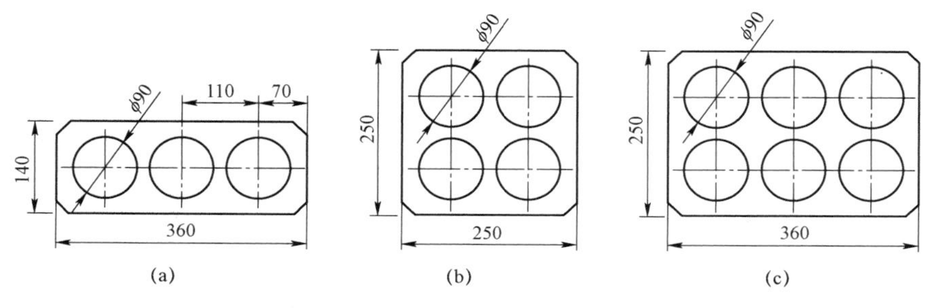

图 1－3 标准水泥管块横断面图（单位：mm）

（a）三孔管；（b）四孔管；（c）六孔管

标准水泥管块的规格和使用范围见表 1－3。

表 1－3　标准混凝土管材规格

标称	孔数×孔径 /mm	外形尺寸 /（mm×mm×mm）	使用范围
三孔管块	3×90	600×360×140	城区主干管道、配线管道
四孔管块	4×90	600×250×250	城区主干管道、配线管道
六孔管块	6×90	600×360×250	城区主干管道、配线管道

2）塑料管

塑料管道材料轻、易弯曲、施工方便，主要适用于以下场合：

① 原有管道各种综合管线较多，地形复杂的路段。

② 土壤有一定腐蚀性的地段。

③ 管道埋深在地下水位以下或与有渗漏的排水管线相临近时。

④ 桥挂或穿越沟渠时。

⑤ 建设长距离光缆专用管道时。

由于塑料管的温度特性，不宜用在高温地带，在城市管网中应与热力管道保持足够的隔距。在低于－70 ℃的特殊环境下不宜采用聚氯乙烯管。另外，由于塑料管耐冲击强度低，也不宜用于埋深过浅的地段。

通信用塑料管道的管材应执行《地下通信管道用塑料管》（YD/T 841.×—20××）标准簇。通信用塑料管道的材料主要有硬聚氯乙烯（PVC－U）、聚乙烯（PE）管和高密度聚乙烯（HDPE）硅芯管。

① 硅芯单孔塑料管：特指内壁为永久性固体硅质润滑层的高密度聚乙烯（HDPE）单孔塑料管。工程中多选用不同外层色条的硅芯管，以区别管孔。

硅芯管具有较高的硬度、韧性，内壁硅芯层起润滑作用，摩擦系数小，被广泛用作光缆保护管，尤其适用于长途光缆通信管道的建设，可以与气流法相结合，一次完成较长距离光缆的布放。硅芯管单盘长度可达 2 000 m，外径为 32～60 mm。工程中常用硅芯管的规格见表 1－4。

表 1－4　硅芯管标准规格尺寸

序号	规格/mm	外径 *D*/mm	壁厚/mm	适用范围
1	60/50	60	5.0	光缆、配线管道
2	50/42	50	4.0	光缆、配线管道
3	40/33	40	3.5	光缆、配线管道
4	34/28	34	3.0	光缆、子管、配线管道

另外，为解决传统管线工程建设在某些区域的问题，我国引进了微管、微缆技术。微管采用 HDPE 材料，外径为 5～16 mm，壁厚为 2 mm，内壁采用硅芯层和纵向导气槽结构，适用于吹缆施工工艺。

② 普通单孔塑料管：工程中常用的为实壁塑料管和双壁波纹管。实壁管的横截面为实心圆环结构，也有的实壁管内壁带有导流螺旋线凸出，微控顶管时，一般采用单孔实壁塑料管；双壁波纹管的内壁为平滑实心、外壁为中空波纹复合成型，有良好的承受外部荷载能力和内部贯通性。常用规格为ϕ100 mm × 5 mm × 6 000 mm、ϕ110 mm × 5 mm × 6 000 mm（外径 × 壁厚 × 长度）。

③ 多孔式塑料管：包括梅花管、蜂窝管和栅格管，均采用结构紧凑的多孔一体化结构，以单孔结构区分，其中梅花管为圆形、蜂窝管为正六边形、栅格管为方形。单管内径可以是等径，也可以是异径，以满足穿放光缆和配线电缆的不同要求。常用塑料管如图 1－4 所示。

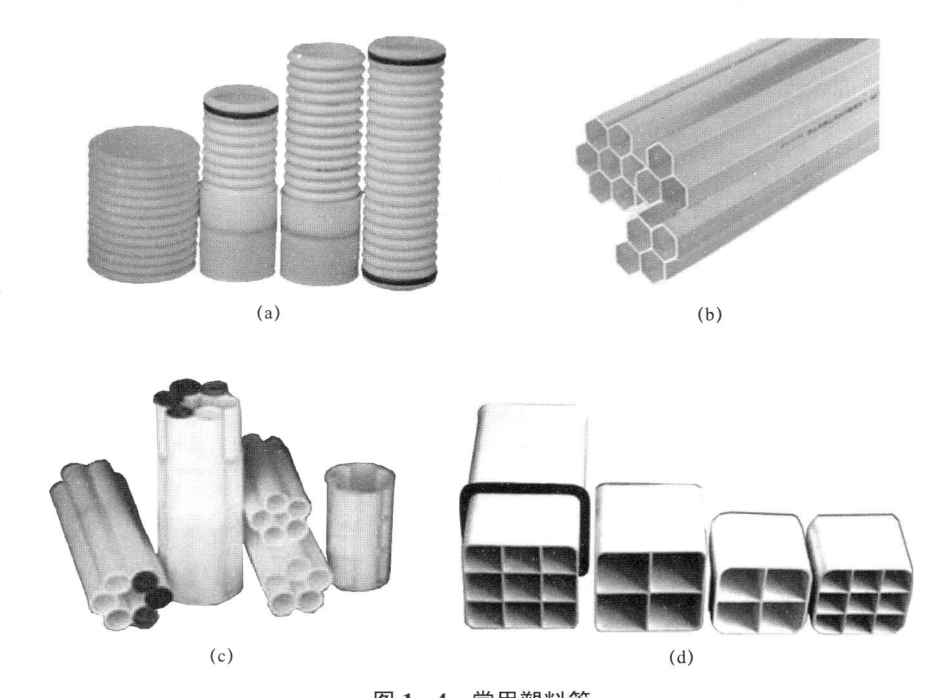

图 1－4　常用塑料管

（a）双壁波纹管及接头；（b）蜂窝管；（c）梅花管及接头；（d）栅格管

根据不同的应用场合，可以通过改变多孔式塑料管管材的配料和加工工艺，生产成定长硬管（一般为 6 m）、不定长软盘管（盘绕式最长可达 200 m），以满足铺设管道、直埋保护和顶管的要求。

3）金属管

通信工程用到的金属管主要是钢管和铸铁管。因原材料消耗大，韧性差，铸铁管在通信工程中主要用于引上部分，直管、弯管要配套使用。

因钢管的价格高、易腐蚀，通信管道工程中不宜大范围使用，但由于钢管具有良好的机械性能和密闭性能，通常适用于以下场合：

① 跨距较大的地段（如桥梁河渠）。

② 穿越公路或铁路的路段。

③ 需要用钢管顶管的路段。

④ 地基不稳有可能造成不均匀下沉的路段。

⑤ 埋深浅、路面在较大荷载或可能遇有强烈震动的路段。

⑥ 有强电干扰或需要电磁屏蔽的路段。

⑦ 引上段或短距离引接段。

⑧ 与建筑物预留钢管对接的管道引入段。

⑨ 施工期限很短，不便于做管道基础的场合。

根据成型工艺不同，钢管可分为焊接钢管和无缝钢管。在通信管道工程中，开挖沟槽后铺设用的钢管一般选择镀锌（对边）焊接钢管，而无缝钢管一般只在短距离（20 m 以下）顶管或有其他特殊要求的地段使用。

如需对钢管进行长度和质量转换，应查阅产品资料。当不方便或精度要求不高时，每米普通钢管的理论质量可以按式（1－2）近似计算：

$$W=0.024\,668\times 壁厚\times（外径-壁厚）\tag{1-2}$$

镀锌钢管抗腐蚀性能较好，实际使用较多，其质量可参考普通钢管的质量推算，如 $\phi 50$ 镀锌钢管质量可按 4.88 kg/m×（1.03～1.06）近似计算。

2. 专用铁件

通信管道专用铁件包括人孔口圈、铁盖、电缆托架及穿钉、电缆托板、拉力环、积水罐等。图 1－5 以小号三通人孔为例，描述了上述铁件的安装位置。

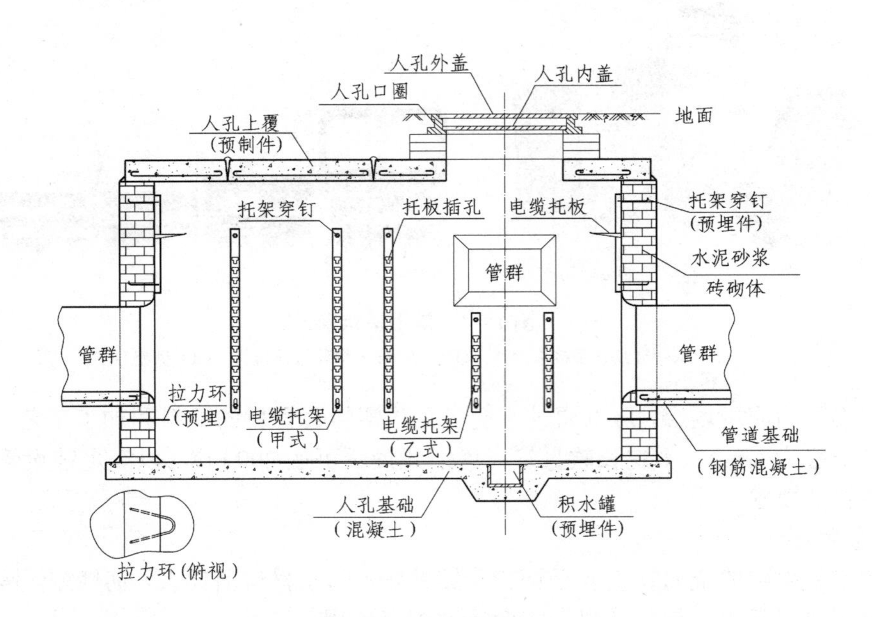

图 1－5 通信人孔中的铁件安装位置

1）人孔口圈和人孔铁盖

人孔口圈和人孔铁盖由铸铁制成，并根据允许荷载不同，分为人行道用和车行道用两种。铁盖分为外盖和内盖，设置双层井盖对行人安全有保障。

2）电缆托架及穿钉

电缆托架用铸钢或槽钢加工而成，使用电缆托架穿钉安装固定于人（手）孔侧壁上，电缆托架上安装电缆托板后，可以承托光缆和电缆和接头盒。为防止缆线外皮受到损伤，电缆与托板之间常加垫托板垫。常用的电缆托架有甲式（安装孔间距为 1 200 mm）和乙式（600 mm）两种，电缆托板有单式（100 mm）、双式（200 mm）和三式（300 mm）等规格，分别可以承托不同数量的光缆和电缆。

3）拉力环

拉力环用ϕ16 mm 普通碳素圆钢加工而成，全部做镀锌防锈处理，安装在人（手）孔内管孔的下面，作为敷设管道电缆时辅助牵引力的一个支点。

4）积水罐

积水罐和积水罐盖子均由铸铁制成。积水罐在人(手)孔基础施工时浇灌安装在人(手)孔基础上，并对应于人孔口圈的中心位置。

3. 建筑材料

在通信管道建筑中常用的材料包括钢筋、机制砖、水泥、白灰、沙子、石子等，用于管道基础铺设、管材包封、人（手）孔和通道侧壁构筑及上覆制作。

钢筋在通信管道建筑中用于管道基础和人（手）孔上覆制作以及塑料管群固定。通信管道工程中常用的钢筋截面规格较小，螺纹钢（Ⅱ级钢筋，公称直径用“ϕ”表示）作为主筋使用，圆钢（Ⅰ级钢筋，公称直径用“ϕ”表示）作为辅筋使用。有管道基础和固定塑料管一般用 6#或 10#钢筋，人(手)孔上覆一般用 6#～14#钢筋。钢筋的规格和质量见表 1－5。

表 1－5　通信管道工程常用钢筋的规格和质量

圆钢		螺纹钢	
直径/mm	质量/（kg・m^{-1}）	直径/mm	质量/（kg・m^{-1}）
6	0.222	6	0.222
8	0.396	8	0.395
10	0.617	10	0.62
12	0.888	12	0.89
14	1.21	14	1.21
16	1.58	16	1.58

4. 辅助材料

通信管道建设中可能用到的辅助性材料有木材、PVC 胶、管塞、纱布等，需要防水处理的工程还会用到油毡、沥青、玻璃布、石粉等。

1.4.3　通信管道地基加固

1. 底基

在通信管道工程中要以土壤和岩石等地层作为底基，承载管道以及管道上的静态荷载和动态荷载。土体或岩体的分类，请参考定额第四册附录一《土壤及岩石分类表》。底基可分为天然底基和人工底基。常用的人工加固底基的方法可分为夯实法、换土法、桩基法和胶结法四类。

2. 基础

基础是铺设在通信管道与底基之间的一种建筑结构，是为防止底基稳定性不足引发通信管道和人（手）孔建筑下沉、变形、断裂等而采取的保护措施。

通信工程中常用的基础有砂土基础、三合土基础、灰土基础、混凝土基础和钢筋混凝土基础五种类型。

1）砂土基础

砂土基础是采用粗砂和中砂直接铺设于坑基后形成的基础，采砂困难时可用细土代替砂子。要求砂层夯实后的厚度达到 100 mm。砂土基础一般用在塑料管道建筑中天然底基或人工底基条件比较好的场合。如铺设多层塑料管，管间铺设 20 mm 砂层，以保持塑料管间距，管群上面也应铺设 50 mm 厚度的砂层。

2）三合土基础

三合土基础是石灰、砂和较好的土壤按（1:2:4）～（1:3:6）的体积比混合后，填入坑基并分层夯实形成的基础。分层铺设的具体要求是每层铺 220 mm 并夯实到 150 mm。该方法适用于地下水位以上冰冻层以下、稳定性较好的土壤以及没有其他管线穿越的场合。

3）灰土基础

灰土基础是石灰和细土以 3:7 体积比混合均匀后，加适量的水拌和后填入坑基并分层夯实形成的基础。分层夯实方法和适用场合同三合土基础。

4）混凝土基础

混凝土基础是水泥、砂、石和水按一定比例搅拌均匀后填入坑基内形成的基础。混凝土标号主要采用 C10、C15、C20、C25 系列，基础厚度一般为 80 mm，宽度比管群宽度每侧增加 30～50 mm。对于基础土壤的局部小跨度不均匀沉陷，混凝土基础能起到较好的管道支撑作用，在通信管道工程中应用广泛。

5）钢筋混凝土基础

建筑钢筋混凝土基础的目的是提高基础的抗拉强度和抗压强度，主要适用于沉陷性土壤、地下水位以下冰冻层以上土壤以及跨度较大的场合。

3. 接续与包封

1）管道接续

管道接续是将定型管材连接成管道段的过程。管道接续均应重点考虑接续部位的机械强度、管道贯通性和密封性，施工中应将管材的接续点前后错开。

① 水泥管块一般按平口接续设计，接续方法多采用抹浆法，用纱布将水泥管块的接缝处包缠 80 mm 宽度，抹纯水泥浆后立即抹 100 mm 宽、15 mm 厚的 1:2.5 的水泥砂浆。

② 塑料管常采用承插法进行接续，也有的管材配有专用接续套圈。塑料管承插部分可配合使用涂黏合剂。

③ 钢管接续宜采用管箍法，使用有缝钢管时，应将管缝面向上方。

2）管道包封

管道包封是在管群外围用混凝土进行封闭式防护的一种措施，以加强管道抗拉抗压强度、增强安全性、防止渗漏。管道采用混凝土包封时，两侧包封厚度为 50～80 mm，要求与基础等宽，顶部包封厚度为 80 mm。

设计规范中对必须进行包封的情况规定如下：① 当管道在排水管下部穿越时，净距不宜小于 0.4 m，通信管道应做包封。② 在交越处 2 m 范围内，煤气管不应做接合装置和附属设备。另外，当管线必须穿越其他管井时，管井内的管道应进行包封处理。

1.4.4 通信管道建筑横断面设计

1. 管孔排列

信息产业部发布的《通信管道横断面图集》（YD/T 5162—2017）是设计管孔排列的主要依据。管孔排列应遵循可行性、安全性、经济性和一致性原则。

除部颁图集外，预算定额管道册附录也有水泥管块的组合方式供参考。对于单孔管道组成的管群，可以参照表 1－6 确定。单孔管道管群中的层间和列间应留有 14～20 mm 的间隔，并且在进入人孔前 2 m 范围内管间缝隙应适当加大。管间缝隙根据不同需要，可以填充水泥砂浆、中粗砂或细土等物质。

表 1－6　单孔管道管群推荐排列规则表

管孔数量	2～4	5～6	7～9	10～12	13～16	17～24	25～30
层数	1～2	2～3	3	4	4	5～6	5～6
列数	2	2～3	3	3	4	4	5

2. 管道沟

通信管道的埋设深度（埋深）是指管道顶面至路面的垂直距离。管道沟断面设计时，应综合考虑土质、土方量、开挖方式、施工安全、邻近管线和建筑的安全等因素。

1）沟深

对于一般性土壤，地下管道静态荷载和动态荷载与埋设深度的关系曲线相交于 1.2 m 上下，故在条件允许的情况下通信管道宜埋设在 0.8～1.5 m 深度。

管道设计规范中对各种管道顶部至路面最小埋深予以规定，最小埋深应符合表 1－7 要求。

表 1－7　通信管道的最小埋深表　　m

类别	人行道下	车行道下	与电车轨道交越（从轨道底部算起）	与铁道交越（从轨道底部算起）
水泥管、塑料管	0.7	0.8	1.0	1.5
钢管	0.5	0.6	0.8	1.2

当现场情况需要降低管道埋深要求时，管道应采用混凝土包封或铺水泥盖板等保护措施，但管道顶部距离路面应不小于 0.5 m。

2）沟宽

管道沟底宽一般以管道基础宽度为基数，每侧留有 0.15 m 的宽度以方便施工人员操作；基础宽度在 0.63 m 以上时，沟底每侧余留宽度增加到 0.3 m。如果需要挡土板保护，每侧需要增加 0.10～0.20 m 的宽度。

管道沟顶宽一般以管道沟底宽为基数，并根据挖深、土石类型、季节等因素考虑一定的侧面坡度（参见图 1－6）。

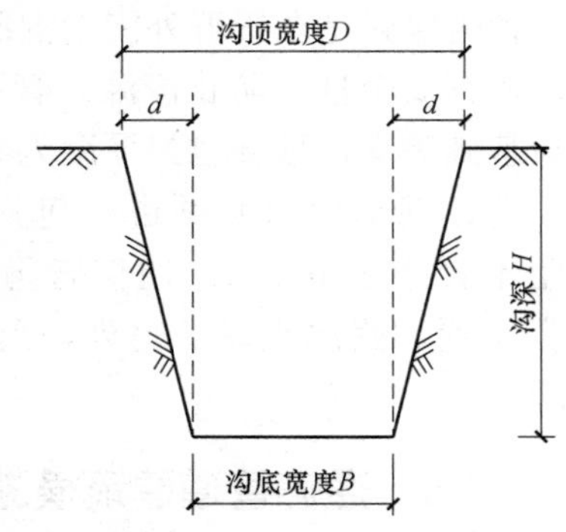

图 1－6　管道沟放坡系数的计算

$$放坡系数\ i=沟顶单侧展宽\ d/沟深\ H \quad (1-3)$$

$$沟顶宽度\ D=沟底宽度\ B+2\times沟顶单侧展宽\ d=B+2Hi \quad (1-4)$$

1.4.5　通信管道建筑平面设计

确定管道路由和位置后，需要对管道段长和人（手）孔位置进行平面设计。

1. 管道段长

通信管道段长应考虑的因素主要有管道内壁的摩擦力（表 1－8）、光缆和电缆引出点的分布密度。

弯曲管道的设计计算比较复杂，工作中可根据具体情况查阅有关资料确定设计方案。直线管道最大段长可按式（1－5）计算：

$$L=T/(W\cdot f) \quad (1-5)$$

式中，L 为最大段长（m）；T 为光缆或电缆最大允许张力（N）；W 为光缆或电缆单位自重（N/m）；f 为光缆或电缆管壁摩擦系数。

表 1－8　通信管道各种管材摩擦系数表

管材种类	摩擦系数 f	
	无润滑剂时	有润滑剂时
水泥管	0.8	0.6
塑料管（涂塑钢管）	0.29～0.33	
钢管	0.6～0.7	0.5
铸钢管	0.7～0.9	0.6

在直线路由上，水泥管道的段长最大不得超过 150 m，塑料管道可适当延长，高等级公路上的通信管道段长不得超过 250 m。对于郊区光缆专用塑料管道，根据选用的管材形式和施工方式不同，段长可达 1 000 m 左右。

2. 人（手）孔位置

在图纸设计阶段，人（手）孔位置的设计方案调整主要考虑以下几个方面：

（1）应根据管材等因素确定管道段的基本段长。

（2）各管道段的设计长度应有所差异，以便于光（电）缆的灵活调配。

（3）在调整管道段长时，应考虑在近期以及规划的光电缆的路由分歧点、引上部位、入楼部位、交接部位应设置人（手）孔，并注意保持与其他相邻管线的距离。

（4）在管道路由上遇有障碍或规划路由有横向变化时，一般应修建两个平行的人（手）孔并横向贯通，变化距离不大时，两个人（手）孔可合二为一。

（5）长途管道的手孔位置应重点考虑是否便于光缆及空压机设备运达，并考虑是否满足光缆接头盒的保护要求，不要选择在地下水位高或常年积水的地段。如果手孔间距超过 200 m，应在管道路由上安装标石和宣传标志牌。

3. 人（手）孔类型

人（手）孔类型的标准规格在部颁标准图集中有规定。根据人孔在管道网络中的地理位置和管道的偏转角度，人孔总体结构可以分别选取直通、三通、四通、斜通和局前型。根据管道工程规模和具体工艺要求，人孔形状可以分别选取腰鼓形和长方形。根据管孔规模和使用要求，可选用小号、中号、大号人孔规格和各种规格的手孔（表 1－9）。根据管道建筑所处综合环境，人（手）孔可以分别选取砖砌结构、混凝土砌块结构和钢筋混凝土结构。

表 1－9　人（手）孔型号与管群单方向最大容量对应关系参考表

类别	90 mm 单孔管	32 mm 多孔管	型式
手孔	6 孔	12 子孔	手孔
人孔	6～12 孔	24 子孔	小号人孔
	12～24 孔	36 子孔	中号人孔
	24～48 孔	72 子孔	大号人孔
局前人孔	24 孔及以下	36 子孔	小型局前人孔
	25～48 孔	72 子孔	大型局前人孔

4. 人（手）孔建筑基本要求

从结构方面，手孔和人孔主要由基础、墙体、上覆组成。为满足活荷载要求（覆土宜不小于 400 mm），协调人孔埋深与路面高程的高度差，上覆与人孔口圈之间可加垫砖砌体。

1）基础

砖砌手孔和人孔通常以混凝土做基础，如果底基土壤稳定性不好，可采用钢筋混凝土做基础。基础可采用 C10 或 C15 以上标号的混凝土，厚度为 120 mm。基础两侧应伸出人孔墙壁 100 mm，基础中心附近应按要求预留积水罐安装位置。钢筋混凝土基础应在基础底部以上 80 mm 高度铺设钢筋网。

2）墙体

砖砌手孔和小号人孔四壁采用 240 mm 砖砌结构，中号、大号人孔四壁采用 370 mm 砖砌结构。抹面和抹八字水泥砂浆配比（体积）为 1:2.5，内壁与外壁抹面厚度分别为 10 mm、15 mm。

3）上覆

人（手）孔结构适用于人行道下和车行道下，上覆厚度根据不同情况，有 150 mm 和 200 mm 两种，上覆孔径分为 710 mm 和 800 mm 两种，建筑方式也有现场浇灌和预制构件两种。

4）土方量

人（手）孔坑底宽度与四壁外缘间距应不小于 400 mm，坑顶每边宽度应比坑底宽度加宽 200～400 mm。人孔内净高为 1.8 m，手孔内净高为 1.1 m，特殊情况下可以加大 0.7 m 左右。各种标准人（手）孔的体积和土方量分别参阅工信部通信〔2016〕451 号文件定额（以下简称 451 定额）第五册附录七和附录十。

5）建筑程式

根据地下水位情况，人（手）孔建筑程式可按表 1－10 的规定确定。

表 1－10　人孔建筑程式表

地下水位情况	建筑程式
人孔位于地下水位以上	砖砌人孔等
人孔位于地下水位以下，并且在土壤冰冻层以下	砖砌人孔等（加防水措施）
人孔位于地下水位以下，并且在土壤冰冻层以内	钢筋混凝土人孔（加防水措施）

1.4.6　通信管道建筑纵剖面设计

1. 管道坡度要求

管道坡度设计的目的是利于渗入管孔内的水流入人孔以便清除。管道坡度设计太小，容易造成管孔积水，甚至导致泥沙堵塞管孔。管道坡度设计太大，则光电缆长期受力，影响性能和寿命，并可能增加光电缆敷设施工难度。管道坡度一般控制在 3‰～4‰，最小不得低于 2.5‰。常用坡度设计方法有“一字坡”“人字坡”和“自然坡”（图 1－7），保证管道段的平滑、渗水流向管道段的一端或两端人孔，并不得向上弯曲。

（1）“一字坡”是在两个相邻人孔之间在高度上沿一条直线铺设管道。

（2）“人字坡”是以两个相邻人孔间适当地点作为高程顶点，以一定的坡度分别向两边铺设管道。

（3）“自然坡”是随着路面自然坡度，将管道向一方倾斜而铺设管道，一般用于道路自身有 3‰以上坡度的情况下。

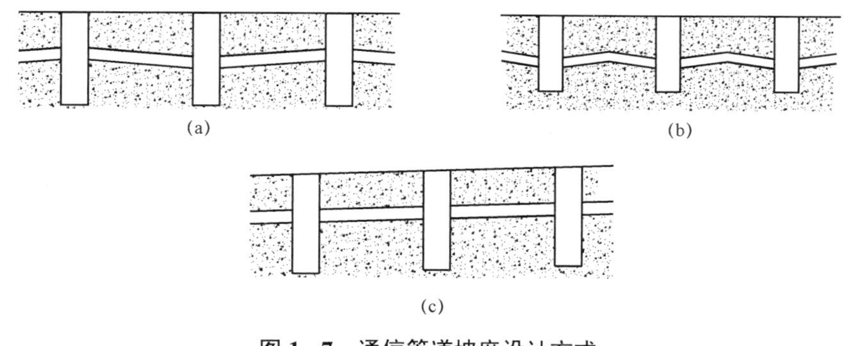

(a)　　(b)

(c)

图 1-7　通信管道坡度设计方式

(a) 一字坡；(b) 人字坡；(c) 自然坡

2. 管道纵向剖面图

管道纵向剖面图是反映管道及人（手）孔高程和埋设深度变化关系的，沿管道中心线方向的垂直立面切图，是指导管道施工的重要依据。管道纵剖面图的关键数据是高程，数据来源是街道带状地形图和勘测资料。在城市平坦街道进行通信管道设计时，各点的路面高程也可以结合现场情况用推算的数据代替。如果采用绝对高程，高程和坐标标准应与规划部门统一。

1）管道剖面图的组成

一个完整的剖面图可分为上、中、下三部分，图纸上部为管道平面位置图，中间部位是剖面结构图，下部是数据信息表。① 平面位置图：按比例绘制，也可从管道平面图中复制，作为绘制剖面图的参照。② 剖面结构图：以人孔结构剖面和管群结构剖面为主，也包括路面起伏情况和横向交叉管线的情况。③ 数据信息表：与剖面结构图相对应，以数字的方式精确标明了有关信息。

2）管道纵向剖面图的内容

管道纵向剖面图以图形和表格的方式，主要对以下内容进行描述：

① 路面高程；② 管道沟挖深、管群埋深；③ 管道坡度；④ 人（手）孔的程式、坑深；⑤ 交越管线的类型、位置、埋深及其规格；⑥ 路面程式及土质情况。

3）管道纵向剖面图的绘制要求

① 管道剖面图一般采用 A3 加长图框，以完整容纳一条街道的图形信息。

② 水平方向比例一般与平面图比例相同，垂直（深度）方向上的比例一般取为 1:50。

③ 图纸的三个部分描述的对象和信息在垂直方向上应当一一对应。

④ 剖面结构图中要体现其他交叉管线，其管径和埋深要准确。

如果需要详细设计，顶管部分可以不在管道纵剖面图中绘制，在设计文件中单独设计顶管图纸（道路横断面图）。应特别注意的是，顶管部分断面、剖面可能都有变化，并且顶管部分不应绘制管道基础。

4）管道纵向剖面图坡度设计具体方法

管群坡度设计是管道剖面图设计的关键，一般需要电子表格或专用软件建立各图形要素的关联关系，并检验是否符合设计规范和现场可行性的要求。

1.4.7 管线的交越与保护

通信管道与其他管线交越时，一般采用上跨越方式，特殊情况下可以采用下穿越方式。不管是跨越还是穿越，应保持足够的间距，采取一定的保护措施，并尽量保证垂直交叉。通信管道与其他管线交越时的间距要求见表 1－2。

管线交叉的避让原则如下：

① 压力管线避让自流管线，例如，给水管应当避让排水管。

② 易弯曲管线避让不易弯曲管线，例如，金属管道应当避让混凝土管道。

③ 小管径管线避让大管径管线。

④ 分支管线避让主干管线。

⑤ 临时管线避让永久性管线。

⑥ 后建管线避让已建管线。

管道要尽量铺设在冻土层以下。地下水位较高时，人孔和手孔要考虑防潮、防水措施，管道宜埋浅一些，并避免铺设在可能发生翻浆的土层内。

重点掌握

在设计时，必须注意以下几个方面：

- 满足管道最小埋深的要求；
- 满足管道沟最小坡度（2.5‰）的要求；
- 满足通信管道与交越的其他管线的最小净距要求；
- 满足管道进入人孔时与上覆底部和基础顶部的最小净距（0.30 m、0.40 m）要求；
- 尽量减少管道沟和人孔坑的土方量；
- 尽量减小人孔两侧管孔的相对高差（宜小于 0.50 m）。

1.4.8 设计方案实例

1. 容量和材料

实例中，新建通信管道容量和基本材料已在委托书指定，在长安路南侧新建 6 根塑料管道，双壁波纹管、七孔梅花管均选用ϕ110 mm × 6 000 mm 规格。

2. 横断面设计

1）管群设计

本实例项目的 6 根塑料管可以按 2 × 3 或 3 × 2 方式排列，本设计选用 3 × 2 方案；塑料管用管架支撑，管群间的缝隙用 M10 砂浆灌注后，全程用 C15 混凝土包封，管群上方可不加警告标识物。包封后的管群断面为宽 0.46 m、高 0.41 m 的长方形（图 1－8）。

2）管道沟设计

管道沟设计方案直接影响到工程土方量、路面开挖面积和工程赔补费用。本实例项目所在地土壤为硬土，冻土层厚度为 0.7 m，管群覆土厚度在 1.0 m 左右即可（根据本实例的纵剖面设计，可以确定沟深为 1.32～1.48 m），管道沟深度不大，施工又选在非雨季节，因此不需要挡土板保护。设计中根据管道基础宽度每侧增加 0.15 m 作为管道沟底部的宽度。

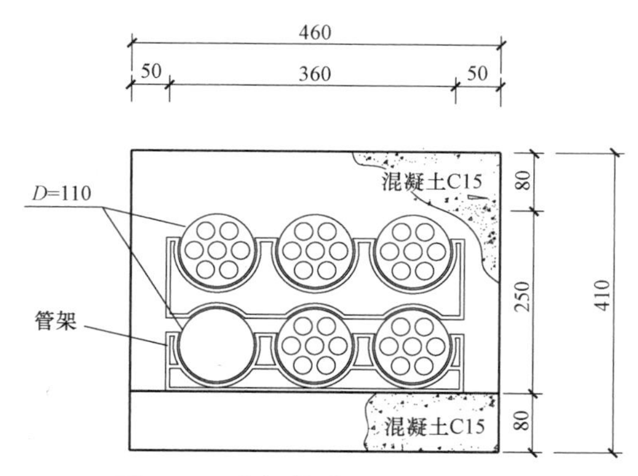

图 1－8　实例管道横断面（mm）

3）街道横断面设计

本实例项目的街道横断面设计结果如图 1－9 所示。需要说明的是，该图为示意性断面图，只是简要地反映长安路道路下的各种管线在横向上的位置关系，没有严格标明各种管线的材质、断面、埋深等信息。严格意义上的街道横断面图应包含有关管线的埋深、材质等诸多基本要素。

3. 平面设计

1）段长

本实例项目在新区主要街道，为方便沿街大客户接入，管道段不宜过长。根据勘察确定共新建 2 个人孔（位置及编号如图 1－10 所示），平均段长约 60 m。

2）人孔选择

本实例项目管道容量为 1 根单孔管和 35 个子孔，选用小号直通型人孔。

3）人孔定位

本实例项目中，新建人孔位置在人行道上，选点以方便引接附近单位为宜。

4）图纸设计

① 根据现场勘测草图和人孔定位设计结果，绘制通信管道平面图，作为施工的主要依据。因本实例项目比较简单，可以省略通信管道路由图。通信管道平面图绘制步骤和注意事项如下：

● 选取合适图框和绘制比例。本实例项目路由较短，为便于设计装订和工程使用，图框选用标准 A3 图框，横向使用；通信管道平面图一般按 1:500 比例绘制，为简捷、直观，本实例中改用 1:1 000 比例绘制。

● 绘制城市街道、主路边缘石的轮廓线、建筑红线、街道中心线等，并标注街道名称。绘制时，注意在管道路由方向上应当严格按图纸统一比例绘制，而横向如果内容较多，表达困难，可以根据需要适当调整比例。

● 绘制主要参照物。一般以沿街建筑物和管道侧的相关情况为主。本实例中长安路北侧尚未开发成型，长安路南侧有两个单位，围墙在建筑红线位置。

● 定位管道路由。绘制路由辅助线，在适当位置标明位置信息（一般以道路中心线或建筑红线为准）、与相邻的管道和单位围墙的间距。路由辅助线应当放置在独立的图层中，以备不用时随时关闭。

● 绘制管道。包括设计段长并定位人孔、人孔选型和标号、管道段长标注和每段的管孔标注、管道沟路面信息标注等内容。

● 图纸说明。对必要情况予以说明，如本实例中的管材规格数量、管道位置和图中未及描述的路面信息等。另外，对管道沟横断面一般以图形方式单独予以补充说明。

● 其他工作。对图纸进行分割、裁剪，合理布局；对图纸中文字、符号、线段空间位置进行调整，使版面整齐、美观；整理图例、图衔、方向标等内容。

② 根据国土和规划建设部门提供的街道管线带状图，绘制通信管线路由和人孔位置等信息。本实例中，城市测绘图纸以 1985 年国家高程为基准，如图 1－11 所示。

4. 纵剖面设计

根据带状图中的高程判断，在管道路由上路面平坦，地势西低东高。在管道设计中，需要人为增加管道沟的坡度，本实例按“一字坡”的方式设计坡度。

1）人孔

人孔坑设计深度为 2.4 m，人孔内净高约 1.8 m。人孔坑的放坡系数为 0.33。

2）管道沟

本实例路面平坦，管道段不长，宜按“一字坡”的方式进行设计。经计算，坡度取 3‰ 时满足管道沟挖深、人孔窗口高度以及与其他管线避让的要求。19#人孔东侧附近位置，有一条直径 300 mm 中水管路垂直交越，通过查阅国土和规划建设部门资料，该处地面高程 65.78 m，管顶高程 64.06 m，埋深（地面高程与管顶高程之差）为 1.72 m。通信管道底部设计高程约为 64.4 m，管道沟挖深约为 1.35 m，与中水管路垂直间距约为 0.37 m（图 1－12），满足规范要求。

3）图纸设计

本实例管道剖面图的绘制步骤和注意事项如下：

① 选取合适图框和绘制比例。为便于出版装订，本实例项目的管道剖面图选用标准 A3 图框，横向使用，用 1:1 000 比例绘制。

② 绘制剖面图。根据路面高程和人孔深度，绘制若干 0.2 m 间隔的高程水平线，标明高程刻度（如本实例中的整数高程刻度为 63～66 m）；绘制各人孔剖面，并根据各人孔的水平位置和路面高程定位各个人孔；根据带状图的信息绘制路面和横向交叉管线；使用电子表格，按“一字坡”方式进行坡度设计，并绘制管群剖面。

③ 填制数据表。根据电子表格的计算结果，填制人孔和管道的数据表。

④ 其他工作。调整图纸元素，在图框中合理布局；整理图例、图衔等内容。

探　讨

● 剖面图中各项内容间的关联关系有哪些？

● 管道沟坡度设计的三种方式各有哪些优缺点？

1.5　通信管道工程设计文档编制

通信管道工作设计文件主要包括说明、预算和图纸三部分内容。

1.5.1　设计说明的编写

1. 概述

1）工程概况

包括工程名称和设计阶段、项目背景、项目位置等内容。

2）建设规模

对于只有单个路段通信管道的工程，需要描述管道类型、孔数和长度（铺设和顶管分别描述）、人（手）孔的数量和规格等。对于由多个管道段组成的工程，需要列表对各段管道的上述建设规模内容列出明细并汇总。

3）工程投资和技术经济分析

包括总投资、单位长度造价（管程千米、孔千米等）、造价分析等内容。

2. 设计依据

国家城乡建设和工业信息化等主管部委颁发的相关设计规范、施工与验收规范及相关技术标准；工程所在地城乡规划部门的批复文件；建设单位各级主管部门下发的相关文件；设计委托、合同或任务书；设计单位的勘察资料等。以上内容分条目列明，对于有文号或发文日期的，应当一并注明。根据工程项目具体要求，设计文件中可增加城市规划建设的批复文件、关于城市赔补有关文件等内容作为设计文件附件。

3. 设计范围和分工界面

包括管道工程设计的主要内容，以及管道专业设计文件与其他专业设计文件之间的分工界面。

设计范围一般包括通信管道敷设和人手孔建筑的安装设计，具体可分为管道平面设计、管道剖面设计、过街管道设计、引上管道设计、电信管道与其他地下管道管线的交越及保护措施等方面。如果不属于设计范围，应予以说明。

4. 主要工程量

通信管道工程设计说明中的主要工程量一般以表格方式列明，主要包括：① 施工测量长度；② 铺设管道和顶管的长度；③ 人（手）孔的数量和规格；④ 开挖、回填的土方量；⑤ 基础与包封等。

5. 设计方案

设计方案包括通信管道的路由选择和通信管道建筑设计两方面的内容。

6. 施工技术要求

施工技术要求包括通信管道设计规范、施工验收规范中的重点内容，以及规范中指出的需要设计文件予以明确的技术标准和施工要求。建设单位对通信管道工程实施过程的指导意见也应在本部分内容中加以明确。

7. 其他需要说明的问题

1）环境保护要求

全面考虑工程实施过程中和建成后，对项目建设地点的自然环境和社会环境影响，包括对工程沿线地区的地质、水文、土壤、植被、名胜古迹、地下文物等基本环境要素的影响，以及相应的保护措施。为引起重视，环保方面的内容可单独作为说明文件的一个组成部分。

2）安全生产要求

安全生产要求包括通信管道施工安全的要求和注意事项，避免交通事故、损坏相邻建筑或塌方现象的发生。特殊情况下还应考虑堆土、排水、支撑、危房处理等问题。安全生产方面的内容也可单独作为说明文件的一个组成部分。

3）项目审批和协调

项目审批和协调包括需要建设单位办理规划审批手续、协调沿线主要企事业单位和障碍物等方面的问题。

对于合建管道工程，应明确主建单位和随建单位，以方便工程的组织实施。合建路段的管孔排列、管孔分配、管孔标识等情况，应在设计文件中予以说明。

4）其他

包括勘察设计条件所限未及详细说明的事项、工程中可能遇到变更的内容，以及施工作业和技术处理的特殊问题等。

1.5.2 设计图纸的组织

通信管道工程设计图纸是管道设计方案的集中体现，主要包括管道路由图、管道施工图、管道通用图三部分。很多情况下通信管道工程图纸需要按蓝图出版。城域管道施工图通常按 1:500 比例绘制，按条形图出版，小区通信管道施工图相对比较灵活。路由图、通用图的比例和图幅可根据需要设置，一般情况下 A3 和 A4 的图幅即可满足要求。简单的项目可以减少或合并相关图纸。

1. 管道路由图

管道路由图以简要地反映工程概况为目的，应重点体现新建管道的总体路由走向，新旧管道的组网关系或管道与局站、用户的位置关系，管道在街道上的相对位置，管孔规模和长度等内容。

2. 管道施工图

管道施工图包括平面图、纵剖图、断面图和特殊施工工艺图等内容。

1）平面图

通信管道工程平面图根据勘测结果绘制出来，相对详细、准确地反映通信管道的空间位置、建筑标准和建设规模，是预算编制和指导施工的重要依据。通信管道工程平面图一般有以下两种：

① 平面施工图：是指没有基础底图，完全根据勘测结果绘制出的平面图。一般采用

1:500比例进行绘制（表达困难时，在路由垂直方向上可以不严格控制比例），主要内容包括管道路由（中心线）平面位置和路面情况、人（手）孔类型和平面位置、管道容量和管道段长、相邻或相交的地下管线情况、邻近地上建筑物、参照物的平面位置示意等。

② 带状平面图：是指以国土和规划建设部门提供的城市街道带状地形图为基础底图，进行管道平面设计的图纸。这种情况下，在不影响规划审批和施工参照的前提下，应该对城市街道带状地形图中其他无关内容适当删减或进行颜色灰度处理，以突出本期新建管道的情况。

警　示

- 绘制管道施工图时，应按建设单位要求确定人（手）孔的编号原则。
- 街道带状图的绘制须满足当地政府市政规划部门的要求。

2）纵剖图

管道工程设计中的纵剖图即通信管道的剖面设计图纸，是兼顾直观和准确的施工图。图纸内容、绘制方法和要求在上一节中已详细介绍。

3）断面图

包括管道断面图和街道断面图。

① 管道断面图是对管群排列、基础与包封以及管道沟开挖的设计图纸。简单工程的管道断面图可以放置在平面图或街道断面图中。

② 街道断面图主要体现新建通信管道的路由位置和相邻、相交管线情况。街道断面图分为两种：管道所在街道横断面和管道相交街道横断面，基础数据一般均由规划部门提供。

- 管道所在街道断面图是管道相对于道路中心线的横向位置图，基本依据是规划设计条件；
- 管道相交街道断面是一种特殊的管道剖面图，一般需要更加精细、严谨的设计，可结合管道剖面图和街道断面图的一般要求和方法进行设计。

4）特殊施工工艺图

特殊施工工艺图一般包括以下情况：

① 地下顶管工艺图。一般可简化为纵剖面图的一部分。

② 管道穿越箱涵、桥梁等特殊路段的施工工艺图纸。

③ 管道穿越其他管线时的特殊保护工艺设计。

④ 管道与其他通信预留管线衔接时的工艺设计，如交接箱、进线室、小区建筑预留的入楼管等。

⑤ 因功能需要和环境条件限制，人（手）孔需要进行特殊设计的。

3. 管道通用图

管道通用图一般包括设计文件中采用的所有人（手）孔类型的图解和说明。需要进行

特殊设计的，应绘制特殊人（手）孔、组部件和材料的建筑、加工图纸。

1.5.3 设计文件实例

下面为本章设计任务书实例项目设计文件中的设计说明和设计图纸。

1. 设计说明

1.1 概述

本单项工程为××公司××分公司长安路（昌平街东）通信管道工程，项目编号为GD20××0021。

根据业务发展需要，××公司××分公司拟继续推动网络基础资源建设，并经省公司批复了3年滚动规划和20××年管道工程可行性研究报告，年初计划集中展开通信管道工程立项审批工作。

长安路地处新市区，是通往老市区的主干道路之一，沿路地段具有很高的发展潜力，昌平街以东路段多个单位已具备进驻条件，通信管道的建设迫在眉睫。本工程是长安路在昌平街以西原有管道的延伸，本期工程实施后，为新市区通信网络发展建设提供有力支撑。

本单项工程管道路由总长度为0.12 km，新建5孔七孔梅花管和1孔ϕ110 mm双壁波纹管组成的6孔塑料管道0.12 km（0.72根千米），其中铺设6孔（3孔×2层）塑料管道0.12 km，新建砖砌小号直通型人孔2个。

本单项工程采用一阶段设计，预算总值为194 174元人民币（含税价）。

1.2 设计依据

（1）20××年2月1日中国××公司××分公司网络建设部关于长安路（昌平街东）通信管道工程设计的设计任务书；

（2）《通信管道与通道工程设计规范》（GB 50373—2006）；

（3）《城市地下通信塑料管道工程设计规范》（CECS165—2004）；

（4）《通信管道人孔和手孔图集》（YD/T 5178—2017）；

（5）××公司××分公司提供的相关资料及要求；

（6）设计人员于20××年×月×日赴现场勘察收集的相关资料。

1.3 设计范围和分工

××邮电设计有限公司为本单项工程的设计单位，设计范围包括通信管道路由的勘察确定、通信管道的敷设安装设计、人手孔建筑的安装设计。本设计未包括引上管道的内容，具体由光缆线路专业负责。

1.4 主要工程量（表1-11）

表1-11 主要工程量表

工程量名称	单位	数量
施工测量	百米	1.2
铺设塑料管道6孔（3×2）	百米	1.2
砖砌人孔（现场浇筑上覆）小号直通型	个	2

续表

工程量名称	单位	数量
人工开挖管道沟及人（手）孔坑硬土	百立方米	2.93
回填土石方夯填原土	百立方米	2.49
塑料管道基础宽 490 C15	百米	1.2

其他工程量详见本单项工程预算表（表三甲）。

1.5　设计方案

1）管道位置路由选择

经现场勘察，国土和规划建设部门给定的规划设计条件可行。本单项工程新建管道位置平行于道路中心线，在长安路南侧距离建筑红线 2.2 m 处。

2）通信管道建筑设计

① 容量和管材：本设计全程新建 6 根塑料管道（七孔梅花管ϕ110 mm × 6 000 mm × 5 孔、双壁波纹管ϕ110 mm × 6 000 mm × 1 孔）。

② 人孔设计：小号直通型人孔埋设深度为 2.4 m；开挖人孔坑的放坡系数为 0.33。

③ 管群断面设计：本设计 6 孔管道选用 3 根 × 2 层方案组合，管道沟全程修建 C15 混凝土基础，管群用 C15 混凝土包封；包封后的管群断面宽 0.46 m、高 0.41 m。

④ 管道沟断面设计：管道沟平均深度 1.4 m；管道沟底部比管道基础宽度（0.46 m）每侧增加 0.15 m，管道沟底部的宽度为 0.76 m；管道沟顶平均宽度为 1.68 m。

⑤ 管道的坡度：管道敷设应有一定的坡度，以利于渗入管内的地下水流入人孔。管道坡度可控制在 3‰～4‰，最小不得低于 2.5‰；本单项工程采用 3‰“一字坡”方法。

⑥ 防护措施：新建通信管道全程包封处理。

1.6　施工技术要求

（通信管道施工验收规范中有关内容，略。）

1.7　其他需要说明的问题

（施工过程中需要注意的问题等，略。）

2. 设计图纸

本实例项目的工程设计包括以下图纸：

① 长安路（昌平街东）街道横断面图（图号 20××0001S－GD－1），如图 1－9 所示。

② 长安路（昌平街东）通信管道施工平面图（图号 20××0001S－GD－2），如图 1－10 所示。

③ 长安路（昌平街东）管线带状图（图号 20××0001S－GD－3），如图 1－11 所示。

④ 长安路（昌平街东）通信管道剖面图（图号 20××0001S－GD－4），如图 1－12 所示。

⑤ 砖砌小号直通人孔建筑装置图（略，参见《通信管道人孔和手孔图集》YD 5178—2017）。

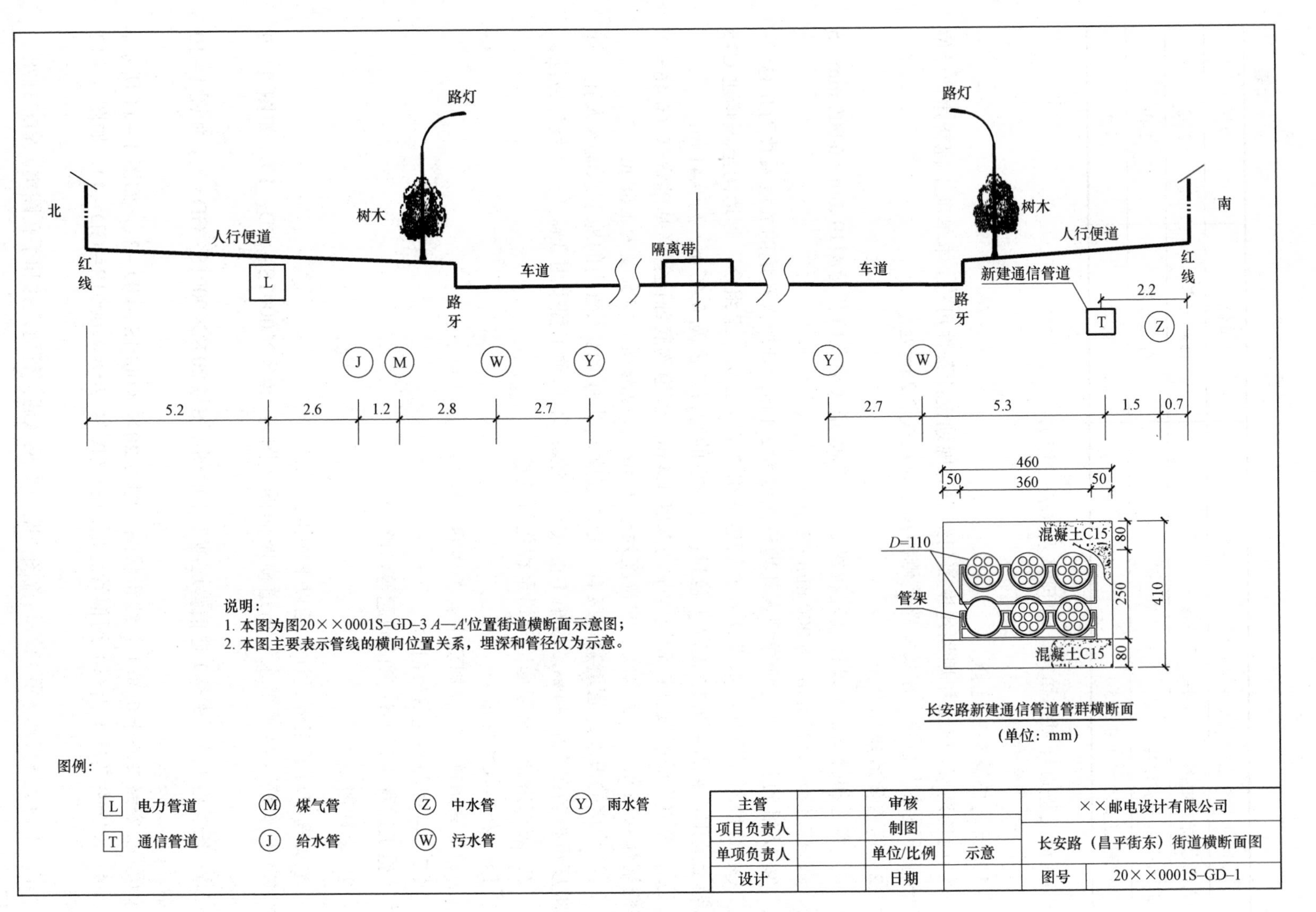

图1-9　长安路（昌平街东）街道横断面图

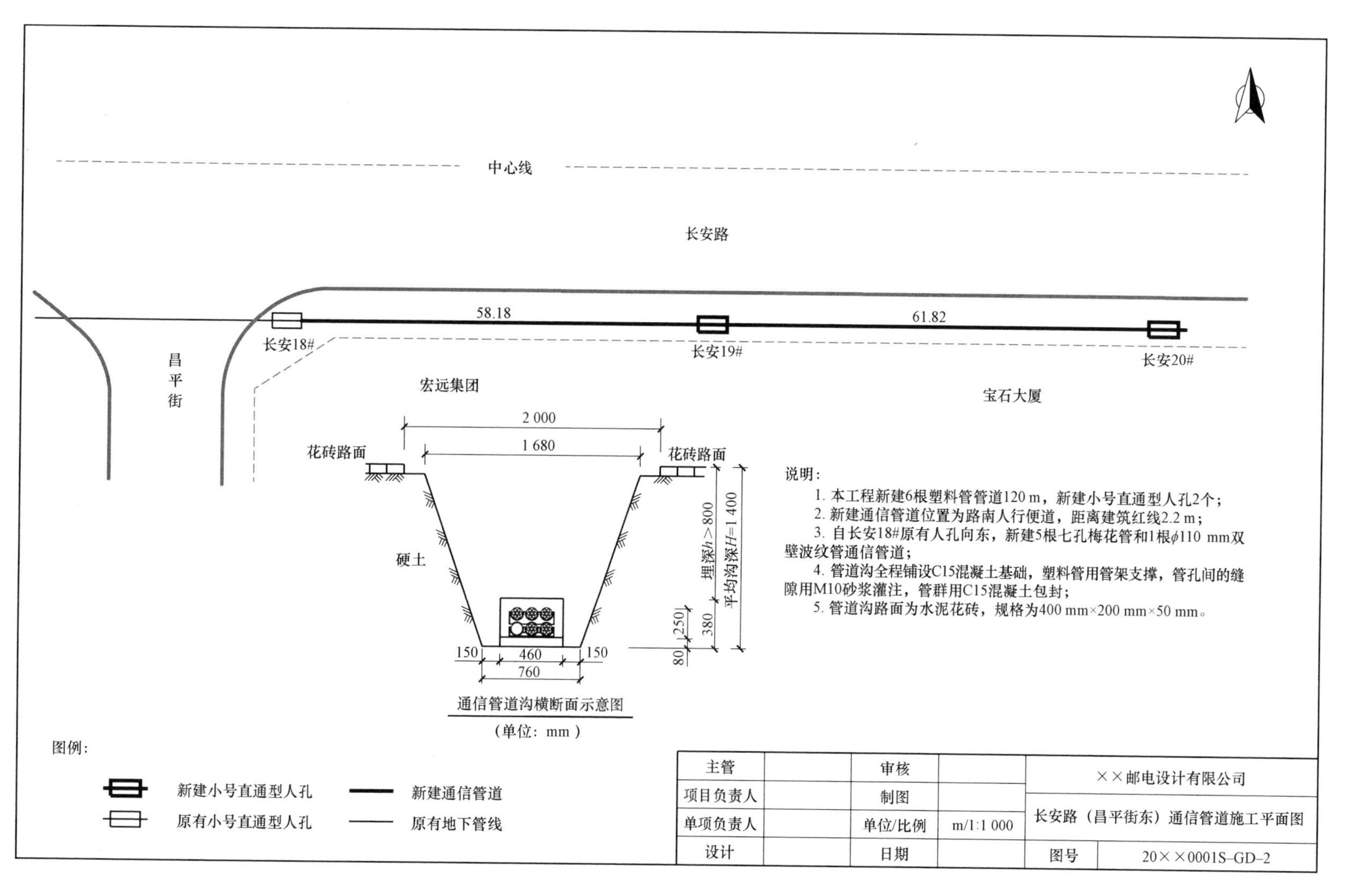

图 1-10　长安路（昌平街东）通信管道施工平面图

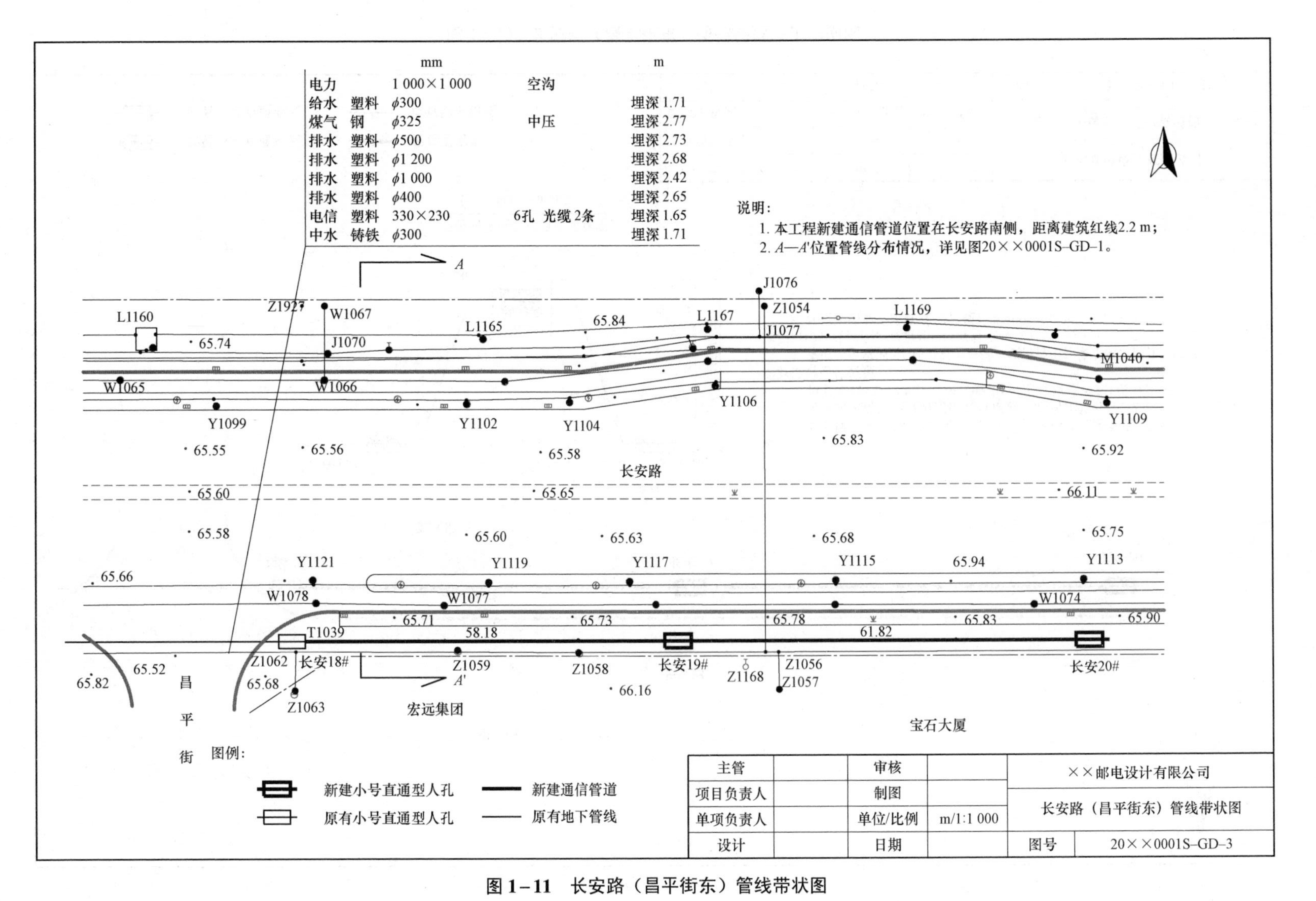

图 1-11　长安路（昌平街东）管线带状图

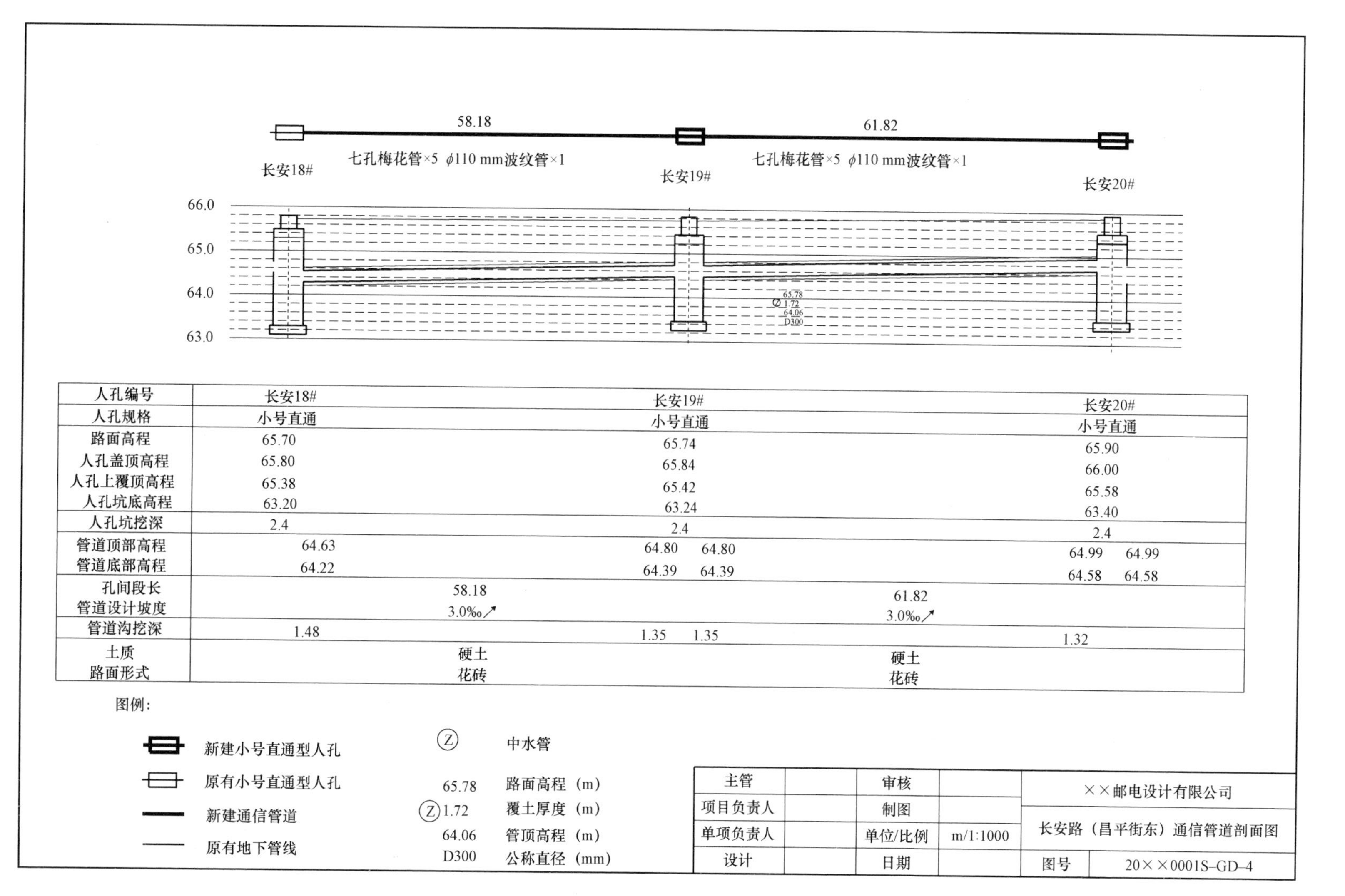

图 1－12　长安路（昌平街东）通信管道剖面图

1.6 通信管道工程概预算文档编制

编制通信管道工程预算的重点是工程量统计和正确理解、准确运用定额。本节首先介绍通信管道工程预算编制的一般方法，最后结合实例项目详细讲解预算编制过程。

1.6.1 工程量的统计

工程量统计的重点是读图与计算。计算的基本思路是沿着基础宽度、沟底（坑底）宽度、沟深（坑深）与放坡系数、沟顶（坑口四边）宽度、沟截面（坑底、坑口）面积、沟（坑）体积的顺序逐步完成计算。概预算定额附录中给出了主要工程量的计算公式和一些标准的表格。

1. 基本统计

计算管道路由长度、统计各种人（手）孔数量、计算铺设各种管道（管群）和顶管的长度等内容。应注意，铺设管道长度不扣除人孔、手孔所占的长度。

2. 路面

（1）开挖面积=管道沟顶的路面开挖面积+人（手）孔坑口的路面开挖面积。

（2）开挖土方量=路面开挖面积×路面厚度。

3. 基础与包封

1）基础

根据设计图纸，分别统计不同宽度、不同材质的各管道段的长度。应注意，管道基础与包封的长度取值不扣除人孔和手孔所占的长度。

2）水泥砂浆的体积

根据各段管群断面图和填充长度，粗略计算管群中填充水泥砂浆的体积。

3）计算管道包封的体积

根据各段的管群断面图和对应的包封长度，粗略计算管群包封需要的混凝土的体积。统计包封长度时，需要考虑设计方案是接头包封还是全程包封。

4. 管道沟体积

计算管道沟体积的目的是统计土石方工程量，工程设计中的土石方量应按未经扰动的自然状态的土方（“自然方”）计取。

5. 人（手）孔的体积

定型人（手）孔的体积和开挖土方量在 451 定额第五册附录中可以查到。一般人（手）孔的体积计算比较简单，不再展开讲述。

6. 土方量

开挖土方体积=人孔开挖体积+管道沟体积

回填土方体积=（人孔开挖体积–人孔建筑体积）+（管道沟体积–管群建筑体积）

倒运土方量=开挖土方体积–回填土方体积+施工措施临时倒运量

=人孔建筑体积+管群建筑体积+施工措施临时倒运量

1.6.2　定额的套用

1. 总体要求

编制预算时，要结合通信管道建筑安装的主要内容和工序，正确理解、准确运用工程定额，确保在预算中全面、合理地体现施工内容和工程量。

2. 基本方法

通信管道工程套用定额的基本思路是由工及料（由表三到表四），即根据工程量统计结果，查阅通信管道工程预算定额对应条目，以填写表三甲为主线，可以完成工日、机械、仪器仪表和材料的计算汇总的过程。

3. 注意事项

① 通信管道基础的设计厚度与宽度，如与定额标准数据不同，需根据其实际厚度与宽度折算铺设管道基础的工日和材料，工日折算宜按线性插入法，材料折算须根据管种材料的实际变化分别折算。例如，本章实例中，C15 标号基础的设计宽度为 460 mm，套用定额时，可按定额 TGD2－042“塑料管道基础基础宽 490”的 95%折算工日和材料。

② 各段管道的设计容量，如与定额标准数据不同，需根据其实际容量折算铺设管道的工日和材料。例如对于 16 孔塑料管道，套用定额时，可按定额 TGD2－093“12 孔塑料管道”的 1.33 倍折算工日和材料。

③ 铺设塑料管道时，多孔复合管按 1 孔（俗称“根”）统计。如本例中，每根 7 孔梅花塑料管道应计为 1 孔。

④ 如本例中的新建管道工程，如需与既有管道相衔接，应考虑是否计取既有人孔或手孔的孔壁新开窗口的工日。

⑤ 若人孔或手孔的净空设计高度大于标准图数据，超出部分应另行计算工日和材料。如净空设计高度大于 2.7 m 时，标准图孔壁强度不足，需另行设计。

⑥ 挡土板支撑和管道沟人孔坑抽水等工作内容的计算规则，与施工季节和现场情况密切相关，应据实考虑并与相关单位沟通一致。

⑦ 管道沿线地上、地下障碍物处理，需根据设计另行考虑人工、机械和材料。

1.6.3　材料的统计

通信管道工程中，材料的统计计算分为三种情况：

（1）根据定额中的标准数据计算、汇总。

（2）参照定额中的标准数据，经合理折算后统计汇总。

（3）根据设计方案中的具体建筑安装工艺、防护措施，据实计算、汇总。

多数情况下，甲方提供的材料和乙方提供的材料需分列于不同表中。管材和人孔口圈等铁件一般由建设单位提供，其余建筑材料一般由施工单位提供。

1.6.4　费用的计算

通信管道工程预算费用的特殊情况：

（1）因通信管道工程影响因素较多，一般需按规定计列预备费。

（2）表二中的施工用水电蒸汽费，主要涉及工程用水的费用。用水量的参考标准为 5 m^3/hm 管道、3 m^3/人孔、1 m^3/手孔。

（3）通信管道工程可根据勘察设计工作内容分别计取勘察费和设计费。

（4）赔补费用标准：结合当地政府规定、建设单位要求和工程协调实际情况确定。

（5）通信管道工程多涉及购图、验线等特殊费用，应据实列入表五。

1.6.5 预算说明的编写

下面结合通信管道工程的特点，简要介绍编写预算编制说明的要点。

1. 预算总投资

需说明预算各部分的投资和单位长度或每孔造价。

2. 预算编制依据

除预算定额、编制办法等标准文件外，还需说明建设单位或地方政府有关收费标准文件以及材料价格的依据。

3. 费率与费用

（1）关于费率与费用的说明：主要包括建设单位对费用标准的具体数据，例如赔补费用、顶管费用等如何计取，以及政府有关具体收费标准。

（2）关于其他费用的说明：如监理费、勘察设计费等，宜予以特殊说明，必要时可列出计算公式。

1.6.6 预算编制实例

1. 统计工程量

为便于讲解和减少计算量，本实例中管道沟挖深 1.4 m，底宽 0.76 m，管道沟和人孔坑的放坡系数取 0.33，人孔开挖回填的工程量采用定额第五册附录中的标准数据（表 1－12）。

表 1－12　工作量统计相关定额数据表

内容	土方/m^3	掘路面积/m^3	章节	页码
小号直通人孔（体积）	10.33		附录七	84
小号直通人孔（开挖）	51.4	26.38	附录十	91
百米管道沟	171.1		附录八	85

以下选取有代表性的工程量举例说明统计方法和结果。

1）基本工作量

管道路由总长度为 1.2 hm；新建小号直通型人孔 2 个；铺设 6 孔塑料管道 1.2 hm。既有人孔的孔壁已预留 3×2 管群窗口，不必计取新开窗口的工日。

2）路面开挖

根据本例中的管道沟横断面，可知管道沟顶开挖宽度为 1.68 m，考虑施工实际情况，管道沟花砖路面的开挖宽度调整为2 m，小号直通人孔的坑口面积按表1－12计算，则有（未核减管道沟与人孔重复部分）：

① 开挖花砖面积＝(120×2＋26.38×2)/100＝2.93（百立方米）

② 花砖体积＝开挖面积×花砖厚度＝2.93×0.05＝0.15（百立方米）

3）管道沟和人孔的开挖

采用表1－12中的数据，则本实例中

开挖土方量＝管道沟＋人孔坑－花砖体积＝2.05＋1.03－0.15＝2.93（百立方米）

4）土方回填与倒运

① 管群建筑体积＝0.41×0.46×120/100＝0.23（百立方米）

② 人孔建筑体积：采用表1－12中的数据10.33 m^3，则

人孔建筑体积＝10.33×2/100＝0.21（百立方米）

③ 倒运土方量＝管群建筑体积＋人孔建筑体积＝0.23＋0.21＝0.44（百立方米）

④ 回填土方量＝开挖管道沟人孔坑土方量－倒运土方量＝2.93－0.44＝2.49（百立方米）

5）基础与包封

① 基础：混凝土基础宽度0.46 m，基础厚度为80 mm，基础长度为120 m。

② 水泥砂浆的体积：如图1－13所示，填充水泥砂浆的面积等于包封的“内框”面积减去各管孔面积之和，则本实例项目中，有：

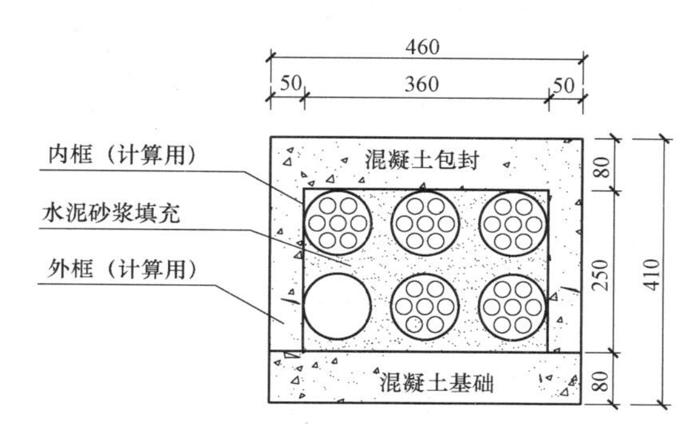

图1－13　实例项目管道基础与包封

包封的“内框”面积＝0.36×0.25＝0.09（m^2）

各管孔面积之和＝0.055×0.055×3.14×6＝0.057（m^2）

填充水泥砂浆的面积＝0.09－0.057＝0.033（m^2）

填充水泥砂浆的体积＝0.033×120＝3.96（m^3）

③ 管道包封的体积：即包封的“外框”面积乘以包封长度。

管道包封的体积＝[0.36×0.08＋(0.25＋0.08)×(0.05＋0.05)]×120＝7.42（m^3）

2. 统计材料

塑料管支架一般间隔2～3 m设置一处，以起到固定、支撑作用。本设计按每2.5 m设置一处计列材料。其余材料根据定额计算汇总即可。

3. 编制预算

本实例利用通信工程概预算软件编制，以下为具体步骤，供参考。

1）填写基本信息

打开预算软件，新建项目，填写项目基本信息。具体操作略。

2）套用定额输入工程量表

按工程量表的统计顺序或定额编号顺序，在预算表（表三甲）中依次录入各个工程量。

3）生成并整理材料表、机械仪器仪表表格

保存预算表（表三甲），并通过表三甲生成表四甲（主要材料表）、表三丙（仪器表）

等预算表格。汇总预算表中设备材料的数量，并输入对应价格统计计算。

4）计算费用

修改表二费率、表五甲、表一相关费率，或直接计算相关费用，填入相应表格。例如，本实例要求不计取临时设施费，编制预算时需要取消预算表（表二）中的临时设施费，其他详见预算说明部分。需要特殊计算的费用如下：

① 施工用水费 $=(5\times1.2+3\times2)\text{m}^3\times5$ 元/$\text{m}^3=60$（元）

② 综合赔补费＝单价×花砖面积＝230×293＝67 390（元）

4. 编写预算说明

以下为预算编制说明和预算表实例。

1）预算编制说明

① 工程预算总投资。

本单项工程为××公司××分公司长安路（昌平街东）通信管道工程，新建6孔塑料管道0.12管程千米，即0.72根千米。

本单项工程采用一阶段设计，预算总值为194 174元人民币（含税价），其中建筑安装工程费为96 090元，工程建设其他费为89 167元，预备费为8 916元。平均每管程千米1 618 177元，平均每孔千米269 686元。

② 预算编制依据。

国家工业和信息化部《关于印发信息通信建设工程预算定额、工程费用定额及工程概预算编制规程的通知》（工信部通信〔2016〕451号）。

国家发展计划委员会、建设部《关于发布〈工程勘察设计收费管理规定〉的通知》（计价格〔2002〕10号）修订本。

国家发展改革委、建设部《关于印发〈建设工程监理费与相关服务收费管理规定〉的通知》（发改价格〔2007〕670号）。

××公司××省分公司《关于启用通信建设工程预算451定额以及下发相关取费标准指导意见的通知》（网建〔2017〕××号）。

××公司××省分公司以及××分公司提供的材料价格。

③ 费率与费用的取定。

根据建设单位意见，本预算对如下费率、费用进行调整，其余按工信部通信〔2016〕451号文规定执行：

表二不计取运土费、大型施工机械和施工队伍调遣费、工程排污费等费用。

表四甲只计取材料原价，不计取运杂费、运输保险费、采购及保管费、采购代理服务费。

表五综合赔补费取费标准：水泥花砖230元/m^2。

2）预算表

本单项工程预算表格主要包括：

表1－13 工程预算表（表一）

表1－14 建筑安装工程费用预算表（表二）

表1－15 建筑安装工程量预算表（表三甲）

表1－16 建筑安装工程仪器仪表使用费预算表（表三丙）

表1－17 国内器材预算表（表四甲）（乙供材料）

表1－18 工程建设其他费预算表（表五甲）

表1-13 工程预算表（表一）

建设项目名称：中国××公司××分公司20××年管道一期工程　　建设单位名称：中国××公司××分公司

项目名称：中国××公司××分公司长安路（昌平街东）通信管道工程　　表格编号：20××0001S-GD-B1　　第　页全　页

序号	表格编号	费用名称	小型建筑工程费	需要安装的设备费	不需要安装的设备、工器具费	建筑安装工程费	其他费用	预备费	总价值			
			元						除税价/元	增值税/元	含税价/元	其中外币（）
Ⅰ	Ⅱ	Ⅲ	Ⅳ	Ⅴ	Ⅵ	Ⅶ	Ⅷ	Ⅸ	Ⅹ	Ⅺ	Ⅻ	XIII
1		建筑安装工程费				87 355			87 355	8 735	96 090	
2		引进工程设备费										
3		国内设备费										
4		小计（工程费）				87 355			87 355	8 735	96 090	
5		工程建设其他费					80 879		80 879	8 288	89 167	
6		引进工程其他费										
7		合计				87 355	80 879		168 234	17 023	185 257	
8		预备费						8 412	8 412	505	8 916	
9												
10												
11												
12												
13		总计				87 355	80 879	8 412	176 646	17 528	194 174	
14		生产准备及开办费										

设计负责人：×××　　审核：×××　　编制：×××　　编制日期：20××年×月

表 1-14　建筑安装工程费用预算表（表二）

建设单位名称：中国××公司××分公司

工程名称：中国××公司××分公司长安路（昌平街东）通信管道工程　　表格编号：20××0001S－GD－B2　　第　页全　页

序号	费用名称	依据和计算方法	合计（元）	序号	费用名称	依据和计算方法	合计（元）
Ⅰ	Ⅱ	Ⅲ	Ⅵ	Ⅰ	Ⅱ	Ⅲ	Ⅵ
	建筑安装工程费（含税价）	一＋二＋三＋四	96 090.13	6	工程车辆使用费	人工费×2.2%	631.31
	建筑安装工程费（除税价）	一＋二＋三	87 354.66	7	夜间施工增加费	人工费×2.5%	717.4
一	直接费	直接工程费＋措施费	64 085.23	8	冬雨季施工增加费	人工费×1.8%	516.52
（一）	直接工程费		56 564.31	9	生产工具用具使用费	人工费×1.5%	430.44
1	人工费		28 695.82	10	施工用水电蒸汽费		60
（1）	技工费	技工总计×114	26 457.12	11	特殊地区施工增加费	（技工总计＋普工总计）×0	
（2）	普工费	普工总计×61	2 238.7	12	已完工程及设备保护费		516.52
2	材料费	主要材料费＋辅助材料费	27 802.25	13	运土费		
（1）	主要材料费		27 663.93	14	施工队伍调遣费	调遣费定额×调遣人数定额×2	
（2）	辅助材料费	主材费×0.5%	138.32	15	大型施工机械调遣费	单程运价×调遣距离×总吨位×2	
3	机械使用费	表三乙－总计		二	间接费	规费＋企业管理费	17 530.27
4	仪表使用费	表三丙－总计	66.24	（一）	规费	1～4 之和	9 667.62
（二）	措施项目费	1～15 之和	7 520.92	1	工程排污费		
1	文明施工费	人工费×1.5%	430.44	2	社会保障费	人工费×28.5%	8 178.31
2	工地器材搬运费	人工费×1.2%	344.35	3	住房公积金	人工费×4.19%	1 202.35
3	工程干扰费	人工费×6%	1 721.75	4	危险作业意外伤害保险费	人工费×1%	286.96
4	工程点交、场地清理费	人工费×1.4%	401.74	（二）	企业管理费	人工费×27.4%	7 862.65
5	临时设施费	人工费×6.1%	1 750.45	三	利润	人工费×20%	5 739.16
				四	销项税额	（人工费＋乙供主材费＋辅材费＋机械使用费＋仪表使用费＋措施费＋规费＋企业管理费＋利润）×11%＋甲供主材费×17%	8 735.47

设计负责人：×××　　审核：×××　　编制：×××　　编制日期：20××年×月

表 1－15　建筑安装工程量预算表（表三甲）

建设单位名称：中国××公司××分公司

工程名称：中国××公司××分公司长安路（昌平街东）通信管道工程　　表格编号：20××0001S－GD－B3　　第　页全　页

序号	定额编号	项目名称	单位	数量	单位定额值/工日		合计值/工日	
					技工	普工	技工	普工
Ⅰ	Ⅱ	Ⅲ	Ⅳ	Ⅴ	Ⅵ	Ⅶ	Ⅷ	Ⅸ
1	TGD1－001	施工测量	百米	1.2	0.22	0.88	0.26	1.06
2	TGD1－009	人工开挖路面水泥花砖	百平方米	2.93	2.88	0.31	8.44	0.91
3	TGD1－018	人工开挖管道沟及人（手）孔坑硬土	百立方米	2.93	42.92		125.76	
4	TGD1－028	回填土石方夯填原土	百立方米	2.49	21.25		52.91	
5	TGD1－034	手推车倒运土方	百立方米	0.44	12		5.28	
6	TGD1－037	挡土板人孔坑	百米	0.2	16.5	12	3.3	2.4
7	TGD2－042	塑料管道基础基础宽 490 C15	百米	1.2	6.67	5.17	7.60	5.89
8	TGD2－056	塑料管道基础加筋（人孔/手孔窗口处）基础宽 490	百米	0.4	0.36	0.24	0.14	0.10
9	TGD2－091	铺设塑料管道 6 孔（3×2）	百米	1.2	3.26	2.4	3.91	2.88
10	TGD2－137	填充水泥砂浆 M10	m^3	3.96	0.63	0.63	2.49	2.49
11	TGD2－138	管道混凝土包封 C15	m^3	7.42	1.25	1.25	9.28	9.28
12	TGD3－001	砖砌人孔（现场浇筑上覆）小号直通型	个	2	6.35	5.85	12.7	11.7
		合计					232.08	36.70

设计负责人：×××　　审核：×××　　编制：×××　　编制日期：20××年×月

表 1-16　建筑安装工程仪器仪表使用费预算表（表三丙）

建设单位名称：中国××公司××分公司

工程名称：中国××公司××分公司长安路（昌平街东）通信管道工程　　表格编号：20××0001S-GD-B3B　　第　页全　页

序号	定额编号	工程及项目名称	单位	数量	仪表名称	单位定额值		合价值	
						消耗量/台班	单价/元	消耗量/台班	合价/元
Ⅰ	Ⅱ	Ⅲ	Ⅳ	Ⅴ	Ⅵ	Ⅶ	Ⅷ	Ⅸ	Ⅹ
1	TGD1-001	施工测量	百米	1.2	地下管线探测仪	0.2	157	0.24	37.68
2	TGD1-001	施工测量	百米	1.2	激光测距仪	0.2	119	0.24	28.56
		合计							66.24

设计负责人：×××　　审核：×××　　编制：×××　　编制日期：20××年×月

表 1-17　国内器材预算表（表四甲）

（国内乙供主要材料表）

建设单位名称：中国××公司××分公司

工程名称：中国××公司××分公司长安路（昌平街东）通信管道工程　　表格编号：20××0001S-GD-B4A-M　　第　页全　页

序号	名称	规格程式	单位	数量	单价/元			合计/元			备注
					除税价	增值税	含税价	除税价	增值税	含税价	
Ⅰ	Ⅱ	Ⅲ	Ⅳ	Ⅴ	Ⅵ	Ⅶ	Ⅷ	Ⅸ	Ⅹ	Ⅺ	Ⅻ
1	板方材	Ⅲ等	m^3	0.72	3 600	360	3 960	2 574.72	257.47	2 832.19	
2	人孔口圈	车行道	套	2.02	800	80	880	1 616	161.6	1 777.6	
3	拉力环		个	4.04	15	1.5	16.5	60.6	6.06	66.66	
4	积水罐		套	2.02	40	4	44	80.8	8.08	88.88	
5	机制砖		千块	3.66	300	30	330	1 098	109.8	1 207.8	
6	钢筋	$\phi14$	kg	57.56	5	0.5	5.5	287.8	28.78	316.58	
7	钢筋	$\phi12$	kg	67.1	5	0.5	5.5	335.5	33.55	369.05	
8	电缆托架穿钉	M16	副	16.16	6	0.6	6.6	96.96	9.70	106.66	
9	电缆托架	120 cm	根	8.08	35	3.5	38.5	282.8	28.28	311.08	
10	钢筋	$\phi6$	kg	3.41	5	0.5	5.5	17.04	1.70	18.74	
11	钢筋	$\phi10$	kg	27.16	5	0.5	5.5	135.8	13.58	149.38	
12	碎石	5～32	t	20.22	120	12	132	2 426.26	242.63	2 668.88	
13	水泥	32.5	t	7.37	450	45	495	3 317.67	331.77	3 649.44	
14	粗砂		t	20.70	80	8	88	1 655.98	165.60	1 821.58	
15	原木	Ⅲ等	m^3	0.07	1 200	120	1 320	84	8.4	92.4	
16	七孔梅花管	$\phi110$ mm	m	606	20	2	22	12 120	1 212	13 332	
17	双壁波纹管	$\phi110$ mm	m	102	12	1.2	13.2	1 224	122.4	1 346.4	
18	塑料管支架		套	50	5	0.5	5.5	250	25	275	
	合计							27 663.93	2 766.39	30 430.32	

设计负责人：×××　　审核：×××　　编制：×××　　编制日期：20××年×月

表 1-18　工程建设其他费预算表（表五甲）

建设单位名称：中国××公司××分公司

工程名称：中国××公司××分公司长安路（昌平街东）通信管道工程　　表格编号：20××0001S-GD-B5A　　第　页全　页

序号	费用名称	计算依据和计算方法	金额/元			备注
			除税价	增值税	含税价	
Ⅰ	Ⅱ	Ⅲ	Ⅳ	Ⅴ	Ⅵ	Ⅶ
1	建设用地及综合赔补费		67 390	7 412.9	74 802.9	230×293
2	项目建设管理费	工程总概算×2%	3 298.71	197.92	3 496.63	
3	可行性研究费					
4	研究试验费					
5	勘察设计费	勘察费+设计费	5 124.06	307.44	5 431.5	800+4 324.06
	勘察费	计价格〔2002〕10 号规定：起价×80%	800	48	848	起价×80%
	设计费	计价格〔2002〕10 号：工程费×4.5%×1.1	4 324.06	259.44	4 583.5	87 354.66×4.5%×1.1
6	环境影响评价费					
7	劳动安全卫生评价费					
8	建设工程监理费	（工程费+其他费用）×3.3%	2 882.7	172.96	3 055.66	87 354.66×3.3%
9	安全生产费	（建安费+其他费用）×1.5%	1 310.32	144.14	1 454.46	87 354.66×1.5%
10	引进技术及引进设备其他费					
11	工程保险费					
12	工程招标代理费		873.55	52.41	925.96	
13	专利及专利技术使用费					
14	其他费用					
	总计		80 879.34	8 287.78	89 167.12	
15	生产准备及开办费（运营费）					

设计负责人：×××　　审核：×××　　编制：×××　　编制日期：20××年×月

1.7　实做项目及教学情境

实做项目：勘测在建或已竣工的管道工程，绘制平面图和管群断面图，估算每千米造价。

目的：理解通信管道的基本概念，掌握基本绘图、编制概算的方法。

本 章 小 结

本章主要介绍通信管道工程勘察测量、图纸设计和概预算编制的基础知识，主要内容包括：

1. 通信管道的基本知识，包括基本概念、结构组成和主要材料等。
2. 勘察测量的步骤，包括资料准备、路由选择和勘察测量等。
3. 图纸设计的方法，包括容量材料的选择，以及横断面、平面、纵剖面的设计等内容。
4. 概预算编制的方法，包括统计工程量、套用定额、取费等内容。

复习思考题

1-1　简述通信管道的概念、组成及特点。

1-2　简述通信管道工程勘察的步骤。

1-3　简述管线交叉的避让原则。

1-4　简述通信管道塑料管和金属管的适用场合。

1-5　简述常用的通信管道基础有哪些类型。

1-6　简述通信管道工程设计时埋设深度、坡度等方面的要求。

1-7　通信管道工程预算编制中工程量统计的主要内容有哪些?

第2章　通信线路工程设计及概预算

本章内容

- 通信工程概述
- 通信线路工程设计任务书
- 通信线路工程勘察
- 通信线路工程设计方案
- 通信线路工程设计文档编制
- 通信线路工程预算文档编制

本章重点

- 通信线路工程勘察
- 通信线路工程设计文档编制
- 通信线路工程预算文档编制

本章难点

- 通信线路工程设计方案制订
- 通信线路工程预算编制
- 通信线路工程量统计

本章学习目的和要求

- 理解通信线路工程的概念和特点
- 掌握通信线路工程勘察、设计的方法
- 掌握通信线路工程概预算的编制方法

本章课程思政

● 通过通信线路工程设计项目，体验线路工程勘察的艰苦和设计工作的科学态度，培养吃苦耐劳的劳动意识、爱岗敬业的职业素养、遵规守法的岗位态度。

本章学时数：12 学时

2.1　通信线路工程概述

1. 通信线路网构成

通信线路网包括长途线路、本地线路和接入线路，其网络构成如图 2－1 所示。

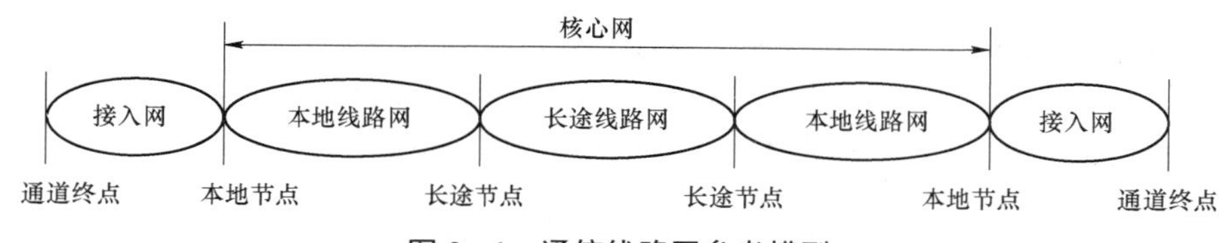

图 2－1　通信线路网参考模型

1）核心网

核心网是指局站内光缆终端设备到相邻局站的光缆终端设备之间的光缆径由，由光缆、管道、杆路和光纤连接及分歧设备、终端设备等构成。目前，核心网基本实现全光网络。

2）长途线路网

长途线路是连接长途节点与长途节点之间的通信线路。长途线路网是由连接多个长途交换节点的长途线路形成的网络，为长途节点提供传输通道，其传输媒介目前基本为光缆。

3）本地线路网

本地线路是连接本地节点（业务接点）与本地节点、本地节点与长途节点之间的通信线路（中继线路）。本地网传输媒介除去个别配线段使用电缆外，基本实现全光网络。本地网的光缆线路是一个本地（城域）交换区域内的光缆线路，提供业务节点之间、业务节点与长途节点之间的光纤通道。

4）接入网

接入线路是连接本地节点（业务接点）与通道终端（用户终端）之间的通信线路。接入网线路是提供业务节点与用户终端之间的传输通道，包括光缆线路和电缆线路。

接入网线路从局内总配线架开始引出，经过灵活点和分配点到达终端用户，灵活点（Flexible Point，FP）一般对于铜缆网，就是交接箱；对于光缆网，就是主干段与配线段的连接处，故又称为光交节点。

分配点（Distribution Point，DP）或称为业务接入点 SAP：对于铜缆网，就是分线盒；对于光缆网，就是光节点或称光网络单元（ONU）。原则上一个 ONU 服务于一个接入网小区，具体设备可设置在室内或室外。如果设置在大楼内，就是 FTTB；设置在大型企事

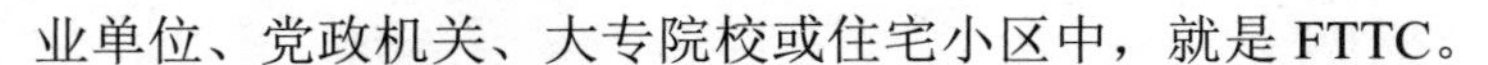

业单位、党政机关、大专院校或住宅小区中，就是FTTC。

2. 通信线路分类

（1）根据传输载体不同，包括电缆线路工程和光缆线路工程。目前，通信线路已经向全光网络推进。

（2）根据敷设方式不同，分为架空光（电）缆、直埋光（电）缆、管道式光（电）缆和水底光（电）缆等。

3. 通信线路主要材料及设备

1）光缆线路工程

① 光纤。光纤按传输的总模数，可分为单模光纤（SM）和多模光纤（MM）。单模光纤按照色散情况，可分为常规式、色散移位式和色散平坦式三种。

② 光缆。光缆的结构由缆芯、护套和外护层三部分组成。缆芯结构有单芯型和多芯型两种。单芯型有充实型和管型两种；多芯型有带状和单位式两种。

③ 其他。除去光纤和光缆外，光缆线路工程常用设备及器材包括光缆交接箱、光缆配线架（ODF）、光缆尾纤、适配器、混凝土水泥杆、镀锌钢绞线环等。

2）电缆线路工程

电缆线路工程的主体物品为电缆和电缆接头盒，其他物品有电缆交接箱、分线盒（箱）、接续器件、混凝土水泥杆、镀锌钢绞线环等。

思政故事

光纤作为改变世界的十大发明之一，大致经过了四个阶段的发展。第一阶段：多模光纤（第一窗口），1966年7月，诺贝尔物理学奖获得者高锟博士提出玻璃光纤的瑞利散射损耗可以非常低（低于20 dB/km），而光纤中的功率损耗主要来源于玻璃材料中的杂质对光的吸收，因此材料提纯是减少光纤损耗的关键。1970年，美国康宁公司拉出了损耗为20 dB/km的光纤，证明光纤作为通信介质的可能性。之后经过不断研发，石英系光纤的损耗在1974年达到了1 dB/km，1979年进一步达到了0.2 dB/km，光纤通信的条件已完全满足，光纤通信时代正式开启，在此期间，主要开发使用第一窗口（850 nm）的多模光纤。第二阶段：多模光纤（第二窗口），20世纪70年代末到80年代初，光纤厂家又开发了第二窗口（1 300 nm）。第三阶段：G.652及G.653、G.654单模光纤（第二、三窗口），1982—1992年是G.652及G.653、G.654单模光纤的大规模应用期，打开了光纤的第二窗口（1 310 nm）和第三窗口（1 550 nm）。第四阶段：光纤窗口全开，特性全面发展，1993—2006年，光纤通信窗口扩展到4、5窗口及S波段，光纤通信窗口全面打开，新开发光纤特性更趋完善。

光纤使用光传递信息，与传统的电缆相比，抗电磁干扰，保护数据安全，不导电，无火花，安装方便。最重要的是，在很长的距离下，其也能做到100 Mb/s的带宽，这在很大程度上促使了互联网革命的发生。

在日常生活中，由于光在光导纤维的传导损耗比电在电线传导的损耗低得多，光纤被用作长、短距离的信息传递，经过光进铜退发展，目前我国基本实现全光网络，截至2021

年，全国光缆线路总长度达 5 500 万千米左右，互联网宽带接入端口数超过到 10 亿个，进一步保障和支撑了用户服务质量，诠释了科技发展的重要性。

4. 通信线路设计工作的主要任务

线路设计工作的具体任务包括：

（1）进行现场查勘、了解现场情况、收集资料，选择合理的通信线路路由，并根据路由选择情况组织线缆网络。

（2）根据设计任务书提出的原则，确定干线及分歧线缆的容量、程式，以及各线缆节点的设置。

（3）根据设计任务书提出的原则，确定线路的建筑方式。

（4）对通信线路沿途经过的各种特殊区段加以分析，并提出相应的保护措施(如过河，过隧道、穿（跨）越铁路、公路以及其他障碍物等措施)。

（5）对通信线路经过之处可能遭到的强电、雷击、腐蚀、鼠害等的影响加以分析，并提出防护措施。

（6）对设计方案进行全面的政治、经济、技术方面的比较，进而综合设计、施工、维护等各方面的因素，提出设计方案，绘制有关图纸。

（7）根据通信工程概（预）算编制要求，结合具体情况，编制工程概预算。

限于篇幅，本章将以光缆工程为例介绍其施工图设计及预算。

2.2　通信线路工程设计任务书

通信线路工程设计任务书是开始工程设计的直接依据，下面以××市××区××小区 FTTH 接入工程（以下简称“本工程”）为例进行介绍，见表 2－1。

表 2－1　工程设计任务书

建设单位：×××电信分公司

<table>
<tr><td colspan="2">项目名称：××市××区××小区 FTTH 接入工程</td></tr>
<tr><td colspan="2">设计单位：×××设计院</td></tr>
<tr><td colspan="2">工程概况及主要内容：本设计的目的是解决××小区主干光缆接入的要求，并为将来开展多业务服务及组建完善的接入网打下基础，按一阶段进行设计。要求综合考虑方案的经济性、合理性以及环境保护等问题。</td></tr>
<tr><td>投资控制范围：2 万元</td><td>完成时间：20××年 8 月 15 日</td></tr>
<tr><td colspan="2">其他：</td></tr>
<tr><td colspan="2">委托单位（章）

项目负责人：</td></tr>
<tr><td colspan="2">主管领导：
年　月　日</td></tr>
</table>

2.3 通信线路工程勘察

工程勘察是指根据业主的委托，进行资料收集、现场踏勘、路由选择、测量、绘制勘察图纸、制订勘察文件等工作。

通信线路工程设计中的“勘察”包括“查勘”和“测量”两个工序。一般大型工程又可分为“方案查勘（可行性研究报告）”“初步设计查勘（初步设计）”和“现场测量（施工图）”三个阶段。第一阶段设计往往是“查勘”和“测量”同时进行。

警　示

- 通信线路工程勘察准确与否直接关系到设计的正确性，一定要认真。

2.3.1 通信线路工程勘察准备工作

1. 人员组织

勘察小组应由设计及相关单位组成，人数视工程规模而定。

2. 熟悉研究相关文件

勘察前要了解工程概况和要求，明确工程任务和范围，如工程性质、规模大小、近远期规划等。因此，要认真研究线路工程相关文件，如设计任务书、可行性研究报告、相应的技术规范、前期相关工程的文件资料和图纸等。

3. 收集资料

一项工程的资料收集工作将贯穿线路勘测设计的全过程；主要资料应在勘察前和勘察中收集齐全。为避免和其他部门发生冲突，或造成不必要的损失，应提前向相关单位和部门调查了解、收集相关其他建设方面的资料，并争取他们的支持和配合。相关部门为电信、铁路、交通、电力、水利、农田、燃化、地质、广播电台、军事等部门。对改扩建工程，还应收集原有工程资料。

4. 制订勘察计划

根据设计任务书和所收集的资料，分析可能存在的问题，对工程概貌勾出一个粗略的方案，据此列出勘察提纲和工作计划，见表 2-2。

表 2-2　勘察工作计划

序号	时间	工作内容
1	20××年 8 月 10 日	组织相关人员，分析任务书，研究相关文件，收集资料
2	20××年 8 月 11—12 日	现场勘察，记录相关资料，通过整理分析资料，绘制勘察草图，并进行汇报

5. 勘察工具准备

可根据不同勘察任务准备不同的工具，如测距仪、地阻测试仪、罗盘仪、皮尺、绳尺（地链）、标杆、测距小推车、GPS 定位仪等。

2.3.2　通信线路工程现场勘察

1. 路由选择

根据设计规范要求和前期确定的初步方案，进行路由选择。路由是线路工程的基础，其选择既要遵循发展规划要求，又要适应用户业务需要，保证使用安全。

对于本工程而言，光缆从已有交接箱引出后进入小区，由于在市区内受周围环境影响，综合考虑确定路由。

警　　示

- 路由选择恰当与否直接影响到线路能否适应今后的需要。
- 理想路由不一定适合现实情况，一定要结合实际情况。

2. 对外联系

光电缆线路工程需穿越铁路、公路、重要河流、其他管线以及其他有关重要工程设施时，应与有关单位联系，重要部位需取得有关单位的书面同意。发生矛盾时，应认真协商，取得一致意见，问题重大的，应签订正式书面协议。

对于本工程而言，由于需要利用旧有管道，要与相关运营商进行协商。

3. 测量

设计过程中很大一部分问题需在测量时解决，因此，测量工作实际上是与现场设计的结合过程。

1）测量前准备

① 人员配备：根据测量规模和难度，配备相应人员，并明确人员分工，制订日程进度，一般长途线路测量人员包括大旗组、测距组、测绘组、测防组及对外调查联系组。

具体人员配备可视情况适度增减，如本工程距离较短、地质情况较为简单、对外调查联系较易，只需 2～3 人即可完成测量任务，即配合测量、专人记录。

② 工具配备：根据工程实际情况，本工程用到的测量工具包括皮（钢）卷尺、测距推车等。

2）测量

从被选路由的起始点（交接箱）开始测量并记录，主要记录测量距离、路由拐点、周围参照物以及其他需要特殊处理地段的位置，同时绘制勘察草图。

3）测量总结

测量完毕后，整理相关资料，完成勘察草图。本工程勘察草图如图 2－2 所示。

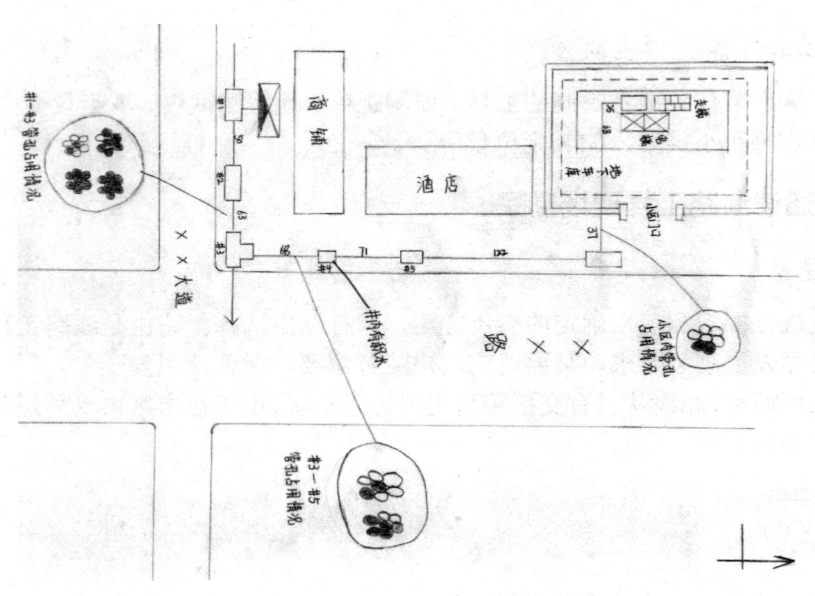

图 2-2　工程勘察草图

重点掌握

- 通信线路工程勘察方法及相关要求。
- 各种工具的使用方法。

2.4　通信线路工程设计方案

2.4.1　通信线路网的设计原则

光缆线路网的设计应符合以下原则：

（1）光缆线路网应安全可靠，向下逐步延伸至通信业务最终用户。

（2）光缆线路网的容量和路由，在通信发展规划的基础上，应综合考虑远期业务需求和网络技术发展趋势，确定建设规模。

（3）长途光缆的芯数应按远期需求取定，本地网和接入网应按中期需求配置，并留有足够冗余。

（4）接入网光缆线路应根据业务接入点分布情况、用户性质、发展数量、密度、地域和时间的分布情况，充分考虑地理环境、管道杆路资源、原有光缆的容量以及宽带光纤接入系统建设方式等多种因素，选择合适的路由、拓扑结构和配纤方式，构成一个调度灵活、纤芯使用率高、投资少、便于发展、利于运营维护的网络。

（5）新建光缆线路时，应考虑共建共享的要求。

（6）光缆线路在城镇地段敷设应以管道方式为主。对不具备管道敷设条件的地段，可采用塑料管保护、槽道或其他适宜的敷设方式。

（7）光缆线路在野外非城镇地段敷设时，宜采用管道或直埋方式，根据当地自然环境和经济社会发展条件也可采用架空方式。

（8）光缆线路在下列情况下可采用架空敷设方式：

① 穿越峡谷、深沟、陡峻山岭等采用管道或直埋敷设方式不能保证安全的地段。

② 地下或地面存在其他设施，施工特别困难、原有设施业主不允许穿越或赔补费用过高的地段。

③ 因环境保护、文物保护等原因无法采用其他敷设方式的地段。

④ 受其他建设规划影响，无法进行长期性建设的地段。

⑤ 地表下陷、地质环境不稳定的地段。

⑥ 管道或直埋方式的建设费用过高，采用架空方式能保证线路安全且不影响当地景观和自然环境的地段。

（9）在长距离直埋或管道光缆的局部地段采用架空方式时，可不改变光缆程式。

（10）跨越河流的光缆线路，宜采用桥上管道、槽道或吊挂敷设方式；无法利用桥梁通过时，其敷设方式应以线路安全、稳固为前提，并结合现场情况按下列原则确定：

① 河床情况适宜的一般河流可采用定向钻孔或水底光缆的敷设方式。采用定向钻孔时，根据实际情况可不改变光缆护层结构。

② 遇有河床不稳定，冲淤变化较大，河道内有其他建设规划，或河床土质不利于施工，无法保障水底光缆安全时，可采用架空跨越方式。

电缆线路网的设计原则参见相关规范。

2.4.2 综合选定路由

1. 路由选定原则

对于光缆线路来说，其路由的选择应遵循以下原则：

（1）线路路由方案的选择，应以工程设计委托书和通信网络规划为基础，进行多方案比较。工程设计必须保证安全可靠、经济合理，并且便于施工、维护。

（2）选择线路路由时，应以现有的地形地物、建筑设施和既定的建设规划为主要依据，并应充分考虑城市和工矿建设、铁路、公路、航运、水利、长输管道、土地利用等有关部门发展规划的影响。

（3）在符合大的路由走向的前提下，线路宜沿靠公路或街道选择，但应顺路取直，避开路边设施和计划扩改地段。

（4）通信线路路由选择应考虑建设地域内的文物保护、环境保护等事宜，减少对原有水系及地面形态的扰动和破坏，维护原有景观。

（5）通信线路路由选择应考虑强电影响，不宜选择在易遭受雷击、化学腐蚀和机械损伤的地段，不宜与电气化铁路、高压输电线路和其他电磁干扰源长距离平行或过分接近。

（6）线路路由应选择在地质稳固、地势较为平坦、土石方工程量较少的地段，避开可能因自然或人为因素造成危害的地段，如滑坡、崩塌、泥石流、采空区及岩溶地表塌陷、地面沉降、地裂缝、地震液化、沙埋、风蚀、盐渍土、湿陷性黄土、崩岸等对线路安全有危害的地方。应避开湖泊、沼泽、排涝蓄洪地带，尽量少穿越水塘、沟渠，在障碍较多的地段应合理绕行，不宜强求长距离直线。

（7）线路不应在水坝上或坝基下敷设；需在该地段通过时，必须报请工程主管单位和水坝主管单位，批准后方可实施。

（8）线路不宜穿过大型工厂和矿区等大的工业用地；需在该地段通过时，应考虑对线路安全的影响，并采取有效的保护措施。

（9）线路在城镇地区，应尽量利用管道进行敷设。在野外敷设时，不宜穿越和靠近城镇和开发区，以及穿越村庄；需穿越或靠近时，应考虑当地建设规划的影响。

（10）线路宜避开森林、果园及其他经济林区或防护林带。

（11）扩建光（电）缆网络时，应结合网络系统的整体性，优先考虑在不同道路上扩增新路由，以增强网络安全。

2. 光缆线路工程路由选定注意事项

对于光缆线路工程路由，还应注意：

（1）光缆路由穿越河流，当过河地点附近存在可供敷设的永久性坚固桥梁时，线路宜在桥上通过。采用水底光缆时，应选择在符合敷设水底光缆要求的地方，并应兼顾大的路由走向，不宜偏离过远。但对于河势复杂、水面宽阔或航运繁忙的大型河流，应着重保证水线的安全，此时可局部偏离大的路由走向。

（2）保证安全的前提下，可利用定向钻孔或架空等方式敷设光缆线路过河。

（3）光缆线路遇到水库时，应在水库的上游通过，沿库绕行时，敷设高程应在最高蓄水位以上。

本工程路由如前所述，在市区内，没有河流、水坝等障碍物，也不穿越大型工程和矿区等工业用地。存在的问题在于：一方面，由于环境的影响，不能全部采用管道；另一方面，部分光缆线路需在街道侧采用架空形式敷设光缆，应采取相应保护措施。就具体情况来看，这样建设是可行的，选择此路由是可行的。

了　解

- 对于电缆线路工程，其路由确定方法基本类似，请查阅相关规范要求。

2.4.3　确定工程的设计方案

选定路由后，明确工程的设计方案，并在图纸上标明。

光缆线路在城镇地段敷设应以采用管道方式为主，如存在地下或地面设施，施工特别困难、赔补费用过高等因素，也可采用局部架空敷设方式。

具体到本工程，可以看到，从交接箱引出后，沿原有管道到 5 号人孔后管道结束，由于受地形所限，无法再建设管道，改用新建架空杆路敷设，根据勘查结果及所处环境，需树立 4 根电杆，进入小区后，可沿地下室和弱电井内原有线槽敷设。

总体说来，本项目包括杆路、管道、线槽敷设光缆。

2.4.4　线缆选型

根据业务量和设计要求等内容，明确线缆规格型号。

1. 光纤选择

（1）光传输网中应使用单模光纤。光纤的选择应符合国家及行业标准的有关要求。

（2）光缆中光纤数量的配置应考虑到网络冗余要求、未来预期系统制式、传输系统数量、网络可靠性、新业务发展、光缆结构和光纤资源共享等因素。

（3）光缆中的光纤应通过不小于 0.69 GPa 的全程张力筛选，光纤类型根据应用场合按下列原则选取：

① 长途网光缆宜采用 G.652 或 G.655 光纤。

② 本地网光缆宜采用 G.652 光纤。

③ 接入网光缆宜采用 G.652 光纤，当需要抗微弯光纤光缆时，宜采用 G.657 光纤。

2. 光缆选择

（1）光缆结构宜使用松套填充型或其他更为优良的方式。同一条光缆内应采用同一类型的光纤，不应混纤。

（2）光缆线路应采用无金属线对的光缆。根据工程需要，在雷害或强电危害严重地段可选用非金属构件的光缆，在蚁害严重地段可选用防蚁光缆。

（3）光缆护层结构应根据敷设地段环境、敷设方式和保护措施确定。光缆护层结构的选择应符合下列规定。

① 直埋光缆：PE 内护层＋防潮铠装层＋PE 外护层，或防潮层＋PE 内护层＋铠装层＋PE 外护层等结构，如 GYTA53、GYTA33、GYTS、GYTY53 等。

② 采用管道或硅芯管保护的光缆：防潮层＋PE 外护层，或微管加微缆等结构，如 GYTA、GYTS、GYTY53、GYFTY 等。

③ 架空光缆：防潮层＋PE 外护层结构，如 GYTA、GYTS、GYTY53、GYFTY、ADSS、OPGW 等。

④ 水底光缆：防潮层＋PE 内护层＋钢丝铠装层＋PE 外护层等结构，如 GYTA33、GYTA333、GYTS333、GYTS43 等。

⑤ 局内光缆：非延燃材料外护层。

⑥ 防蚁光缆：直埋光缆结构＋防蚁外护层。

⑦ 防鼠光缆：宜选用直埋光缆结构＋防鼠外护层。

⑧ 电力塔架上的架空光缆：宜选用 OPGW 或 ADSS 等结构。

（4）光缆的机械性能应符合表 2－3 的规定。

探　　讨

- 上述光缆型号的含义是什么？

表 2–3　光缆允许拉伸力和压扁力的机械性能表

敷设方式和加强级别	允许拉伸力最小值/N		允许压扁力最小值/［N·（100 mm）$^{-1}$］	
	短期	长期	短期	长期
气吹微型光缆	0.5*G*	0.15*G*	150	450
管道和非自承架空	1 500 和 1.0*G*	600	1 500	750
直埋Ⅰ	3 000	1 000	3 000	1 000
直埋Ⅱ	4 000	2 000	3 000	1 000
直埋Ⅲ	10 000	4 000	5 000	3 000
水下Ⅰ	10 000	4 000	5 000	3 000
水下Ⅱ	20 000	10 000	5 000	3 000
水下Ⅲ	40 000	20 000	6 000	4 000
注：*G* 为每千米光缆质量。				

光缆在承受短期允许拉伸力和压扁力时，光纤附加衰减应小于 0.2 dB，应变小于 0.08%，拉伸力和压扁力解除后，应无明显残余附加衰减和应变，护套应无目力可见开裂。光缆在承受长期允许拉伸力和压扁力时，光纤应无明显的附加衰减和应变。

（5）本工程光缆。

本工程属于接入网部分，传输距离较短，选择 G.652 单模光纤。本工程包括杆路、管道、线槽光缆，但从总体情况来看，光缆所处环境尚可，周围没有危害来源，故选用 GYTA 型光缆。本工程业务量较小，故选用 12 芯松套管层绞式光缆。

2.4.5　确定光缆安装方式

1. 光缆线路敷设安装的一般要求

光缆线路敷设安装过程中，要满足一定要求，具体包括：

（1）光缆在敷设安装中，应根据敷设地段的环境条件，在保证光缆不受损伤的原则下，因地制宜地采用人工或机械敷设。

（2）敷设安装中应避免光缆和接头盒进水，保持光缆外护套的完整性，保证直埋光缆金属护套对地绝缘良好。

（3）光缆敷设安装的最小曲率半径应符合表 2–4 的规定。

表 2–4　光缆允许的最小曲率半径

光缆护套型式	Y 型、A 型、S 型、W 型		A 型、S 型、金属护套
光缆外护层型式	无外护层或 04 型	53、54、33、34、63 型	333 型、43 型
静态弯曲	10*D*	12.5*D*	15*D*
动态弯曲	20*D*	25*D*	30*D*
注：*D* 为光缆外径。			

（4）光缆增长和预留长度见表 2－5。

表 2－5　光缆增长和预留长度参考值

项目	敷设方式			
	直埋	管道	架空	水底
接头每侧预留长度/m	5～10	5～10	5～10	
人手孔内自然弯曲增长/m		0.5～1		
光缆沟或管道内弯曲增长/‰	7	10		按实际
架空光缆弯曲增长/‰			7～10	
地下局站内每侧预留/m	5～10，可按实际需要调整			
地面局站内每侧预留/m	10～20，可按实际需要调整			
因水利、道路、桥梁等建设规划导致的预留	按实际需要			

（5）光缆在各类管材中穿放时，光缆的外径宜不大于管孔内径的 90%。光缆敷设安装后，管口应封堵严密。

（6）光缆敷设后，应有清晰永久的标识，便于使用和维护中的识别。除在光缆外护套上加印字符或者标志条带外，管道和架空敷设的光缆还应加挂标识牌，直埋光缆可敷设警示带。

2. 架空光缆敷设安装

架空光缆线路主要工作包括：

（1）电杆架设。

目前，在条件允许的情况下，一般要求选用水泥电杆，本工程只对水泥电杆进行介绍，木电杆请参见相关规范。

① 电杆表示方法。

电杆型号的表示方法为：YD 杆长－梢径－容许弯矩。杆长的单位为 m；梢径的单位为 cm，有 15 cm 和 17 cm 两种；容许弯矩单位为 t • m。水泥杆锥度为 1/75。

② 电杆埋深。

电杆埋深见表 2－6。

表 2－6　钢筋混凝土电杆埋深　　m

杆长/m	土质			
	普通土	硬土	水田、湿地	石质
6.0	1.2	1.0	1.3	0.8
6.5	1.2	1.0	1.3	0.8
7.0	1.3	1.2	1.4	1.0

续表

杆长/m	土质			
	普通土	硬土	水田、湿地	石质
7.5	1.3	1.2	1.4	1.0
8.0	1.5	1.4	1.6	1.2
8.5	1.5	1.4	1.6	1.2
9.0	1.6	1.5	1.7	1.4
10.0	1.7	1.6	1.8	1.6
11.0	1.8	1.8	1.9	1.8
12.0	2.1	2.0	2.2	2.0
注：① 本表适用于中、轻负荷区市话线路，重负荷区或土质松软地区线路的电杆埋深应按本表规定值再另加 10～20 cm。② 12 m 以上特种电杆埋深按设计规定实施。				

③ 杆间距离。

架空光缆线路的杆间距离（杆距），应根据用户下线需要、地形情况、线路负荷、气象条件以及发展改建要求等因素确定。一般情况下，市区杆距为 35～40 m，郊区杆距为 45～50 m。架空光缆杆距在轻负荷区超过 60 m，中负荷区超过 55 m，重负荷区超过 50 m 时应采用长杆档建筑方式。

④ 本工程选用电杆。

根据负荷区、杆距、光缆程式及吊线程式等因素综合考虑，本工程选用 7.5 m 高、15 cm 梢径水泥电杆，杆距基本为 40 m。

（2）吊线安装。

① 吊线程式的选择。

吊线程式可按架设地区的负荷区别、光缆荷重、标准杆距等因素经计算确定，一般宜选用 7/2.2、7/2.6 和 7/3.0 规格的镀锌钢绞线。

② 吊线的安装和加固。

吊线用穿钉（木杆）或吊线抱箍（水泥杆）和三眼单槽夹板安装，也可用吊线担和压板安装；吊线在杆上的安装位置，应兼顾杆上其他缆线的要求，并保证架挂光缆后，在温度和负载发生变化时，光缆与其他设施的净距符合相关隔距要求；吊线的终结、假终结、泄力结、仰俯角装置以及外角杆吊线保护装置等按相关规范处理。

③ 本工程吊线安装。

由于本工程只架设一条光缆，负荷较小，选用 7/2.2 吊线，并采用三眼单槽夹板安装。

（3）架空线路与其他设施隔距。

架空线路与其他设施接近或交越时，其间隔距离应符合下述规定，这些规定带有强制性，必须满足。

① 杆路与其他设施的最小水平净距。

杆路与其他设施的最小水平净距应符合表 2－7 的规定。

表 2－7　杆路与其他设施的最小水平净距

其他设施名称	最小水平净距/m	备注
消火栓	1.0	消火栓与电杆间距离
地下管、缆线	0.5～1.0	包括通信管、缆线与电杆间距离
火车铁轨	地面杆高的 4/3	
人行道边石	0.5	
地面上已有其他杆路	地面杆高的 4/3	以较长标高为基准。其中，对 500～750 kV 输电线路，不小于 10 m；对 750 kV 以上输电线路，不小于 13 m
市区树木	0.5	缆线到树干的水平距离
郊区树木	2.0	缆线到树干的水平距离
房屋建筑	2.0	缆线到房屋建筑的水平距离
注：在地域狭窄地段，拟建架空光缆与已有架空线路平行敷设时，若间距不能满足以上要求，可以杆路共享或改用其他方式敷设光缆线路，并满足隔距要求。		

② 架空光（电）缆交越其他电气设施的最小垂直净距。

架空光（电）缆交越其他电气设施的最小垂直净距应符合表 2－8 的规定。

表 2－8　架空光（电）缆交越其他电气设施的最小垂直净距

<table>
<tr><th rowspan="2">电气设备名称</th><th colspan="2">最小垂直净距/m</th><th rowspan="2">备注</th></tr>
<tr><th>架空电力线路有防雷保护装置</th><th>架空电力线路无防雷保护装置</th></tr>
<tr><td>10 kV 以下电力线</td><td>2.0</td><td>4.0</td><td rowspan="7">最高线条到供电线条</td></tr>
<tr><td>35～110 kV 电力线（含 110 kV）</td><td>3.0</td><td>5.0</td></tr>
<tr><td>110～220 kV 电力线（含 220 kV）</td><td>4.0</td><td>6.0</td></tr>
<tr><td>220～330 kV 电力线（含 330 kV）</td><td>5.0</td><td>—</td></tr>
<tr><td>330～500 kV 电力线（含 500 kV）</td><td>8.5</td><td>—</td></tr>
<tr><td>500～750 kV 电力线（含 750 kV）</td><td>12.0</td><td>—</td></tr>
<tr><td>750～1 000 kV 电力线（含 1 000 kV）</td><td>18.0</td><td>—</td></tr>
<tr><td>供电接户线①</td><td colspan="2">0.6</td><td>—</td></tr>
<tr><td>电气铁道馈电线②</td><td colspan="2">1.6</td><td>—</td></tr>
<tr><td>有轨及无轨电车滑接线及其吊线③</td><td colspan="2">1.25</td><td>—</td></tr>
<tr><td colspan="4">注：① 供电线为被覆线时，光（电）缆也可以在供电线上方交越。② 光（电）缆必须在上方交越时，跨越档两侧电杆及吊线安装应做加强保护装置。③ 通信线应架设在电力线路的下方位置，应架设在电车滑接线的上方位置。</td></tr>
</table>

③ 架空光（电）缆的架设高度。

架空光（电）缆在各种情况下架设的高度，应不低于表 2–9 的规定。

表 2–9　架空光（电）缆架设高度表　　m

名称	与线路方向平行时		与线路方向交越时	
	垂直净距/m	备注	垂直净距/m	备注
市内街道	4.5	最低缆线到地面	5.5	最低缆线到地面
胡同（里弄）	4.0	最低缆线到地面	5.0	最低缆线到地面
铁路	3.0	最低缆线到轨面	7.5	最低缆线到轨面
公路	3.0	最低缆线到地面	5.5	最低缆线到地面
土路	3.0	最低缆线到地面	5.0	最低缆线到地面
房屋建筑	—	—	0.6	最低缆线距屋脊
			1.5	最低缆线距平顶
河流	—	—	1.0	最低缆线距最高水位时最高桅杆顶
市区树木	—	—	1.5	最低缆线到树枝顶
郊区树木	—	—	1.5	最低缆线到树枝顶
通信线路	—	—	0.6	一方最低缆线与另一方最高缆线

④ 本工程架空线路与其他设施隔距。

对本工程而言，与其他设施最小水平净距有关的影响因素包括房屋建筑和市内街道，通过测量，与房屋建筑和市内街道的最小水平净距满足要求；架空光缆与其他电气设施没有交越，不用考虑此问题；采用 7.5 m 高电杆，满足高度要求。

（4）光缆接头盒可以安装在吊线或者电杆上，并固定牢靠。

（5）光缆吊线应每隔 300～500 m 利用电杆避雷线或拉线接地，每隔 1 km 左右加装绝缘子进行电气断开。

本工程虽没有受到强电干扰，但为了保证线路安全，在 1、4 号杆进行了接地，由于地线在街道侧，所以设置了拉线隔电子和拉线警示保护管。

（6）光缆应尽量绕避可能遭到撞击的地段，确实无法绕避时，应在可能撞击点采用纵剖硬质塑料管等保护。引上光缆应采用钢管保护。

（7）光缆在架空电力线路下方交越时，应做纵包绝缘物处理，并对光缆吊线在交越处两侧加装接地装置，或安装高压绝缘子进行电气断开。

（8）光缆在不可避免跨越或临近有火险隐患的各类设施时，应采取防火保护措施。

（9）墙壁光缆的敷设应满足以下要求：

① 墙壁上不宜敷设铠装光缆。

② 墙壁光缆离地面高度应不小于 3 m。

③ 光缆跨越街坊、院内通路时，应采用钢绞线吊挂，其缆线最低点距地面应符合表 2－9 中的要求。

3. 管道光缆敷设安装

1）管道光缆敷设安装要求

① 管道光缆占用的管孔位置可优先选择靠近管群两侧的适当位置。光缆在各相邻管道段所占用的孔位应相对一致，如需改变孔位时，其变动范围不宜过大，并避免由管群的一侧转移到另一侧。

② 在水泥、陶瓷、钢铁或其他类似材质的管道中敷设光缆时，应视情况使用塑料子管，以保护光缆。在塑料管道中敷设时，大孔径塑管中应敷设多根塑料子管，以节省空间。

③ 光缆接头盒在人（手）孔内宜安装在常年积水水位以上的位置，采用保护托架或其他方法承托。

④ 人（手）孔内的光缆应固定牢靠，宜采用塑料软管保护，并有醒目的识别标志或光缆标牌。

⑤ 光缆在比较特殊的管道（公路、铁路、桥梁以及其他大孔径管道等）中同沟敷设时，应充分考虑到诸如路面沉降、冲击、振动、剧烈温度变化导致结构变形等因素对光缆线路的影响，并采取相应的防护措施。

2）本工程管道光缆敷设

本工程在原有管道中，利用位置相对一致的管孔，部分人孔需排水。由于距离较短，在光缆线路中间并无接头，因此，在人孔中不用接头盒，只需将光缆固定牢靠，并采用塑料软管保护，同时加挂标志牌。

4. 直埋光缆敷设安装

直埋光缆敷设安装要求具体包括：

（1）直埋光缆线路应避免敷设在将来会建筑道路、房屋和挖掘取土的地点，并且不宜敷设在地下水位较高或长期积水的地点。

（2）光缆埋深应符合表 2－10 的规定。

表 2－10　光缆埋深标准

敷设地段及土质		埋深/m
普通土、硬土		≥1.2
砂砾土、半石质、风化石		≥1.0
全石质、流砂		≥0.8
市郊、村镇		≥1.2
市区人行道		≥1.0
公路边沟	石质（坚石、软石）	边沟设计深度以下 0.4
	其他土质	边沟设计深度以下 0.8
公路路肩		≥0.8

续表

敷设地段及土质	埋深/m
穿越铁路（距路基面）、公路（距路面基底）	≥1.2
沟渠、水塘	≥1.2
河流	按水底光缆要求
注：① 边沟设计深度为公路或城建管理部门要求的深度；人工开槽石质边沟的深度可减为 0.4 m，并采用水泥砂浆等防冲刷材料封沟。② 石质、半石质地段应在沟底和光缆上方各铺 100 mm 厚的细土或沙土。此时光缆的埋深相应减少。③ 表中不包括冻土地带的埋深要求，其埋深在工程设计中应另行分析取定。	

（3）光缆可同其他通信光缆或电缆同沟敷设，但不得重叠或交叉，缆间的平行净距不宜小于 100 mm。

（4）光缆线路标石的埋设应符合下列要求：

① 下列地点埋设光缆标石：

- 光缆接头、转弯点、预留处。
- 适于气流法敷设的硅芯塑料管的开断点及接续点，埋式人（手）孔位置。
- 穿越障碍物或直线段落较长，利用前后两个标石或其他参照物寻找光缆有困难的地方。
- 装有监测装置的地点及敷设防雷线、同沟敷设光、电缆的起止地点。直埋光缆的接头处应设置监测标石，此时可不设置普通标石。
- 需要埋设标石的其他地点。

② 利用固定的标志来标示光缆位置时，可不埋设标石。

③ 光缆标石宜埋设在光缆的正上方，位置符合下列要求：

- 接头处的标石，埋设在光缆线路的路由上。
- 转弯处的标石，埋设在光缆线路转弯处的交点上。
- 标石埋设在不易变迁、不影响交通与耕作的位置。
- 如埋设位置不易选择，可在附近增设辅助标记，以三角定标方式标定光缆位置。

（5）直埋光缆接头应安排在地势较高、较平坦和地质稳固之处，应避开水塘、河渠、沟坎、道路、桥上等施工、维护不便，或接头有可能受到扰动的地点。光缆接头盒可采用水泥盖板或其他适宜的防机械损伤的保护措施。

（6）光缆线路穿越铁路、轻轨线路、通车繁忙或开挖路面受到限制的公路时，应采用钢管保护，或定向钻孔地下敷管，但应同时保证其他地下管线安全。采用钢管时，应伸出路基两侧排水沟外 1 m，光缆埋深距排水沟沟底应不小于 0.8 m，并符合相关部门的规定。钢管内径应满足安装子管的要求，但应不小于 80 mm。钢管内应穿放塑料子管，子管数量视实际需要确定，一般不少于两根。

（7）光缆线路穿越允许开挖路面的公路或乡村大道时，应采用塑料管或钢管保护；穿越有动土可能的机耕路时，应采用铺砖或水泥盖板保护。

（8）光缆线路通过村镇等动土可能性较大地段，可采用大长度塑料管、铺砖或水泥盖板保护。

（9）光缆穿越有疏浚和拓宽规划或挖泥可能的较小沟渠、水塘时，应在光缆上方覆盖水泥盖板或砂浆袋，也可采取其他保护光缆的措施。

（10）光缆敷设在坡度大于 20°，坡长大于 30 m 的斜坡地段宜采用 S 形敷设。坡面上的光缆沟有受到水流冲刷的可能时，应采取堵塞加固或分流等措施。在坡度大于 30° 的较长斜坡地段敷设时，宜采用特殊结构（一般为钢丝铠装）光缆。

（11）光缆穿越或沿靠山涧、溪流等易受水流冲刷的地段敷设时，应根据具体情况设置漫水坡、水泥封沟、挡水墙或其他保护措施。

（12）光缆在地形起伏比较大的地段（如台地、梯田、干沟等处）敷设时，应满足规定的埋深和曲率半径要求。光缆沟应因地制宜采取措施防止水土流失，保证光缆安全，一般高差在 0.8 m 及以上时，应加护坎或护坡保护。

（13）光缆在桥上敷设时，应考虑机械损伤、振动和环境温度的影响，并采取相应的保护措施。

（14）直埋光（电）缆与其他建筑设施间的最小净距应符合表 2－11 的要求。

表 2－11　直埋光（电）缆与其他建筑设施间的最小净距　　m

名称	平行时	交越时
通信管道边线（不包括人手孔）	0.75	0.25
非同沟的直埋通信光、电缆	0.5	0.25
埋式电力电缆（交流 35 kV 以下）	0.5	0.5
埋式电力电缆（交流 35 kV 及以上）	2.0	0.5
给水管（管径小于 300 mm）	0.5	0.5
给水管（管径 300～500 mm）	1.0	0.5
给水管（管径大于 500 mm）	1.5	0.5
高压油管、天然气管	10.0	0.5
热力、排水管	1.0	0.5
燃气管（压力小于 300 kPa）	1.0	0.5
燃气管（压力 300 kPa 及以上）	2.0	0.5
其他通信线路	0.5	—
排水沟	0.8	0.5
房屋建筑红线或基础	1.0	—
树木（市内、村镇大树、果树、行道树）	0.75	—
树木（市外大树）	2.0	—
水井、坟墓	3.0	—
粪坑、积肥池、沼气池、氨水池等	3.0	—
架空杆路及拉线	1.5	—

注：① 直埋光（电）缆采用钢管保护时，与水管、燃气管、输油管交越时的净距可降低为 0.15 m。② 对于杆路、拉线、孤立大树和高耸建筑，还应考虑防雷要求。③ 大树指直径 300 mm 及以上的树木。④ 穿越埋深与光（电）缆相近的各种地下管线时，光缆宜在管线下方通过并采取保护措施。⑤ 隔距达不到本表要求时，需与有关部门协商，并采取行之有效的保护措施。

了　解

● 对于水底光缆敷设和硅芯塑料管道敷设安装，请参见相关规范。

2.4.6 配线、接头装置

1. 终端设备的选择

（1）光缆终端用 ODF 应满足以下要求：

① 机房内原有 ODF 空余容量能够满足本期需要时，可不配置新的 ODF。

② 新配置的 ODF 容量应与引入光缆的成端需求相适应，外形尺寸、颜色宜与机房原有设备一致，终端尾纤类型应与光缆中的光纤一致。

③ ODF 内光缆金属加强芯固定装置应与 ODF 绝缘。

④ 光纤成端装置的容量应与光缆的纤芯数相匹配，盘纤盒应有足够的盘绕半径和容积，以便于光纤盘留。

（2）配置光缆交接箱应满足以下要求：

① 光缆交接箱应具有光缆固定与保护、纤芯成端和直熔、光纤调度等功能。

② 新配置交接箱的容量应按规划期末的最大需求进行配置，参照交接箱常用容量系列选定。

③ 光缆交接箱的容量应与入箱光缆的成端、盘留需求相匹配，必要时还应考虑预留光分路器等其他设施的安装空间。

2. 光缆交接箱安装

（1）交接设备的安装方式应根据线路状况和环境条件选定，满足下列要求：

① 具备下列条件时，可设落地式交接箱：

● 地理条件安全平整、环境相对稳定。
● 有建手孔和交接箱基座的条件，并与管道人孔距离较近。
● 接入交接箱的馈线光缆和配线光缆为管道式或埋式。

② 具备下列条件时，可设架空式交接箱：

● 接入交接箱的配线光缆为架空方式。
● 郊区、工矿区等建筑物稀少的地区。
● 不具备安装落地式交接箱的条件。

③ 交接设备也可安装在建筑物内。

（2）室外落地式交接箱应采用混凝土基座，基座与人（手）孔间应采用管道连通，不得采用通道连通。基座与管道、箱体间应有密封防潮措施。

（3）交接箱（间）应设置地线，接地电阻不得大于 10 Ω。

（4）交接箱位置的选择应符合下列要求：

① 符合城市规划，不妨碍交通，并且不影响市容观瞻的地方。

② 靠近人（手）孔便于出入线的地方。

③ 无自然灾害，安全、通风、隐蔽，便于施工维护，不易受到损伤的地方。

（5）下列场所不得设置交接箱：

① 高压走廊和电磁干扰严重的地方。

② 高温、腐蚀、易燃易爆工厂仓库、易于淹没的洼地附近及其他严重影响交接箱安全的地方。

③ 其他不适宜安装交接箱的地方。

3. 光缆接续、进局及成端

（1）光缆接续应符合下列要求：

① 光缆接头盒应符合现行国家标准《光纤光缆接头》GB 16529 和行业标准《光缆接头盒》YD/T 814 的相关要求。

② 室外光缆的接续、分歧应使用光缆接头盒。光缆接头盒采用密封防水结构，并具有防腐蚀和一定的抗压力、张力和冲击力的能力。

③ 长途、本地网光缆光纤接续应采用熔接法；接入网光缆光纤接续宜采用熔接法；对不具备熔接条件的环境，可采用机械式接续法。

④ 光纤固定接头的衰减应根据光纤类型、光纤质量、光缆段长度以及扩容规划等因素严格控制，光纤接头衰减应满足表 2－12 的规定。

表 2－12　光纤熔接接头衰减限值

接头衰减光纤类别	单纤/dB		光纤带光纤/dB		测试波长/nm
	平均值	最大值	平均值	最大值	
G.652	≤0.06	≤0.12	≤0.12	≤0.38	1 310/1 550
G.655	≤0.08	≤0.14	≤0.16	≤0.55	1 550
G.657	≤0.06	≤0.12	≤0.12	≤0.38	1 310/1 550

注：① 单纤平均值的统计域为中继段光纤链路的全部光纤接头损耗。② 光纤带光纤的平均值统计域为中继段内全部光纤接头损耗。③ 单纤机械式接续的衰减平均值应不大于 0.2 dB/个。

⑤ 接头盒应设置在安全和便于维护、抢修的地点。

⑥ 人井内光缆接头盒应设置在积水最高水位线以上。

（2）光缆进局及成端应符合下列要求：

① 室内光缆应采用非延燃外护套光缆，如采用室外光缆直接引入机房，必须采取严格的防火处理措施。

② 具有金属护层和加强元件的室外光缆进入机房时，应对光缆金属构件做接地处理。

③ 大型机房或枢纽楼内布放光缆需跨越防震缝时，应在该处留有适当余量。

④ 在 ODF 架中，光缆金属构件用截面不小于 6 mm^2 的铜接地线与高压防护接地装置相连，然后用截面不小于 35 mm^2 的多股铜芯电力电缆引接到机房的第一级接地汇接排或小型局站的总接地汇接排。

4. 本工程成端

本工程需在交接箱处做成端，按相关规范处理。

2.4.7 线路防护

1. 光（电）缆线路防强电

光（电）缆线路防强电有关要求如下：

（1）电缆线路及有金属构件的光缆线路，当其与高压电力线路、交流电气化铁道接触网平行，或与发电厂或变电站的地线网、高压电力线路杆塔的接地装置等强电设施接近时，应主要考虑强电设施在故障状态和工作状态时由电磁感应、地电位升高等因素在光（电）缆金属线对和构件上产生的危险影响。

（2）光（电）缆线路受强电线路危险影响允许标准应符合相关规定。

（3）光（电）缆线路对强电影响的防护，可选用下列措施。

① 选择光（电）缆路由时，应与现有强电线路保持一定隔距，当与之接近时，应计算在光（电）缆金属构件上产生的危险影响不应超过规范规定的容许值。

② 光（电）缆线路与强电线路交越时，宜垂直通过；在困难情况下，其交越角度应不小于45°。

③ 光缆接头处两侧金属构件不作电气连通，也不接地。

④ 当上述措施无法满足安全要求时，可增加光缆绝缘外护层的介质强度、采用非金属加强芯或无金属构件的光缆。

⑤ 在与强电线路平行地段进行光（电）缆施工或检修时，应将光（电）缆内的金属构件作临时接地。

2. 光（电）缆线路防雷

光（电）缆线路防雷要求包括：

（1）年平均雷暴日数大于20的地区及有雷击历史的地段，光（电）缆线路应采取防雷保护措施。（必须遵守）

（2）光（电）缆内的金属构件，在局（站）内或交接箱处线路终端时，必须做防雷撞地。（必须遵守）

（3）光（电）缆线路应尽量避开雷暴危害严重地段的孤立大树、杆塔、高耸建筑等易引雷目标。无法避开时，应用消弧线、避雷针等措施对线路进行保护。

（4）无金属线对、有金属构件的直埋光缆线路的防雷保护可选用下列措施：

① 直埋光缆线路防雷线的设置应符合下列原则：

- 10 m深处的土壤电阻率ρ_{10}小于100 Ω·m的地段，可不设防雷线。
- ρ_{10}为100～500 Ω·m的地段，设一条防雷线。
- ρ_{10}大于500 Ω·m的地段，设两条防雷线。
- 防雷线的连续布放长度一般应不小于2 km。

② 当光缆在野外硅芯塑料管道中敷设时，防雷线设置应符合下列原则：

- ρ_{10}小于100 Ω·m的地段，可不设防雷线。
- ρ_{10}不小于100 Ω·m的地段，设一条防雷线。
- 防雷线的连续布放长度一般应不小于2 km。

③ 光缆接头处两侧金属构件不作电气连通。

④ 局站内的光缆金属构件应接防雷地线。

⑤ 雷害严重地段，光缆可采用非金属加强芯或无金属构件的结构形式。

（5）架空光（电）缆线路还可选用下列防雷保护措施：

① 光（电）缆架挂在保护线条的下方。

② 光（电）缆吊线间隔接地。

③ 雷害特别严重地段应装设架空地线。

3. 防蚀、防潮

光缆外套为 PE 塑料，具有良好的防蚀性能。光缆缆芯设有防潮层并填有油膏，除特殊情况外，不再考虑外加的防蚀和防潮措施。但为避免光缆塑料外套在施工过程中局部受损伤，以致形成透潮进水的隐患，施工中要特别注意保护光缆塑料外套的完整性。施工中，对光缆端头要注意密封保护，避免进水受潮。

4. 其他防护

（1）直埋光（电）缆在有白蚁危害的地段敷设时，宜采用防蚁护层，也可采用其他防蚁处理措施，但应满足环境安全要求。

（2）有鼠害、鸟害等灾害的地区应采取相应的防护措施。

（3）在寒冷地区，应针对不同气候特点和冻土状况采取防冻措施。在季节冻土层中敷设光（电）缆时，应增加埋深；在有永久冻土层的地区敷设时，不得扰动永久冻土。

重点掌握

- 通信线路工程设计方案包含的内容及其分析方法。
- 电缆工程及其他没有提到的内容，请参见相关规范了解。

2.5　通信线路工程设计文档编制

根据时间安排，需要多人合作完成的设计项目，应做出相应人员分工安排。本工程设计计划见表 2－13。

表 2－13　设计工作计划

序号	时间	工作内容
1	20××年 8 月 13 日	方案制订，绘制图纸，编制预算，完成设计说明
2	20××年 8 月 14 日	完成内部审核，出版装订，进行复查
3	20××年 8 月 15 日	根据复查修改完善，提交设计文档

设计时，如果方案发生变化或有其他特殊问题，要及时与设计负责人及建设单位工程主管协商，并做好记录，以备会审和工程实施过程中使用。

下面就图纸设计部分进行说明，此部分设计说明主要包括以下内容。

1. 概述

本设计为××市××区××小区 FTTH 接入工程一阶段设计。

本工程为××市××区××小区 FTTH 接入工程，距离全长 0.61 km，光缆采用 12 芯光缆。通过本工程的建设，满足相关业务接入的需要。

1）工程概况

本工程新建光缆路由长度为 0.61 km。其中，新建架空光缆 0.122 km，新建管道光缆 0.289 km，新建线槽光缆 0.102 km。

本工程预算总投资 15 014.85 元人民币，平均造价 26 104.47 元/km。

2）对环境的影响

本工程所采用的主要材料为光缆、钢铁、水泥制品和塑料制品等，均为无毒无污染产品，对线路沿途环境没有影响，也不会对环境造成污染。

3）设计依据

① ×××电信公司的设计委托书。

② ×××电信公司提供的相关技术资料及对本工程所提的指导性建议。

③《通信局（站）防雷与接地工程设计规范》（GB 50689—2011）。

④《通信线路工程设计规范》（GB 51158—2015）。

⑤《宽带光纤接入工程设计规范》（YD 5206—2014）。

⑥《通信工程设计文件编制规定》（YD/T 5211—2014）。

⑦《通信工程制图与图形符号规定》（YD/T 5015—2015）。

⑧《通信建设工程安全生产操作规范》（YD 5201—2014）。

⑨ 设计人员现场勘察记录及收集的技术资料等。

4）设计范围及分工

① 设计范围。

本工程为光缆线路专业，设计范围为：

- 光缆线路路由选取。
- 光缆线路的敷设及安装（包括杆路建筑、架空、管道、室内光缆）设计。
- 光缆线路的防护设计。

② 设计分工。

本项目的设计单位为×××设计院，负责光缆线路的设计工作。

2. 光缆线路路由

1）工程沿途条件

本工程位于市区街道侧，商铺、酒店等建筑较多，管道、线槽光缆部分利旧，施工和维护方便，架空部分受周围环境影响，要采取相应措施，如安全、防护等。

2）光缆线路路由方案及其敷设方式

本工程采取架空、管道和线槽方式敷设，新建杆路、管道和线槽利旧。全部光缆由建设单位指定规格、型号，施工单位负责购买。

3. 光缆主要技术标准

1）光缆结构

根据本项目光缆线路采用的敷设方式，确定光缆采用 GYTA 通用型光缆，光纤为 G.652D 单模光纤。

2）光纤、光缆主要技术标准

本工程主要选用的光缆为 GYTA 光缆，具体纤芯为 12 芯，符合 ITU－T 建议的 G.652 单模、长波长光纤光缆，光缆缆芯为松套管层绞式结构，光纤松套管及缆芯内均填充油膏。

具体要求为：

① 光纤成缆前的一次涂覆光纤必须全部经过拉力筛选试验，试验力为 8.2 N，加力时间不小于 1 s，光纤应变应小于 1%。

② 光线应有识别光纤顺序的颜色标志，其着色应不迁染、不褪色。

③ 光纤衰减温度特性（与 20 ℃的值比较）：－20～＋60 ℃，光纤衰减值不变；－30～70 ℃，光纤衰减值不大于 0.1 dB/km；温度循环试验后，恢复到 20 ℃时，应无残余的附加衰减。

④ 光缆外护套上应有间隔 1 m 的长度标志及光缆型号、生产厂家及生产日期等项标志。

⑤ 光缆的其他有关指标应符合 CCITT.IEC 和国内有关规范的规定。

4. 光缆线路敷设安装及施工要求

本工程光缆线路敷设与安装应按《通信线路工程验收规范》（GB 51171—2016）的相关要求执行。

1）施工复测

光缆敷设前，应按本设计的图纸进行线路路由复测，标出线位，丈量划线，测出准确长度。因外界条件变化，复测时可根据局部地段的实际情况在光缆路由长度变化不大的前提下，允许光缆路由做适当的调整。

2）施工方法

本工程采用人工方式敷设。

3）光缆配盘

本工程以交接箱为上游，交接箱为 A 端，分路箱方向为 B 端。具体配盘：

① 光缆配盘首先根据实际到货光缆长度、路由复测、单盘测试结果，配置总的传输长度、总的衰耗等传输指标，该指标应能满足规定要求。

② 应尽量做到整盘配置（并考虑预留和损耗），考虑接头的有利位置、各部分的预留长度、重叠长度以及自然弯曲长度，以减少接头数量，一般接头总数不应突破设计规定的数量。

③ 为了提高耦合效率，靠近局（站）（本工程为交接箱）的单盘光缆长度一般不应小于 1 km，应选择光缆参数接近和一致性好的光缆。

4）架空光缆的敷设安装

① 架空光缆电杆程式的选用。

本工程电杆程式选用水泥电杆 7.5 m × 15 cm，电杆的杆距一般为 40 m。

② 电杆埋深。

水泥电杆 7.5 m × 15 cm 按普通土标准埋深 1.3 m。

③ 拉线。

本工程距离较短、负荷较小，只在架空线路两端处装设两条拉线，采用 7/2.6 钢绞线、ϕ16 mm × 2 100 mm 地锚铁柄、600 mm × 400 mm × 150 mm 水泥拉线盘。

④ 吊线。

本工程吊线全部采用 7/2.2 钢绞线，吊线架设与地面等距。

⑤ 架空吊线与其他设施水平净距和与其他设施垂直净距，符合通信工程建设相关标准的要求。

⑥ 架空光缆采用ϕ25 mm 挂钩，挂钩间距不超过 50 cm。布放光缆时，其曲率半径应大于光缆外径的 20 倍光缆。光缆敷设后应平直，无扭转，无机械损伤。

5）管道光缆的敷设

本工程管道光缆按人工敷设方式敷设，为了减小布放张力，光缆可盘成∞形，由中间分别向两边布放，光缆在人孔中应有识别标志（如光缆标志牌等）。

敷设过程中，光缆的曲率半径必须大于光缆直径的 20 倍，光缆在人（手）孔中固定后的曲率半径必须大于光缆直径的 10 倍。

本工程管道光缆占用设计指定管孔。管道光缆占孔原则：一般按先下层后上层，先两侧后中间的顺序占用。管道光缆布放后，用塑料粘胶带将光缆与子管端头密封，人孔内光缆用塑料波纹管保护，预留光缆安放在人孔上部角落处。

6）线槽光缆的敷设

本工程线槽光缆的敷设利用原有线槽，具体要求可参见墙壁光缆的敷设。

7）光缆预留

光缆交接箱和分路箱成端各预留 10 m，1～5 号人孔各预留 1 m，1、4 号电杆引上、引下各 5 m，预留各 5 m，预留共计 45 m。

8）光缆线路防护要求及措施

① 防机械损伤：布放时，光缆曲率半径应大于光缆外径的 20 倍，光缆敷设后，应平直，无扭转，无机械损伤；在靠电杆可能磨损处套包塑料管保护；本工程引上光缆用镀锌钢管保护，内穿塑料子管。

② 防强电与防雷：本工程防强电在 1、4 号杆进行了接地。

③ 防潮：施工过程中，对于光缆端头要注意密封保护，避免进水受潮。

5. 安全生产相关要求

为加强通信建设工程安全生产监督管理，明确安全生产责任，防止和减少生产安全事故，保障人民群众生命和财产安全，根据《中华人民共和国安全生产法》《建设工程安全生产管理条例》等法律、法规，对设计单位和施工单位在工程项目中的安全责任进行明确。

6. 图纸说明

本工程包含两张图纸：××市××区××小区 FTTH 接入工程施工图（图 2－3）（由于距离较短，路由图和施工图合并在一起）和箱体成端占用图（图 2－4），其他标准图纸（如线路图符、标准人孔图等）参见相关规范。

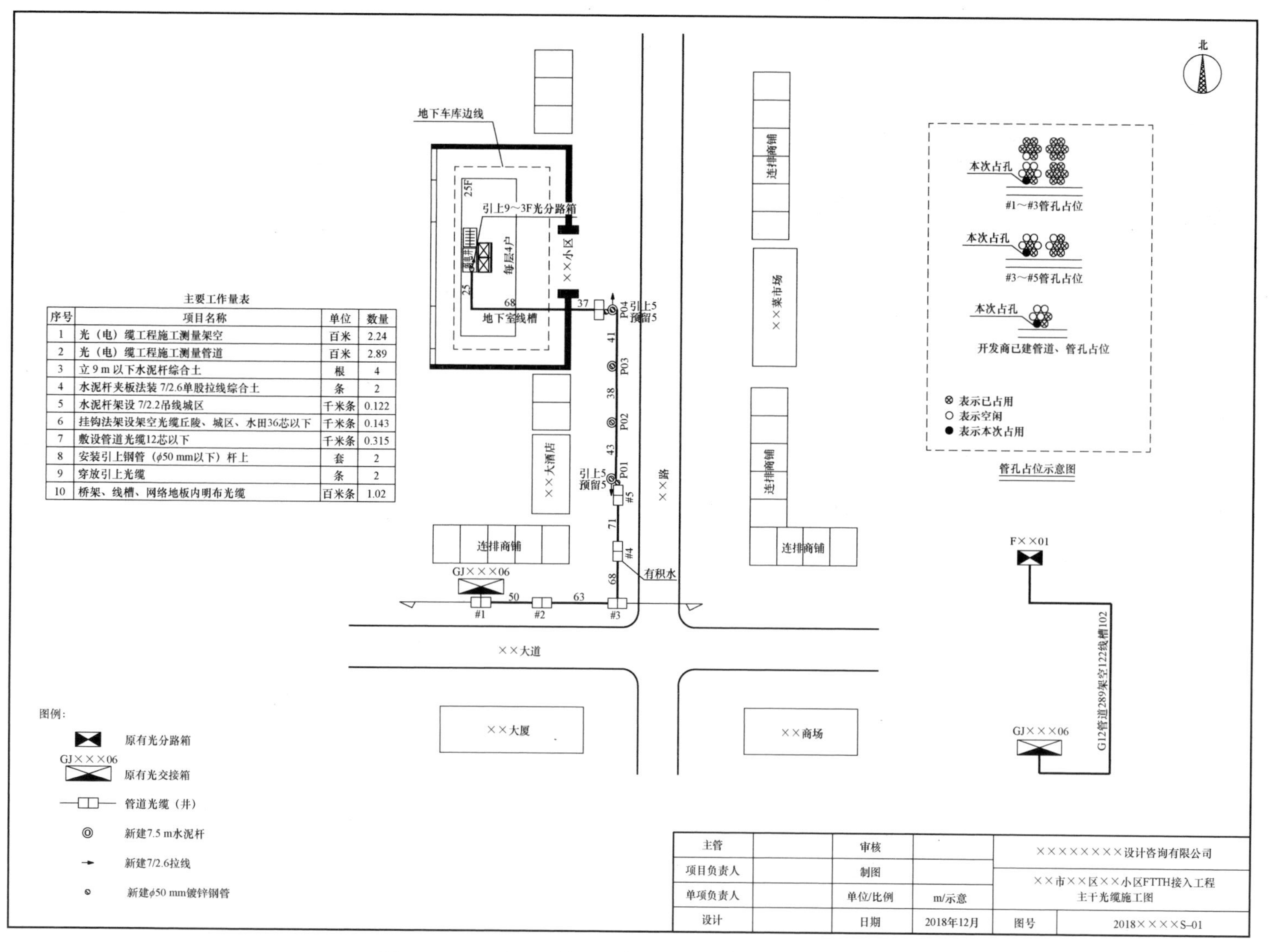

主要工作量表

序号	项目名称	单位	数量
1	光（电）缆工程施工测量架空	百米	2.24
2	光（电）缆工程施工测量管道	百米	2.89
3	立 9 m 以下水泥杆综合土	根	4
4	水泥杆夹板法装 7/2.6单股拉线综合土	条	2
5	水泥杆架设 7/2.2吊线城区	千米条	0.122
6	挂钩法架设架空光缆丘陵、城区、水田36芯以下	千米条	0.143
7	敷设管道光缆12芯以下	千米条	0.315
8	安装引上钢管（ϕ50 mm以下）杆上	套	2
9	穿放引上光缆	条	2
10	桥架、线槽、网络地板内明布光缆	百米条	1.02

图 2–3　××市××区××小区 FTTH 接入工程施工图

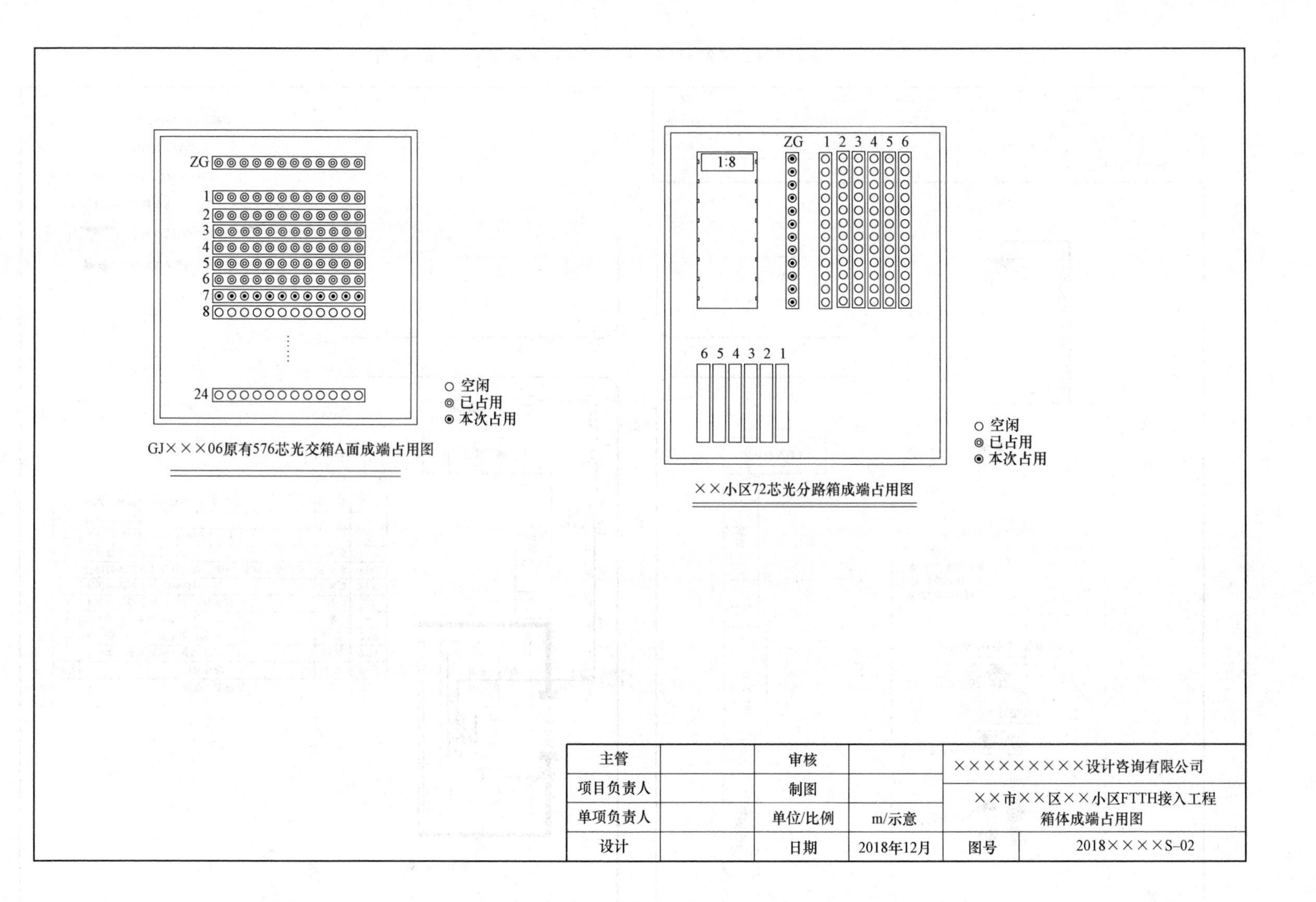

图 2-4 ××市××区××小区 FTTH 接入工程箱体成端占用图

2.6　通信线路工程预算文档编制说明

2.6.1　通信线路工程预算编制过程

本工程工程量统计汇总见表 2－14，具体计算过程参见上册相关内容。

表 2－14　××市××区××小区 FTTH 接入工程工程量汇总表

序号	主要工作量	单位	数量
1	光（电）缆工程施工测量架空	百米	2.24
2	光（电）缆工程施工测量管道	百米	2.89
3	单盘检验光缆	芯盘	42
4	立 9 m 以下水泥杆综合土	根	4
5	水泥杆夹板法装 7/2.6 单股拉线综合土	条	2
6	安装拉线隔电子	处	2
7	安装拉线警示保护管	处	2
8	电杆地线拉线式	条	1
9	水泥杆架设 7/2.2 吊线城区	千米条	0.122
10	挂钩法架设架空光缆丘陵、城区、水田 36 芯以下	千米条	0.143
11	布放光（电）缆人孔抽水积水	个	1
12	敷设管道光缆 12 芯以下	千米条	0.315
13	打人（手）孔墙洞混凝土人孔 3 孔管以下	处	2
14	安装引上钢管（ϕ50 mm 以下）杆上	套	2
15	穿放引上光缆	条	2
16	桥架、线槽、网络地板内明布光缆	百米条	1.02
17	光缆成端接头束状	芯①	24
18	40 km 以上中继段光缆测试 12 芯以下	中继段	1
① 光交接箱和分路箱两处成端共 24 芯。			

2.6.2　通信线路工程预算文档编制

1. 预算编制说明

1）工程预算总投资

本预算为×××电信公司××市××区××小区 FTTH 接入工程一阶段设计预算。

本工程预算除税总投资为15 014.85元人民币。其中，建筑安装工程费12 087.66元，工程建设其他费2 927.19元。

2）预算编制依据

① 工信部通信〔2016〕451号《关于印发信息通信建设工程预算定额、工程费用定额及工程概预算编制规程的通知》。

② 国家发展计划委员会、建设部《关于发布〈工程勘察设计收费管理规定〉的通知》（计价格〔2002〕10号）。

③ 工信部通函〔2012〕213号《关于调整通信工程安全生产费取费标准和使用范围的通知》。

④ 财建〔2016〕504号《基本建设项目建设成本管理规定》。

⑤ 财政部和国家安全监管总局关于印发《企业安全生产费用提取和使用管理方法》（财企〔2012〕16号）的规定。

⑥ 材料价格由中国电信股份有限公司××分公司提供。

⑦ 其他依据从略。

3）有关费率及费用的规定

本预算除《通信建设工程概算、预算编制办法及费用定额》中已有明确规定者外，根据建设单位意见，其余需特殊说明的有关费率、费用的取定如下：

① 根据建设单位要求，本工程预算不计取预备费。

② 根据建设单位要求，本工程预算表（表四）各物料不计取运杂、运保、采购保管及采购代理服务费。

③ 根据建设单位要求，本工程预算表（表五）不计取可行性研究费、研究试验费、环境影响评价费、劳动安全卫生评价费、引进技术及进口设备其他费、工程保险费、工程招标代理费、专利及专用技术使用费、生产准备及开办费。

2. 预算表格

本工程预算表格主要包括：

表2－15　工程预算表（表一）

表2－16　建筑安装工程费用预算表（表二）

表2－17　建筑安装工程量预算表（表三甲）

表2－18　建筑安装工程机械使用费预算表（表三乙）

表2－19　建筑安装工程仪器仪表使用费预算表（表三丙）

表2－20　国内器材预算表（表四甲）

表2－21　工程建设其他费预算表（表五甲）

具体表格如下所示。

通信工程设计文件包括通信线路工程设计文档和预算文档，就是把2.5节的通信线路工程设计文档和2.6.2节的通信线路工程预算文档两部分合并到一起。

表 2－15　工程预算表（表一）

建设项目名称：××市××区××小区 FTTH 接入工程

工程名称：××市××区××小区 FTTH 接入工程　　建设单位名称：×××电信公司　　表格编号：TXL－1　　第　页全　页

序号	表格编号	费用名称	小型建筑工程费	需要安装的设备费	不需安装的设备、工器具费	建筑安装工程费	其他费用	预备费	总价值			
			元						除税价/元	增值税/元	含税价/元	其中外币（）
Ⅰ	Ⅱ	Ⅲ	Ⅳ	Ⅴ	Ⅵ	Ⅶ	Ⅷ	Ⅸ	Ⅹ	Ⅺ	Ⅻ	XIII
1	TXL－2	建筑安装工程费				11 721.1			11 721.1	1 172.11	12 893.21	
2		引进工程设备费										
3		国内设备费										
4		小计（工程费）				11 721.1			11 721.1	1 172.11	12 893.21	
5		工程建设其他费					2 887.46		2 887.46	180.28	3 067.74	
6		引进工程其他费										
7		合计				11 721.1	2 887.46		14 608.56	1 352.39	15 960.95	
8		预备费										
9		总计				11 721.1	2 887.46		14 608.56	1 352.39	15 960.95	
10		生产准备及开办费										

设计负责人：×××　　审核：×××　　编制：×××　　编制日期：××××年××月

表 2-16　建筑安装工程费用预算表（表二）

工程名称：××市××区××小区 FTTH 接入工程　　建设单位名称：×××电信公司　　表格编号：TXL-2　　第　页全　页

序号	费用名称	依据和计算方法	合计/元	序号	费用名称	依据和计算方法	合计/元
Ⅰ	Ⅱ	Ⅲ	Ⅵ	Ⅰ	Ⅱ	Ⅲ	Ⅵ
	建筑安装工程费（含税价）	一+二+三+四	12 893.21	6	工程车辆使用费	人工费×5%	172.28
	建筑安装工程费（除税价）	一+二+三	11 721.1	7	夜间施工增加费	人工费×2.5%	86.14
一	直接费	直接工程费+措施费	8 927.01	8	冬雨季施工增加费	人工费×1.8%	62.02
（一）	直接工程费		7 824.4	9	生产工具用具使用费	人工费×1.5%	51.69
1	人工费		3 445.67	10	施工用水电蒸汽费		
（1）	技工费	技工总计×114	2 523.96	11	特殊地区施工增加费	（技工总计+普工总计）×0	
（2）	普工费	普工总计×61	921.71	12	已完工程及设备保护费		68.91
2	材料费	主要材料费+辅助材料费	3 559.78	13	运土费		
（1）	主要材料费		3 549.13	14	施工队伍调遣费	调遣费定额×调遣人数定额×2	
（2）	辅助材料费	主材费×0.3%	10.65	15	大型施工机械调遣费	单程运价×调遣距离×总吨位×2	
3	机械使用费	表三乙-总计	245.74	二	间接费	规费+企业管理费	2 104.96
4	仪表使用费	表三丙-总计	573.21	（一）	规费	1~4 之和	1 160.85
（二）	措施项目费	1~15 之和	1 102.61	1	工程排污费		
1	文明施工费	人工费×1.5%	51.69	2	社会保障费	人工费×28.5%	982.02
2	工地器材搬运费	人工费×3.4%	117.15	3	住房公积金	人工费×4.19%	144.37
3	工程干扰费	人工费×6%	206.74	4	危险作业意外伤害保险费	人工费×1%	34.46
4	工程点交、场地清理费	人工费×3.3%	113.71	（二）	企业管理费	人工费×27.4%	944.11
5	临时设施费	人工费×2.6%	172.28	三	利润	人工费×20%	689.13
				四	销项税额	（一+二+三）×11%	1 172.11

设计负责人：×××　　审核：×××　　编制：×××　　编制日期：××××年××月

表 2－17　建筑安装工程量预算表（表三甲）

工程名称：××市××区××小区 FTTH 接入工程　　建设单位名称：×××电信公司　　表格编号：TXL－3 甲　　第　页全　页

序号	定额编号	项目名称	单位	数量	单位定额值/工日		合计值/工日	
					技工	普工	技工	普工
Ⅰ	Ⅱ	Ⅲ	Ⅳ	Ⅴ	Ⅵ	Ⅶ	Ⅷ	Ⅸ
1	TXL1－002	光（电）缆工程施工测量架空	百米	2.24	0.46	0.12	1.03	0.27
2	TXL1－003	光（电）缆工程施工测量管道	百米	2.89	0.35	0.09	1.01	0.26
3	TXL1－006	单盘检验光缆	芯盘	12	0.02		0.24	
4	TXL3－001	立 9 m 以下水泥杆综合土	根	4	0.52	0.56	2.08	2.24
5	TXL3－054	水泥杆夹板法装 7/2.6 单股拉线综合土	条	2	0.84	0.6	1.68	1.2
6	TXL3－142	安装拉线隔电子	处	2	0.24	0.1	0.48	0.2
7	TXL3－143	安装拉线警示保护管	处	2	0.2	0.2	0.4	0.4
8	TXL3－146	电杆地线拉线式	条	1	0.07		0.07	
9	TXL3－171	水泥杆架设 7/2.2 吊线城区	千米条	0.122	4.5	4.9	0.55	0.60
10	TXL3－192	挂钩法架设架空光缆丘陵、城区、水田 36 芯以下	千米条	0.143	8.68	6.86	1.24	0.98
11	TXL4－001	布放光（电）缆人孔抽水积水	个	1	0.25	0.5	0.25	0.5
12	TXL4－011	敷设管道光缆 12 芯以下	千米条	0.315	5.5	10.94	1.73	3.45
13	TXL4－035	打人（手）孔墙洞混凝土人孔 3 孔管以下	处	2	0.6	0.6	1.2	1.2
14	TXL4－043	安装引上钢管（ϕ50 mm 以下）杆上	套	2	0.2	0.2	0.4	0.4
15	TXL4－050	穿放引上光缆	条	2	0.52	0.52	1.04	1.04
16	TXL5－074	桥架、线槽、网络地板内明布光缆	百米条	1.02	0.4	0.4	0.41	0.41
17	TXL6－005	光缆成端接头束状	芯	24	0.15		3.6	
18	TXL6－072	40 km 以上中继段光缆测试 12 芯以下	中继段	1	1.84		1.84	
		小计					19.25	13.15
		调增 15%					2.89	1.96
		合计					22.14	15.11

设计负责人：×××　　审核：×××　　编制：×××　　编制日期：××××年××月

表 2-18　建筑安装工程机械使用费预算表（表三乙）

工程名称：××市××区××小区FTTH接入工程　　建设单位名称：×××电信公司　　表格编号：TXL-3乙　　第　页全　页

序号	定额编号	工程及项目名称	单位	数量	机械名称	单位定额值		合价值	
						消耗量/台班	单价/元	消耗量/台班	合价/元
Ⅰ	Ⅱ	Ⅲ	Ⅳ	Ⅴ	Ⅵ	Ⅶ	Ⅷ	Ⅸ	Ⅹ
1	TXL4-001	布放光（电）缆人孔抽水积水	个	1	抽水机	0.5	119	0.5	59.5
2	TXL6-005	光缆成端接头束状	芯	24	光纤熔接机	0.03	144	0.72	103.68
3	TXL3-001	立9 m 以下水泥杆综合土	根	4	汽车式起重机（5 t）	0.04	516	0.16	82.56
		合计							245.74

设计负责人：×××　　审核：×××　　编制：×××　　编制日期：××××年××月

表 2－19　建筑安装工程仪器仪表使用费预算表（表三丙）

工程名称：××市××区××小区 FTTH 接入工程　　建设单位名称：×××电信公司　　表格编号：TXL－3 丙　　第　页全　页

序号	定额编号	工程及项目名称	单位	数量	仪表名称	单位定额值		合价值	
						消耗量/台班	单价/元	消耗量/台班	合价/元
Ⅰ	Ⅱ	Ⅲ	Ⅳ	Ⅴ	Ⅵ	Ⅶ	Ⅷ	Ⅸ	Ⅹ
1	TXL1－002	光（电）缆工程施工测量架空	百米	2.24	激光测距仪	0.05	119	0.112	13.33
2	TXL1－006	单盘检验光缆	芯盘	12	光时域反射仪	0.05	153	0.6	91.8
3	TXL1－003	光（电）缆工程施工测量管道	百米	2.89	激光测距仪	0.04	119	0.115 6	13.76
4	TXL4－011	敷设管道光缆 12 芯以下	千米条	0.315	有毒有害气体检测仪	0.25	117	0.078 75	9.21
5	TXL4－011	敷设管道光缆 12 芯以下	千米条	0.315	可燃气体检测仪	0.25	117	0.078 75	9.21
6	TXL6－072	40 km 以上中继段光缆测试 12 芯以下	中继段	1	偏振模色散测试仪	0.3	455	0.3	136.5
7	TXL6－072	40 km 以上中继段光缆测试 12 芯以下	中继段	1	稳定光源	0.3	117	0.3	35.1
8	TXL6－072	40 km 以上中继段光缆测试 12 芯以下	中继段	1	光功率计	0.3	116	0.3	34.8
9	TXL6－072	40 km 以上中继段光缆测试 12 芯以下	中继段	1	光时域反射仪	0.3	153	0.3	45.9
10	TXL6－005	光缆成端接头束状	芯	24	光时域反射仪	0.05	153	1.2	183.6
		合计							573.21

设计负责人：×××　　审核：×××　　编制：×××　　编制日期：××××年××月

表 2－20　国内器材预算表（表四甲）

（乙供主要材料预算表）

工程名称：××市××区××小区 FTTH 接入工程　　建设单位名称：×××电信公司　　表格编号：TXL－4 甲　　第 1 页共 2 页

序号	名称	规格程式	单位	数量	单价/元			合计/元			备注
					除税价	增值税	含税价	除税价	增值税	含税价	
Ⅰ	Ⅱ	Ⅲ	Ⅳ	Ⅴ	Ⅵ	Ⅶ	Ⅷ	Ⅸ	Ⅹ	Ⅺ	Ⅻ
1	水泥电杆－ϕ150 mm×7.5 m		根	4	278.25	27.83	306.08	1 113	111.3	1 224.3	
2	拉线隔电子		个	2	4.73	0.47	5.20	9.46	0.95	10.41	
3	水泥	32.5	kg	11	0.3	0.03	0.33	3.3	0.33	3.63	
4	水泥拉盘	400 mm×600 mm×150 mm	根	2	40.34	4.03	44.37	80.68	8.07	88.75	
5	小计（水泥及其制品）							1 206.44	120.64	1 327.08	
6	挂钩－电缆－25 mm－普通		只	252	0.21	0.02	0.23	52.92	5.29	58.21	
7	拉线衬环－三股		只	2	0.89	0.09	0.98	1.78	0.18	1.96	
8	拉线衬环－五股		只	4	1.26	0.13	1.39	5.04	0.50	5.54	
9	带头穿钉－12×50 mm		个	2	0.44	0.04	0.48	0.88	0.09	0.97	
10	三眼单槽夹板		付	2	5.78	0.58	6.36	11.56	1.16	12.72	
11	三眼双槽夹板		付	6	6.3	0.63	6.93	37.8	3.78	41.58	
12	拉线地锚	16 mm×2 100 mm	个	2	18.38	1.84	20.22	36.76	3.68	40.44	
13	单吊线抱箍	164 mm	套	2	15.75	1.58	17.33	31.5	3.15	34.65	
14	拉线抱箍	164 mm	套	2	11.55	1.16	12.71	23.1	2.31	25.41	
15	镀锌钢绞线	7/2.2	kg	27	5.6	0.56	6.16	151.2	15.12	166.32	
16	镀锌钢绞线	7/2.6	kg	8	5.31	0.53	5.84	42.48	4.25	46.73	
17	镀锌铁线	ϕ4.0 mm	kg	4	4.89	0.49	5.38	19.56	1.96	21.52	

设计负责人：×××　　审核：×××　　编制：×××　　编制日期：××××年××月

表 2－20 国内器材预算表（表四甲）（续）

（乙供主要材料预算表）

工程名称：××市××区××小区 FTTH 接入工程　　建设单位名称：×××电信公司　　表格编号：TXL－4 甲　　第 2 页共 2 页

序号	名称	规格程式	单位	数量	单价/元			合计/元			备注
					除税价	增值税	含税价	除税价	增值税	含税价	
Ⅰ	Ⅱ	Ⅲ	Ⅳ	Ⅴ	Ⅵ	Ⅶ	Ⅷ	Ⅸ	Ⅹ	Ⅺ	Ⅻ
18	镀锌铁线	φ3.0 mm	kg	3	4.89	0.49	5.38	14.67	1.47	16.14	
19	镀锌铁线	φ1.5 mm	kg	2	5.86	0.59	6.45	11.72	1.17	12.89	
20	镀锌钢管	φ50 mm	m	6	25.46	2.55	28.00	152.74	15.27	168.02	
21	小计（钢材及其制品）							593.71	59.37	653.08	
22	拉线警示管		套	2	12.6	1.26	13.86	25.2	2.52	27.72	
23	普通（光、电缆）标志牌（双面）	8.5 cm × 5 cm × 0.1 cm	块	7	0.86	0.09	0.94	5.99	0.60	6.58	
24	波纹塑料软管	φ25 mm	m	12	2.99	0.30	3.29	35.90	3.59	39.49	
25	塑料子管	φ32 mm	m	18	2.56	0.26	2.82	46.15	4.62	50.77	
26	小计（塑料及其制品）							113.24	11.32	124.57	
27	光缆－GYTA53－单模 G.652D－12 芯	GYTA53－12 芯	m	566	2.89	0.29	3.18	1 635.74	163.57	1 799.31	
28	小计（光缆）							1 635.74	163.57	1 799.31	
	合计							3 549.13	354.91	3 904.05	

设计负责人：×××　　审核：×××　　编制：×××　　编制日期：××××年××月

表 2-21　工程建设其他费预算表（表五甲）

工程名称：××市××区××小区 FTTH 接入工程　　建设单位名称：×××电信公司　　表格编号：TXL-5 甲　　第　页全　页

序号	费用名称	计算依据和计算方法	金额/元			备注
			除税价	增值税	含税价	
Ⅰ	Ⅱ	Ⅲ	Ⅳ	Ⅴ	Ⅵ	Ⅶ
1	建设用地及综合赔补费					
2	项目建设管理费	工程总概算×2%×50%	144.64	8.68	153.32	14 463.92×2%×50%
3	可行性研究费					
4	研究试验费					
5	勘察设计费	勘察费+设计费	2 180.2	130.81	2 311.01	1 600+580.2
	勘察费	计价格〔2002〕10 号规定：架空起价×80%	1 600	96	1 696	架空起价×80%
	设计费	计价格〔2002〕10 号规定：（工程费+其他费用）×4.5%×1.1	580.2	34.81	615.01	（11 721.1+0+0）×4.5%×1.1
6	环境影响评价费					
7	劳动安全卫生评价费					
8	建设工程监理费	（工程费+其他费用）×3.3%	386.8	23.21	410.01	（11 721.1+0+0）×3.3%
9	安全生产费	建筑安装工程费×1.5%	175.82	17.58	193.4	（11 721.1+0）×1.5%
10	引进技术及引进设备其他费					
11	工程保险费					
12	工程招标代理费					
13	专利及专利技术使用费					
14	其他费用					
	总计		2 927.19	182.88	3 110.07	
15	生产准备及开办费（运营费）					

设计负责人：×××　　审核：×××　　编制：×××　　编制日期：××××年××月

2.7　实做项目及教学情境

实做项目：选取一段线路完成工程设计

目的：通过实际设计，掌握通信线路工程的勘察、设计、预算编制方法。

本 章 小 结

1. 通信工程概述，主要内容包括通信网络构成、通信线路分类、通信线路常用材料及设备、通信线路工程设计任务。

2. 通信工程线路工程设计任务书是进行工程设计的直接依据。

3. 通信线路工程勘察，主要包括勘察准备工作及具体的现场勘察，涉及人员、计划、工具、测量等。

4. 通信线路工程设计方案，主要包括综合选定路由、明确工程的设计方案，在图纸上标明线缆选型、明确安装方式、走线方式和工艺、配线、接头装置、走线相关材料选定、防强电、防雷、保护等设计及材料选定。

5. 通信线路工程设计文档编制方法及主要内容包括概述、光缆线路路由（含工程沿途条件、光缆线路路由方案及其敷设方式等）、光缆主要技术标准、光缆线路敷设安装及施工要求、安全生产相关要求、图纸及说明等。

6. 通信线路工程预算文档编制方法及内容，主要包括：首先根据图纸统计工程量，计算预算表格，编写预算文档，主要内容包括预算说明（含工程概况、技术指标分析、预算依据、费用取定等）和预算表格。

复习思考题

2-1　简述通信线路网的构成及其分类。

2-2　简述通信线路工程设计的主要任务。

2-3　简述通信线路勘察的步骤及其相关要求。

2-4　简述通信线路工程设计文档包含的内容及其分析方法。

2-5　简述通信线路工程预算文档编制的方法及其应该包含的内容。

2-6　简述通信线路设计文件包含的内容。

第3章　小区接入工程设计及概预算

本章内容

- 小区接入工程勘察与设计方法
- 小区接入工程概预算编制方法

本章重点

- 小区接入工程现场勘察
- 小区接入工程设计方案的选择
- 小区接入工程概预算的编制

本章难点

- 小区接入工程设计图纸绘制
- 小区接入工程工作量统计

本章学习目的和要求

- 了解接入网相关技术概念和应用
- 掌握小区接入工程勘察、设计与概预算编制的一般方法

本章课程思政

- 讲授光纤通信在我国的发展历程，关注国家“宽带中国”战略实施对国计民生的带动作用，培养学生爱国情怀和民族自豪感。

本章学时数：8学时

3.1　小区接入工程概述

3.1.1　接入网技术概要

接入网（Access Network，AN）是在业务节点接口（SNI）和与其关联的每一个用户网络接口（UNI）之间由提供电信业务的传送实体组成的系统。以传输介质为主线，接入网包括基于市话电缆的窄带接入技术、基于市话电缆的 xDSL 技术、基于同轴电缆的接入技术、基于双绞线的以太网技术、光纤接入技术以及无线接入技术。目前常用的技术为最后三种。

1. 基于双绞线的以太网技术

以太网（Ethernet）是目前最为通用的一种计算机局域网（LAN）组网技术，其逻辑拓扑结构为总线型。这里的局域网双绞线是指通常所说的“网线”，根据结构，分为非屏蔽双绞线（Unshielded Twisted Pair，UTP）和屏蔽双绞线（Shielded Twisted Pair，STP）两个大类。非屏蔽双绞线适用范围更为普遍，超五类（5e）及六类非屏蔽双绞线（图 3－1）主要用于百兆位快速以太网和千兆位以太网。

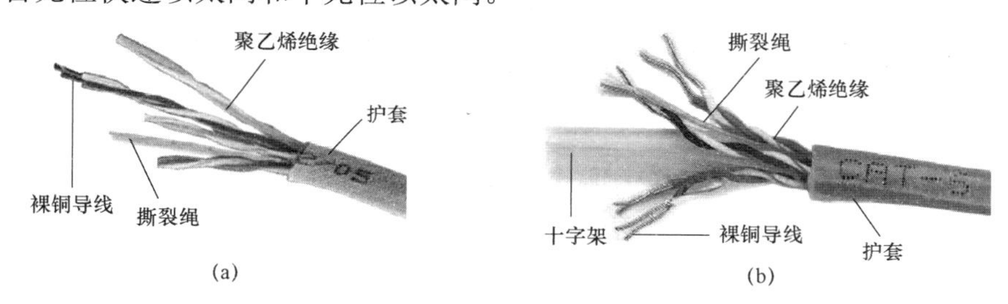

图 3－1　局域网双绞线

（a）超五类 UTP；（b）六类 UTP

2. 光纤接入技术

光纤接入网（OAN）是采用光纤传输技术实现信息传送的接入网，即交换机和用户之间部分或全部采用光纤传输的通信系统。光纤接入网由局端的光线路终端（OLT）、用户端的光网络单元（ONU）以及两者之间的光分配网（ODN）组成（图 3－2）。其中，OLT 具有复用和交叉连接以及维护管理等功能，实现接入网与业务节点（SN）的连接。ONU 具有光电转换、复用等功能，实现接入网与用户终端的连接。ODN 具有光功率分配、复用、滤波等功能，为 OLT 和 ONU 提供传输通道。

光纤接入网分为有源光网络（Active Optical Network，AON）和无源光网络（Passive Optical Network，PON）。

1）有源光网络

有源光网络（AON）是指由局端设备经由有源光传输设备与远端设备相连的光纤数字线路系统。

在接入网中，有源光网络是指从 OLT 到 ONU 之间的光分配网（ODN）采用了有源光纤传输设备（光电转换设备、有源光电器件）。此类设备一般采用 PDH 技术、SDH 技术以及基于 SDH 的多业务传送平台（MSTP）技术。

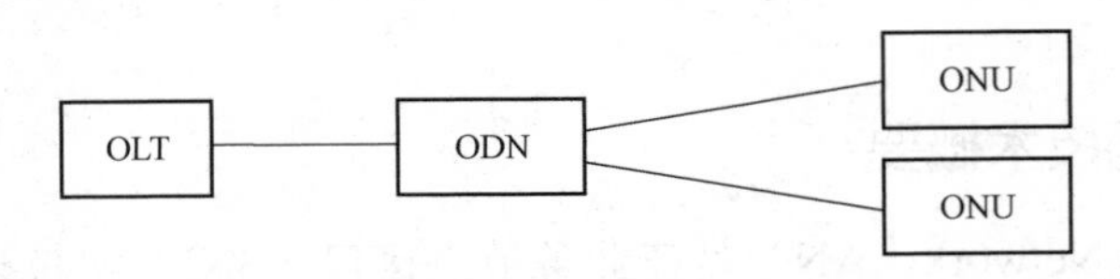

图 3－2 光接入网结构示意图

2）无源光网络

无源光网络（PON）是以光纤为传输介质，由光连接器、分光器等无源器件组成的点到多点的网络。PON 接入网中的光分配网（ODN）没有任何有源电子设备，信息不需要经过光电转换；分光器的使用又在很大程度上节省了城域网管道和光纤资源，具有便于安装维护、投资和运行成本低、组网灵活等特点，适用于用户比较集中的居民住宅区、写字楼。PON 技术始于 20 世纪 80 年代，PON 技术主要分为 APON（ATM PON）、EPON（以太网 PON）和 GPON（千兆比特 PON），可统称为 xPON 技术。

在技术参数方面，EPON 与 GPON 的主要区别见表 3－1。

表 3－1 EPON 与 GPON 的主要区别

指标	EPON（IEEE 802.3ah）	GPON（ITU－T G.984）
线路编码	8 b/10 b	NRZ（不归零码）
下行线路速率/（$Gb \cdot s^{-1}$）	1.25（实际速率 1 Gb/s）	10、2.5、1.25
上行线路速率/（$Gb \cdot s^{-1}$）	1.25（实际速率 1 Gb/s）	2.5、1.25、0.622
分路比	多为 1:32	1:32、1:64、1:128，可选
最大逻辑传送距离/km	20	60

从应用角度，EPON 在普通的以太网用户接入方面较有优势，而 GPON 更适于 TDM 企业级用户。在工程设计中，是否选用 PON 技术，以及是选取 EPON 还是 GPON，最终将取决于运营商的建设和管理模式、建设成本、网络演进策略。随着技术和应用的发展，两种技术在一定时期内将互补共存，现在主流设备制造商均提供 EPON 和 GPON 兼容的 OLT 平台。如 EPON 向 GPON 升级，则只需更换 OLT 中的接口板卡和用户 ONU 类型即可，无须对网络结构进行调整。

根据光网络单元 ONU 的位置不同，光纤接入网可分为光纤到路边（Fiber To The Curb，FTTC）、光纤到大楼（Fiber To The Building，FTTB）、光纤到户（Fiber To The Home，FTTH）等形态，有时统称为 FTTx。FTTx 建设方式一般采用基于点对多点的 PON 技术。

3. 无线接入技术

无线接入技术又分为固定无线接入（FWA）和移动无线接入两大类。

1）固定无线接入

固定无线接入系统主要包括多路多点分配业务（MMDS）、局域多点分配业务

（LMDS）、一点多址微波系统、固定无绳通信系统、数字直播卫星系统（DBS）。

2）移动无线接入

移动无线接入系统包括无绳电话系统、移动卫星系统、无线局域网（Wireless LAN）、集群系统、蜂窝移动通信系统。

归纳思考

- FTTx 是从光纤向用户延伸程度的角度，对光接入网多种应用场景的统称。
- xPON 是从光接入网点对多点结构的角度，对各种无源光网络技术的统称。

3.1.2　小区接入工程概述

1. 小区接入工程的概念

小区接入工程是实现某个特定区域用户接入通信网络的工程，它涵盖了公用网中接入网的主要内容，并融入了用户驻地网的元素。在技术层面，它是用户接入网研究发展的主要课题；在经营层面，它也是电信运营商展开业务竞争的关注热点；在工程层面，它又具有成本敏感、技术多样、环境复杂等特点。

2. 小区接入工程的内容

从通信设计专业划分来看，小区接入工程包括为实现语音、数据和图像通信而建设的接入设备安装工程、通信管道工程和通信线路工程。本章内容包括从电信机房至固网终端用户的光、电缆部分，具体包括主干光（电）缆、配线光（电）缆、用户引入线以及光（电）缆线路的管道、杆路、分线设备和交接设备等。

3.1.3　小区接入工程的分类

现阶段是多种通信技术并存、网络建设交叉融合的特殊时期，电信运营商关于小区接入工程分类标准有很大差异。本章以有线通信技术为主，结合工程设计实际中的不同技术和应用场景，对现阶段小区接入类工程进行概要介绍。

1. 按用户类别划分

1）家庭用户接入工程

家庭用户接入工程主要指城镇居民生活小区和农村居民区的接入工程。对于新建住宅小区、旧住宅小区扩容和旧住宅小区竞争性进线等不同情况，设计中应注意其差异性。

2）政企客户接入工程

政企客户接入工程主要包括写字楼、宾馆饭店、商场、学校、医院、体育场馆工厂等建筑和企事业单位的接入工程。其需求比家庭用户更为个性化，布线标准一般较高，方案灵活多样。

2. 按布线方式划分

按配线和引入线的布线方式，小区接入工程可分为市话配线电缆布线方式、局域网双绞线布线方式、综合布线方式、光纤布线方式和无线接入方式等。

1）市话配线电缆布线方式

传输介质为市话配线电缆，适用于以语音业务为主的区域；如有少量数据业务，可通过 ISDN、xDSL 方式实现。当前该方式仅适用于条件所限的特殊场所。

2）局域网双绞线布线方式

传输介质通常采用计算机网络局域网中常用的非屏蔽双绞线（UTP），在通信工程设计中，常用“LAN”表示，本章后续内容即简称为 LAN 布线方式。

LAN 方式是以数据交换机为光电转换节点，网络侧线路采用光纤、用户侧线路采用局域网双绞线，通过以太网技术为用户提供 10/100/1 000 Mb/s 对称宽带接入的一种宽带接入方式。

LAN 方式基于以太技术，适用于局域网应用的场景，如商业用户分布密集的写字楼、工业园区、网吧用户和适于布放 UTP 5 类线的住宅小区。

在通信工程设计中，LAN 布线方式主要有以下两种应用：

① 纯数据接入应用：如在网吧和中小企业的数据接入；另外，驻地网宽带运营商（如长城宽带）在部分区域仍以 LAN 布线方式实现住宅小区的宽带接入。

② 语音、数据综合接入应用：LAN 布线方式中，UTP 共有 4 个线对，而 100M 及以下的局域网数据通信只占用白橙、橙和白绿、绿两个线对即可，另外两个空余的线对可传送两路语音业务。即通过一条入户 UTP 电缆，到用户终端后，将芯线分别成端到 RJ45 数据模块和 RJ11 语音模块的信息插座上，可以实现一路数据和两路语音的接入。

3）综合布线方式

指以建筑与建筑群综合布线系统为代表的一种布线方式。传输介质为光纤、非屏蔽双绞线（UTP）或屏蔽双绞线（STP）以及传送语音的大对数电缆，采用结构化的星型拓扑布线方式和标准接口，多用于商业写字楼、政企用户办公楼等。

综合布线系统（Premises Distribution System，PDS），又称为建筑物结构化布线系统，是一套模块化、标准化的建筑信息集成系统。它可以为建筑物内或建筑群之间的通信设施提供灵活的信息传输通道，可用于语音、数据、影像和其他信息的传输，并可实现与外部通信数据网络的连接。

综合布线系统的结构化子系统包括工作区（work area）子系统、水平配线（horizontal subsystem）子系统、干线（backbone subsystem）子系统、管理区（administration）子系统、设备间（equipment room）子系统和建筑群（campus subsystem）子系统六个部分。其中，各子系统缆线和设备一般位于室内，而建筑群子系统的室外部分也可以采用管道、直埋和架空等敷设方式。

LAN 布线方式可以视为综合布线系统应用的一个特例，不包括传送语音的大对数电缆。

4）光纤布线方式

指全部采用光纤接入技术的布线工程。典型的应用是 FTTH、FTTO（光纤到桌面）。FTTO 是 FTTH 的升级模式，多用于高端写字楼。建筑物内光缆一般采用桥架、暗管等敷设方式，微型光缆可以采用微管气吹法敷设等新型敷缆技术。

5）无线接入方式

无线接入是指从公用电信网的交换节点到用户终端的网络，全部或部分采用无线手段的接入技术，即利用无线传输实现接入网的全部或部分功能，向用户终端提供电话和数据服务。无线接入方式打破了制约接入网的“最后一千米”瓶颈，是一种灵活、方便、快捷的接入方式。

探　讨

- 举例说明身边的若干场景的接入方式。

3.1.4 小区接入工程的特点

1. 建设内容的复杂性

其复杂性主要来源于三个方面：一是小区接入工程的应用场景，涵盖了城市、农村区域住宅与生产场所等场景；二是涉及光缆、电缆、通信管道、传输数据设备等多个专业；三是与市政综合管网、工业与民用建筑专业交叉和结合十分密切，设计方案需要综合运用相关知识。

2. 成本的敏感性

小区接入工程涉及千家万户，单线投资对运营商建设成本影响很大；从某个具体项目来看，它的建设成本与预期收入指标就决定了该项目的收益情况，从而直接决定该项目是否能够通过立项审批。因此，小区接入工程对成本极为敏感。

3. 技术的多样性

在光进铜退、降费提速的大形势下，国内通信网络建设出现了多种接入网技术之间相辅相成、组合应用的局面。小区接入工程要综合考虑用户规模和密度、业务类型、投资规模、现有资源（机房、管线、驻地网）、网络升级扩容等多种因素，选取适宜的技术方案。

3.2 小区接入工程设计任务书

3.2.1 主要内容

小区接入工程设计任务书一般包括以下内容：

（1）项目的名称、项目编号、项目地点、建设目的和预期增加的通信能力。

（2）建设规模、建设标准、投资规模或投资控制标准。

（3）局端情况（机房选址）、专业分工界面、技术方案选用计划。

（4）设计依据和其他需要说明的事项。

3.2.2 任务书实例

近年来，我国光纤宽带的建设突飞猛进，FTTH 接入方式已成为家庭宽带最主要的实施。表 3－2 为某 FTTH 接入工程设计任务书实例。

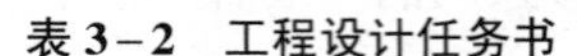

表 3－2　工程设计任务书

建设单位：××公司××市分公司

项目名称：20××年城东区 FTTH 接入一期工程	
设计单位：××邮电设计有限公司	
工程概况及主要要求： 20××年城东区 FTTH 接入一期工程包括“中行单身宿舍 FTTH 接入”等 8 个单项工程，单项工程清单及项目编号附后（略），一阶段设计文件按单项工程分册，并编制汇总册设计文件。 本期工程采用二级集中分光方式，配线比不低于 70%，均就近接入城关机房 OLT 设备（设备扩容另由设备专业负责）。甲供材料包括光缆和光纤分路箱、分纤箱、分光器等设备材料，价格和费用标准按省公司 20××年网发××号文件执行。	
投资控制范围：5 万元	完成时间：20××年 4 月 22 日
其他：	
委托单位（章） ××公司××市分公司网络发展部 项目负责人（签字）：	
主管领导： 年　月　日	

3.3　小区接入工程勘察测量

3.3.1　勘察工作的目的和要求

小区接入工程勘察工作综合性强，一般需要由点到线、由线到面逐步展开，并且延伸向建筑物内部向立体空间拓展。

1. 勘察目的

通过对目标工程区域进行现场勘察、测量和调查，在掌握建筑布局、业务分布和网络资源的基础上，拟定若干可行的初步设计方案，为设计图纸和编制概预算提供必要的基础资料。

2. 基本要求

（1）建筑群总体布局及建筑物相对位置关系应准确无误。

（2）建筑物基本结构和尺寸，以及对楼层、单元、户数等基本数据应准确。

（3）关键部位应详细查勘，如外线引入位置、机房设置、交接箱安装位置等，必要时应拟定备选方案。

（4）对现有管线、机房、设备情况，必须进行现场核查，不得直接采用原始设计图纸；

核查时应注意不得危及在网设备运行，避免发生通信阻断事故。

（5）对路由附近危险源进行标识，对路由上相邻、相交管线拟定必要的保护措施。

（6）勘察草图应绘制规范、书写工整、记录翔实，勘察成果须满足设计工作的需要。

3. 勘察工作的主要关联要素

其主要影响因素有：任务书基本要求（工程类别、技术方案、设计深度等）；小区和网络基础资料的完备程度；城市规划或业主对敷设方式的要求。

3.3.2　勘察工作的主要步骤

小区勘察测量工作的方法和步骤，与技术方案及设计深度要求紧密相关。

1. 准备工作

勘察准备工作主要包括人员组织安排、勘测仪器设备准备、资料准备等内容。资料准备工作主要有下列内容：

（1）分析设计任务书，并了解建设单位市场人员与用户沟通的基本情况，以便充分理解业务内容、用户可提供的资源条件。

（2）对于新承接的设计服务区域，需了解前期同类项目的工程设计文件，以明确建设单位更多的、例行的或潜在的要求。

（3）争取获得项目所在地的建筑图纸，并在勘察前予以复印或打印。

（4）调查项目可用的网络资源，如果是新建工程，需要调查研究项目周边的网络资源情况；如果是扩容项目，需要重点调查项目自身现有资源情况。

（5）在最新的电子地图上获取尽量多的地理信息，必要时予以打印。

2. 现场调查

现场调查的对象包括：建设单位的技术负责人、市场负责人、装维人员，房地产开发商或建筑施工单位的电气工程主管、物业公司的弱电工程人员、居委会相关负责人，地方政府规划主管部门等。

在现场情况调查过程中，勘察人员应就初步设计思路与各方进行有效沟通，充分听取调查对象的意见和建议，遇有重大问题应及时与建设单位负责人沟通。

3. 勘测

勘测步骤可根据现场情况确定，建议按照由总体到局部、由外线到机房、由主干街道到支路的顺序进行勘测。

1）总体查勘

① 初步勘察：首先根据勘察准备工作的项目周边网络资源、电子地图、建筑图纸等信息，对项目总体环境情况进行粗略的现场调查，并初步构思网络建设方案。同时，也可以对局部关键部位、疑难部位和相对偏远的部位进行详细勘测。

② 总图测绘：即项目总体空间布局的平面测绘，包括项目外围情况、项目内各建筑物、构筑物的尺寸和相对位置关系、间距大小。需要重点标明城镇小区的周边街道名称、小区内主干道、楼号等信息，农村的街道、胡同名称、住宅排号；在绘制总平面草图时，

一定要注意总体布局、比例等问题，做到直观、美观，方便适用。总图测绘时，也可以结合外线、机房和主要走线路由等局部的详细勘测工作。

2）外线引入方案

① 拟定“两点一线”路由和敷设方式方案：根据初选的两点（外线接入点、小区的机房或交接箱位置），拟定经济可行的外线走线路由。勘察时应当多方案比较，选择安全、便捷的路由，同时也需要兼顾配线路由，以节约建设成本。无可行的路由时，可以重新调整外线接入点和机房位置。路由衔接点包括终端杆、末端人孔等，缆线衔接点包括既有的机房、交接箱、接头盒或预留分歧点等。外线引入多采用通信管道或墙壁吊线等敷设方式。

② 勘测绘图：一般沿外线接入点向小区机房方向勘测，勘测内容包括：既有缆线资源核查；既有路由资源状况核查、测绘；新路由上线缆的敷设方式和距离勘测。勘测的重点是勘察或核查相关管道段、杆档的长度，同时，还需要注意一些细节，例如：新建线缆的管孔或杆位占用方案，管道是否需要穿放子管，电杆是否需要新增吊线和拉线等，并将相关情况绘制在勘测图纸上。

3）机房勘测

新选机房的勘测包括建筑结构与材质（面积、高度以及门窗、承重梁位置等）、机房环境（楼层、照明、温度、湿度、墙面等）、安全（防雷、防火、抗震）、环保（噪声、电磁和辐射）、市电与外线引入、接地装置等方面的内容；原有机房设备扩容项目，主要以核实现有设备和环境情况为主。

4）室外布线方案

① 敷设方式的选择：需要兼顾成本、安全与美观。农村、乡镇和城市老旧住宅一般选择杆路架空和墙壁方式；城镇新建住宅以管道方式为主，辅以简易塑料管道、槽管、墙壁方式；高档住宅、商务楼宇一般选择管道和桥架方式。

② 配线路由勘察：

- 勘测时最好现场确定初步方案，并完成勘察和绘制配线路由草图。如果工程规模较大、方案复杂，则需要重复勘察，逐步深化、细化设计方案。
- 确定建筑群布线的路由方案时，应当充分利用建筑物自身结构的特点，借助地下储藏室、地下车库或人防通道，为光电缆敷设提供了较为便捷的路由。

③ 配线点设置：光（电）缆交接箱、电缆组线箱、楼层配线间、分线（纤）盒等光缆或电缆配线和分线设备的安装位置，需要重点勘察。

5）室内布线

- 住宅楼勘测的主要内容：核查各单元、楼层的户数和绘制户型结构图；核查暗管的规格和走向；核查户内家居箱位置；拟定分线（纤）盒的安装位置。
- 商业楼宇勘测的主要内容：测绘平面图，调查各功能分区业务需求；勘察建筑物内的水平和垂直配线路由；线路终端箱体的安装方案；供电和接地问题等。

归纳思考

- 机房勘测的主要内容有哪些？

- 不用场景中常见室外布线敷设方式有哪些?
- 建筑物内通信线缆的敷设方式有哪些?

3.3.3 勘察实例

1. 准备工作

(1) 确定勘察小组2名成员；准备勘察工具（相机或手机、GPS、盒尺和手持式红外测距仪、手电筒、绘图工具等）。

(2) 查阅中行东区FTTH前期布线设计图纸和工程竣工资料。

(3) 查阅城关OLT机房和相关管线的设计、竣工资料。

(4) 根据上述步骤的资料，整理打印出勘测底图。

(5) 联系城关OLT机房、中行单身宿舍相关负责人，沟通相关情况等。

2. 勘察测绘

1) 初步查勘

① 中行单身宿舍已装修完毕，弱电桥架已安装到位，暂无其他线缆（经核实，后期仅有安防监控系统）。

② 小区无通信管道资源，单身宿舍无建筑图纸等资料。

③ 光缆交接箱壁挂方式，安装在单身宿舍西楼头的中间位置。

因小区已完成外线到交接箱的施工，并且该小区内的5栋家属楼已实现FTTH覆盖，项目光缆路由清晰明确，不必进行方案比选。

2) 详细查勘

既有资源查勘包括以下主要内容:

① 核实外线基本情况：包括路由、纤芯占用等情况。

② 核实交接箱基本情况：安装方式与位置、规格、光缆条数、托盘使用情况、法兰装配情况、接地状况等。

新建工程勘察测绘包括以下主要内容:

① 调查建筑基本情况：包括层数、户数和户型结构等。

② 核查用户室内智能箱和信息插座的安装位置。

③ 查勘竖井内分纤箱安装位置和条件。

④ 勘测配线光缆垂直路由和水平路由：包括走廊桥架、竖井桥架、房间走线管等长度、位置和相互关系。

⑤ 绘制建筑平面结构图，并在此基础上完成相关勘测图纸。

实例以原设计图纸为勘测底图，小区总体平面勘察草图如图3-3所示，单身宿舍楼内的勘察草图略。

3) 机房勘测

查看OLT机房的 ODF、OLT设备端口占用情况，确认尚有可用资源。

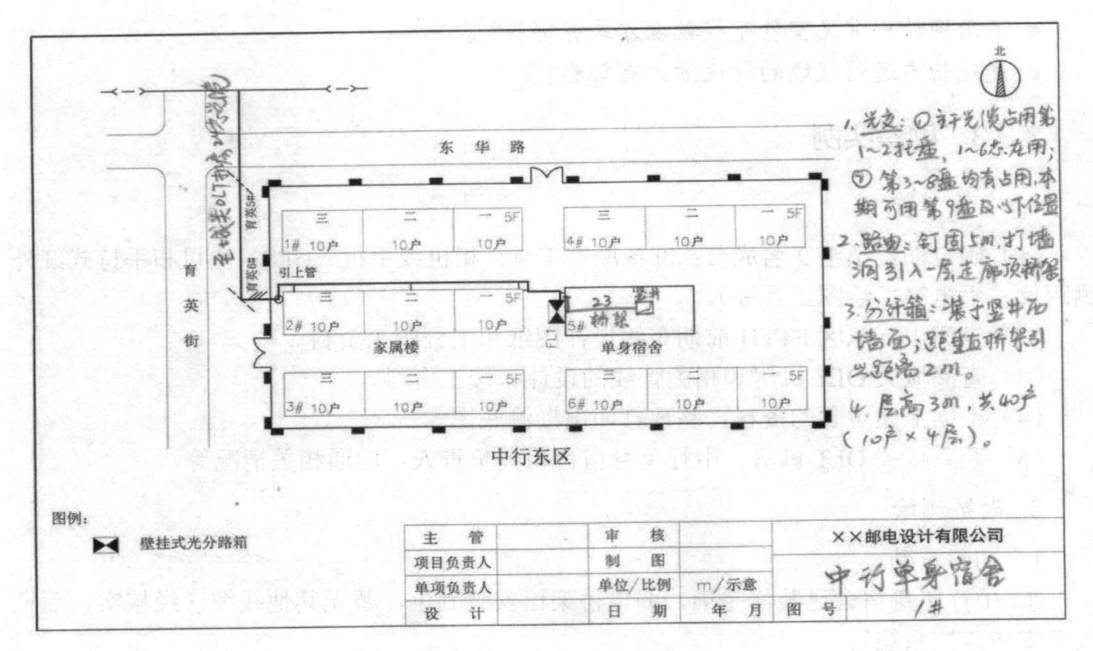

图 3–3　小区总体平面勘察草图

3.4　小区接入工程设计方案

3.4.1　系统设计

1. 综合布线系统设计

综合布线系统对系统信道的回波损耗、插入损耗、近端串音以及直流回路电阻等指标均有严格要求，设计时可以查阅相关规范，对各部分缆线长度的要求如下（图 3–4）：

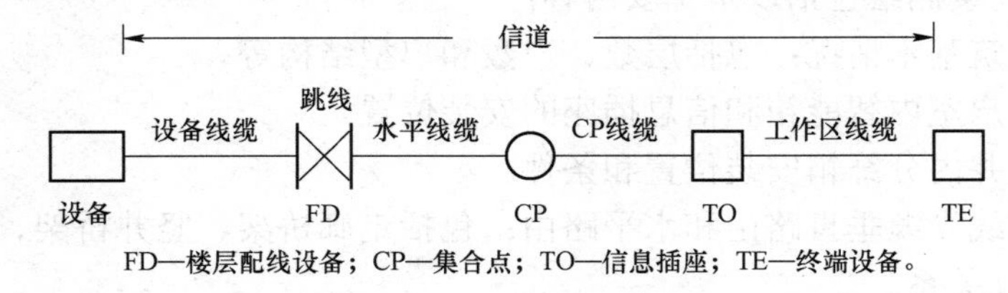

图 3–4　综合布线系统配线子系统缆结构

① 综合布线系统水平缆线与建筑物主干缆线及建筑群主干缆线所构成信道的总长度不应大于 2 000 m。

② 建筑物配线设备 BD 或建筑群配线设备 CD 之间（FD 与 BD、FD 与 CD、BD 与 BD、BD 与 CD 之间）的信道出现 4 个连接器件时，主干缆线长度不应小于 15 m。

③ 配线子系统各缆线长度应符合下列要求：

- 配线子系统信道的最大长度不应大于 100 m。

● 工作区设备缆线、电信间配线设备的跳线和设备缆线之和不应大于 10 m，当大于 10 m 时，水平缆线长度（90 m）应适当减少。

● 楼层配线设备（FD）跳线、设备缆线及工作区设备缆线各自的长度不应大于 5 m。

2. 光缆线路传输设计

在城域网或用户接入网中，因传输距离较小，一般情况下均可满足光纤数字传输系统指标要求。因为 PON 网络是树形结构，经分光器后，光功率会基本按比例衰减，因此，对于采用了 PON 技术的小区接入工程，应当计算光纤链路的总衰减是否满足系统要求。光纤链路衰减指标设计的光链路参考模型如图 3－5 所示。

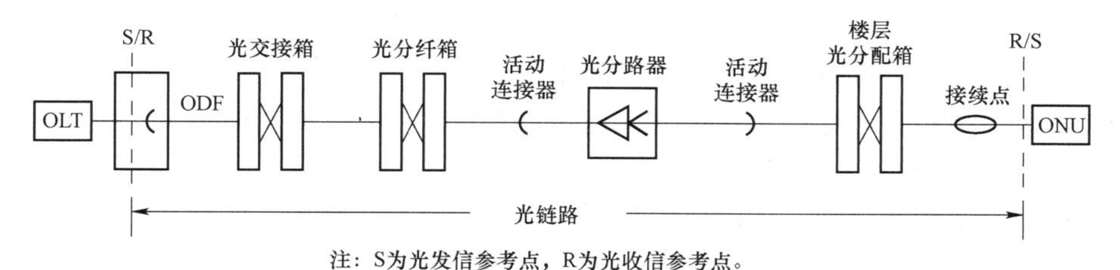

图 3－5　光纤链路衰减指标设计的光链路参考模型

ODN 的光功率预算所容许的损耗定义为 S/R 和 R/S 参考点之间的光损耗，以 dB 表示。这一损耗包括了光纤和无源光元件（例如光分路器、活动连接器和光接头等）所引入的损耗。根据 OLT、ONU 的发送功率和接收灵敏度的相关指标，建议的 ODN 损耗 8～28 为 dB。

如果采用最坏值法按照 1 310 nm 窗口计算光纤衰耗，可采用以下参数：活动连接器插入损耗 0.5 dB/个，光缆平均衰减系数取 0.4 dB/km，光纤熔接接头损耗取 0.1 dB/个，光纤冷接损耗取 0.15 dB/个，光分路器（带尾纤端子）损耗和光纤富余度参数分别见表 3－3 和表 3－4。

表 3－3　光分路器损耗技术指标表

典型规格	1×2	1×4	1×8	1×16	1×32	1×64
典型值/dB	3.3	7.1	10	13.5	16.6	18.3
最大值/dB	3.6	7.2	10.3	13.8	17	21.5

表 3－4　光纤富余度参数表

传输距离/km	≤5	≤10	>10
光纤富余度/dB	≥1	≥2	≥3

3.4.2　机房和交接箱选址

1. 机房选址

机房选址需要从总体设计方案的技术角度出发，重点考虑以下情况：

（1）机房位置：宜选取在覆盖区域的中心附近，覆盖区域包括后期建设的区域和需要覆盖的邻近小区。

（2）机房面积：在满足不少于三家电信运营商接入需求的基础上，根据通信容量以及中、远期设备安装数量等因素综合考虑。

（3）配套条件：满足供电、承重要求；便于线缆进出，便于施工及维护等。

对于建筑物综合布线系统，设备间位置应综合考虑设备的数量、规模、网络构成等因素。每幢建筑物内应至少设置一个设备间；设备间宜处于干线子系统的中间位置，靠近建筑物线缆竖井位置，并考虑主干缆线的传输距离与数量。

2. 交接箱选址

选取交接箱的位置时，应考虑以下因素：

（1）网络结构合理性：宜选在交接区内线路网的中心，或在略偏上游电信机房一侧，以节约主干光缆投资。

（2）稳定性和安全性：路边交接箱要考虑城市规划、交通、地势、地形等因素，小区壁挂交接箱要考虑墙壁的稳固性，不宜设在人流较大的狭窄过道边。

（3）施工维护便利性：考虑选取架空、落地、壁挂式等合适的安装方式。

（4）配套条件：箱体附近应便于埋设接地装置（交接箱接地电阻应≤10 Ω）；对于需要安装有源设备的箱体，选址时应考虑引电方便。

3.4.3 路由设计

路由设计是实现组网而确定线缆走向和敷设安装方式的过程。路由方案是线缆设计的基础，是决定设计文件能否指导施工的关键因素。

路由设计的基本方法是从机房或主交接箱开始，以星型、树型结构，延伸到所有用户为止。路由设计的基础底图是项目总体平面图。以此为基础，可设计出小区通信管道施工图、墙壁吊线施工图、架空杆路吊线施工图、地下室桥架安装平面图和项目总体路由图，进而完成小区接入工程的路由设计。

1. 小区通信管道设计

管道方式是小区通信线缆主要敷设方式之一。小区通信管道设计的重点是根据小区光缆电缆的网络结构需要，确定管道路由、手孔位置与规格，选取合适的管道材料和容量。

（1）路由：小区管道应路由平直、施工方便、经济合理，宜选择在小区主要道路的同一侧，与其他管线保持平行。

（2）手孔：手孔规格应根据管道总容量、光电缆型号确定，以便于施工维护。一般可采用 1 120 mm × 700 mm、700 mm × 500 mm 手孔。规划管孔总量大于 6 孔的情况下，可采用人孔，例如主要机房的局前和大型小区的主干路由管道。

（3）管道材料：目前小区网络主要以光缆为主，电缆一般不会超过 200 对，所以多数采用梅花管等结构的塑料管，需要特殊防护的地段应采用钢管。

（4）管道容量：应满足多家电信运营商接入，适当留有 1～2 个管孔的余量。

（5）管道子管：在大口径管道中穿放外径较小的线缆时，应当先穿若干小孔径的塑料子管，然后再在塑料管内穿放电缆或光缆。子管的总等效外径宜不大于大孔管的内径的 90%。

2. 小区通信杆路设计

小区内不建议新建杆路，尽量协调共享既有杆路资源，线缆的架设高度和交越其他电气设施的最小垂直净距应符合规范要求。必要时，新设杆路应选取定型稳固道路的边侧，以减少道路改造，以免引起杆路迁移。

3. 墙壁光（电）缆设计

墙壁光（电）缆的敷设方式包括吊线式和钉固式两种。吊线方式是采用钢绞线及挂钩挂设电缆，主要用于路由平直、距离较长，或者可能敷设多条电缆的主路由上，另外，在建筑物之间需要跨越街坊、院内通道的，也常选择吊线方式；钉固方式是直接用线缆卡钉将电缆钉在墙面上，一般用在路由曲折、距离较短或者配线入户的末端位置。

墙壁方式经济适用，多用于比较整齐的多层楼区，但不适用于建筑立面美观要求高的场馆会所和高档住宅小区，也不适用于房屋低矮、墙面不牢固的农村。

采用墙壁敷设方式时，其路由选择应满足美观、安全等要求：

（1）路由平直，安装电缆位置的高度应尽量一致（住宅楼与办公楼 2.5～3.5 m，厂房、车间外墙 3.5～5.5 m 为宜）。

（2）避免选择在陈旧的、非永久性的、经常需修理的墙壁。避开高压、高温、潮湿、易腐蚀和有强烈振动的地区。

（3）避免影响人民日常生活或单位生产。

（4）墙壁光（电）缆尽量避免与电力线、避雷线、暖气管、锅炉及油机的排气管等容易使电缆受损害的管线设备交叉与接近，具体间距要求见表 3－5。

表 3－5　墙壁光（电）缆与其他管线的最小净距表

管线种类	平行净距/m	垂直交叉净距/m
电力线	0.20	0.10
避雷引下线	1.00	0.30
保护地线	0.20	0.10
热力管（不包封）	0.50	0.50
热力管（包封）	0.30	0.30
给水管	0.15	0.10
煤气管	0.30	0.10
电缆线路	0.15	0.10

3.4.4 组网方案

1. 小区光缆线路网设计

光缆线路网包括光缆及其路由设施，以及实现光纤连接、分纤、成端与配线功能的各种设备器材。光缆线路网设计应符合以下原则：

1）光缆线路网的设计基本原则

① 结合业务需求和通信技术的发展趋势，确定经济合理的建设方案。

② 网络应安全可靠，调度灵活，纤芯使用率高，便于发展和运营维护。

③ 接入网光缆线路的容量和路由，宜按中期需求配置，并留有足够冗余。

④ 节约路由（尤其是管道）资源，同一路由上不宜分散设置多条小芯数光缆。

2）FTTx 中的网络架构

工程实际中一般会根据用户密度和规模，对整个区域进行网格化总体规划，确定 OLT 机房的合理覆盖范围（城区在 1～2 km，偏远农村可扩大至 8～10 km）。

在 ODN 网络基本结构中，OLT 位置、分光器位置和 ONU 位置决定了城域骨干（馈线）光缆、配线光缆和入户光缆的相对消耗量。在网格中心位置附近选取比较安全且便于管线资源建设的建筑物作为 OLT 机房。选取时，应优先利用现有的城域网和基站机房，并考虑与其他运营商实现共建共享。

2. 小区线路割接方案设计

割接是指对运行中的通信网络设备或在用的通信线路，因扩容、改造、搬迁等需要进行有计划的业务迁移工作。割接有很多情况和分类方法，如局内与局间的割接、中断业务与不中断业务的割接、网络优化与线路设备迁移引发的割接等。光缆割接设计应符合网络优化、持续演进的原则，保证网络层次清晰，充分利用现有网络资源，符合基础设施共建共享的要求，尽量不影响用户体验。

3.4.5 线路设备器材

线路设备器材的选择，要考虑到传输系统制式和指标要求、终端业务带宽需求、终端规模、未来发展预期等因素。

1. 综合布线工程

综合布线工程常用的线缆主要有双绞线和光缆，同轴电缆已较少使用。

1）双绞线

双绞线适用于短距离的信息传输，各类双绞线的特征阻抗、近端串扰、衰减等性能指标决定了其适用范围，工程设计时，需要根据综合布线系统承载的业务需求，选用相应等级标准的双绞线。

① 3 类非屏蔽双绞线（UTP Cat3）常用于数字或模拟语音、ISDN、DSL 和 10BASE－T 以太网信号，其中，水平子系统常使用 4 对 UTP，而垂直子系统可使用 25 对、50 对 3 类集束电缆。

② 超 5 类非屏蔽双绞线（UTP Cat5e）被广泛用于 100 MHz 数字信号传输，6 类和

7 类双绞线以及屏蔽双绞线（STP）则适用于速率、传输质量和安全性要求更高的应用场景。

2）光纤与光缆

近年来单模光纤逐步替代了多模光纤。大型高层建筑综合布线系统中的垂直光缆多选用骨架式光纤带光缆（GYDGA）、室内子单元配线光缆（GJFJV）或微束管室内室外通用光缆（IOFA）。

3）配线器件

包括光电缆配套的配线架、分线设备和信息插座等。端接主机房大对数语音电缆时，采用 110 鱼骨配线架；端接水平子系统双绞线时，宜采用 RJ－45 口 110 配线架。

4）网络连接设备

包括网络中继器、集线器、网桥、交换机、路由器、网关等。

2. FTTH 工程

光配线网（ODN）的作用是以光传输媒质为 OLT 和 ONU 提供物理连接，它由光缆和交接设备、终端设备、分光器件和接续器件组成（图 3－6）。ODN 设备主要包括光纤配线架（ODF）、光缆交接箱、分纤箱和分光器等。

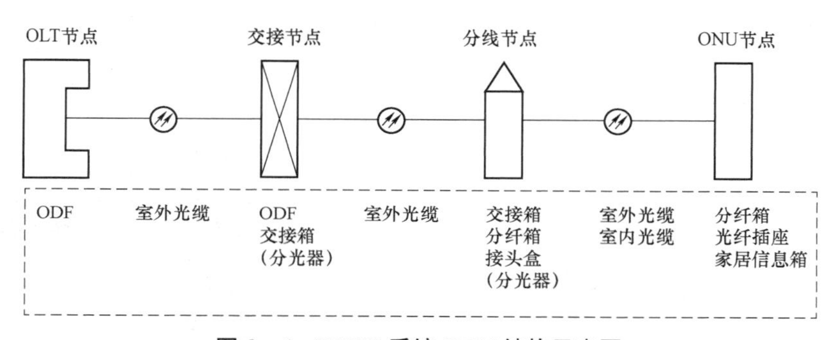

图 3－6　FTTH 系统 ODN 结构示意图

1）光纤、光缆

① 馈线光缆和配线光缆宜采用 G.652D 光纤，光缆宜选用 GYTA、GYTS、GYTY53、GYFTY 等结构。

② 入户光缆宜选用蝶形光缆，必要时纤芯可采用 G.657A 弯曲不灵敏性单模光纤，常用的光缆为 1～4 芯。

③ 根据结构和适用场合，蝶形光缆可分为普通蝶形光缆、室内外通用蝶形光缆、自承式蝶形光缆。

④ 在满足牵引力强度要求的情况下，为避雷和防火安全，建筑物内宜选用非金属加强件、低烟无卤阻燃护套的入户光缆，如 GJXFH 等。

2）ODF

在光纤通信系统中，ODF 用于入局光缆的成端和分配，以实现光纤线路的连接、分配和调度。ODF 应满足下列要求：

① ODF 的外形尺寸、颜色应与机房的其他机柜、机架协调一致。

② ODF 总容量应根据入局光缆成端、局内跳线总量确定，可分批建设。

③ 常用的 ODF 配线单元框的规格有 12 口、24 口、48 口、72 口，宜采用熔纤和配线一体化模块。按需配置单元框和单元框中的适配器。

3）光缆交接箱

光缆交接箱（图 3－7）是具有光缆纤芯终接与调度功能及光缆固定保护功能的设备，具体应符合 YD/T 988—2007《通信光缆交接箱》的有关规定，设计时应满足下列要求：

图 3－7 光缆交接箱

① 交接箱容量应按规划期内光缆成端的最大需求进行配置，并考虑光缆直熔、分光器的空间需求。

② 根据容量和现场条件选取壁挂、架空和落地等安装方式。

③ 托盘、端子等宜根据当期需要配置，以降低丢失和损坏可能带来的损失。

4）用户侧光纤箱体

用户侧光纤箱体是指靠近用户侧的，用于光缆分歧、接续、成端，或安装有分光器、ONU 设备的综合箱体，一般在建筑物内安装。

① 光分纤箱：可明装在弱电井或楼道内。直熔型分纤箱内装熔纤盘，主要用于光缆的直接熔接，如图 3－8（a）所示；成端型分纤箱内装固定光纤适配器的面板，具有灵活分配功能；分光型分纤箱内装分光器，具有光纤分路功能。图 3－8（b）为内置分光器的成端型分纤箱。

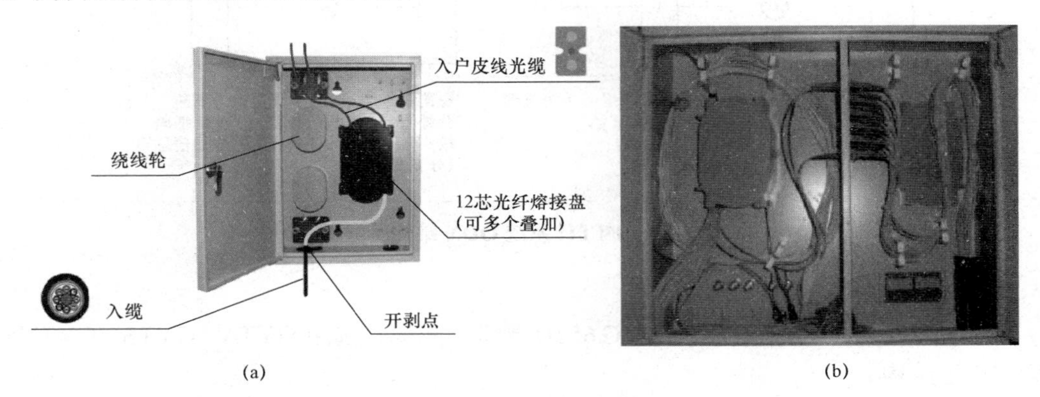

图 3－8 光分纤箱

（a）直熔型；（b）成端与分光型

② 家居配线箱：一般由建筑专业负责设计，壁嵌式安装在用户住宅内，通过暗管与单元弱电井、户内信息点连接，主要用于安装 ONU 设备，提供各类弱电线缆的端接、配线、过线功能。

5）分光器

分光器（Splitter）是在 ODN 中实现光信号耦合、分支、分配的无源光纤器件。常用的输入光纤路数为 1 路和 2 路，可按均分光或不均分光方式，输出 2 路、4 路、8 路、16 路、32 路、64 路、128 路光纤。

根据安装条件和分光器封装方式，可选择微型光分路器、盒式分光器、机架式分光器、托盘式分光器、接头盒式分光器等。

① 微型光分路器：体积小、功能简单，可安装于光缆接头盒内。

② 盒式分光器：可安装于光缆交接箱与光缆分纤盒内部专用固定位置。

③ 插片式分光器：主要应用在光缆交接箱与光缆配线架内。

④ 机架式分光器：安装于机房的19 in机架内。

⑤ 托盘式分光器：主要安装在光缆交接箱内部。

6）用户侧光纤成端器件

用户侧光纤成端位置一般可概括为两种情况：FTTH场景下，将蝶形光缆在信息智能箱成端；FTTO场景下，将蝶形光缆在光纤插座成端。

① 在光分路箱、家居信息箱内，普通光缆、蝶形光缆的成端方式是与尾纤直接熔接。

尾纤（图3－9）分为多模尾纤和单模尾纤。多模尾纤为橙色，波长为850 nm，用于短距离互联。单模尾纤为黄色，波长为1 310 nm和1 550 nm。常用的尾纤连接头有FC、SC、ST等类型，端面接触方式有PC、UPC、APC型。

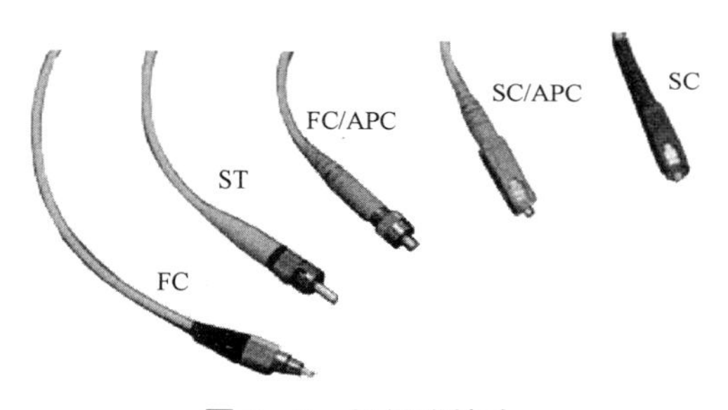

图3－9 尾纤连接头

② 用户光纤信息插座可以安装直插型光纤连接器、L型光纤连接器等。插座盒可以采用明装和暗装方式。一般采用86型面板，并且外观应与强电面板、弱电面板的外观匹配。安装底盒应具有足够的空间，能够盘留0.4～0.5 m的蝶形光缆。

7）终端设备的选择

ONU提供与ODN之间的光接口，实现OAN（光纤接入网）用户侧的接口功能。在FTTx网络中，ONU设备的应用场景和设备形态多种多样，设计时应按照业务接口的类型和数量来选择ONU的类型。

3.4.6 设计实例

1. 组网方案

中行东区家属院按FTTH方式，采用GPON技术实现小区住宅用户的光纤接入，并上连到城关机房的OLT设备。其ODN组网方案（图3－10）如下：

① 光缆交接箱至OLT机房之间：利用既有光缆的纤芯。

② 光缆交接箱内：需要新安装1台1×8光分路器。

③ 光缆交接箱至楼层分线箱：新建2条6芯光缆。

④ 新安装楼层分线箱（各配 1 台 1 × 8 光分路器），楼层分线箱到本单元各用户光信息点插座布放 1 条蝶形光缆。

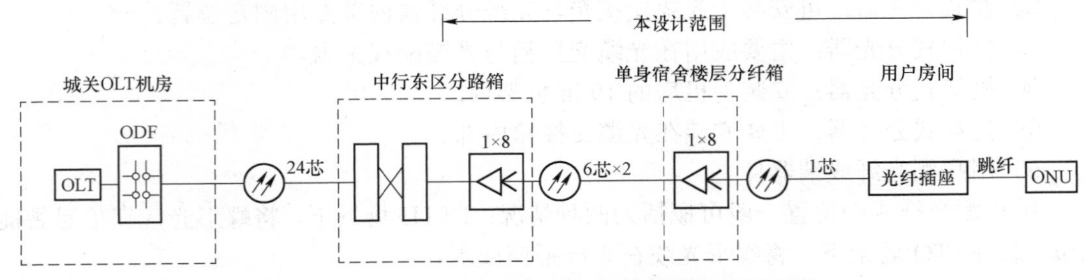

图 3－10　中行单身宿舍 FTTH 接入工程组网方案

2. 路由方案

配线光缆：光缆由壁挂光分路箱引上，打墙洞引入中行单身宿舍一层走廊，沿既有水平弱电桥架引入弱电井楼层分线箱内。

引入光缆：由弱电井楼层分线箱引出，沿各楼层走廊顶部的弱电桥架、入户预埋管，经家居配线箱、户内预埋管引至光信息插座。

3. 设备材料选型

① 分光器：小区光缆交接箱内 1 × 8 光分路器 1 台，盒式。楼层分线箱 1×8 光分路器共 4 台，插片式；箱体选用热镀锌分光分纤盒箱体（385 mm×295 mm×100 mm）。

② 光缆：由光缆交接箱至楼层分线箱的 2 条光缆选用 GYTA 结构，采用 G.652D 纤芯；由楼层分线箱引出的入户光缆，选用 GJXFH 结构，采用 G.657A 纤芯。各段光缆的芯数选择如下：

- 交接箱到楼层分线箱的配线光缆：建设单位采购的 GYTA 光缆最小的两种分别是 6 芯和 12 芯。为便于施工维护，本期 FTTH 工程中选用 6 芯光缆。
- 入户光缆距离短，在桥架和暗管内敷设，因此采用单芯蝶形光缆。如遇有坏芯出现，可及时更换。

③ 用户光纤插座：底盒暗装（建筑预埋），面板采用白色 86 型单口面板，配 SC 直插型光纤连接器。

3.5　小区接入工程设计文档编制

3.5.1　设计说明的编写

小区接入工程设计说明的内容、结构和格式应符合设计文件的一般性要求。

1. 概述

1）工程概况

需要重点说明工程名称、专业类别、项目位置等内容。对于单项工程设计，应概括说明总体工程的基本情况。

2）建设规模

包括建筑群总体情况、信息点数量或住宅用户数、实际覆盖户数、建设标准以及新建管线、设备的主要工程量等内容。对于包含多个单项工程的项目，需要分别描述各个单项工程的建设规模。

3）工程投资和技术经济分析

包括总投资、单位造价分析等内容。

2. 设计依据

采用国家、行业或企业的规范、标准和文件、资料等，应予以针对性说明。

3. 设计范围和分工界面

1）设计范围

可能涉及的内容包括小区接入管道的铺设、光（电）缆的布线安装、设备和机箱的安装等，以及必要的交流供电、接地、电力电缆布放等内容说明。

根据国家相关部委要求，住宅区内通信管道、建筑内配线管网、用户线缆和信息插座等，由住宅建设方负责。

2）分工界面

包括本设计文件与其他设计文件之间的设计分工界面，本设计文件中各专业之间的设计分工界面，厂商、设备器材安装单位等参加方工程界面划分等内容。

光缆专业与传输、数据设备专业的分工界面，一般以机房光纤分配架为界，外部由光缆专业负责。

对新建大楼，需要协调与建筑设计的专业分工，或对土建专业提出工艺需求。

4. 主要工程量

说明中的主要工程量一般以表格方式列明施工安装的主要工程量定额。

5. 设计方案

网络建设方案的基本要求是：以勘察结果为基础；符合设计规范；满足业务需求和设计任务书要求；具有可实施性。网络建设方案的内容包括：机房和交接设备的选址方案；光（电）缆的路由选择、建筑方式的选择；线路组网方案；光（电）缆等设备材料的选择等。

6. 技术标准与要求

明确的工程建设和设备器材要求，是工程采购、施工和验收的重要依据。

1）设备材料

包括光（电）缆及相关设备、器材的主要技术标准和要求等。

2）施工安装

包括设计规范、施工验收规范中对小区管线施工、设备器材安装的相关要求，建设单位、设计单位提出的技术标准和施工要求，以及网络的安全保护措施等。

7. 其他需要说明的问题

1）环境保护要求

主要包括对工程实施过程中对小区环境（如土壤、植被）和居民生活（如交通、噪声）

方面因素的影响，以及相应的保护措施。

2）安全生产要求

包括管线交叉作业注意事项、小区接入施工安全的要求和注意事项，避免损坏相邻设计或建筑或塌方现象的发生。特殊情况下还应考虑堆土、排水、支撑、危房处理等问题。

3）项目协调

包括小区开发商、业主管理委员会、其他通信运营商等方面，需要建设单位、施工单位沟通协调的事宜。例如，弱电专业的管道、桥架、箱体的位置安排等。

4）其他

包括勘察设计条件所限未及详细说明的事项、工程中可能遇到变更的内容，以及施工作业和技术处理的特殊问题等。

3.5.2 设计图纸的组织

设计图纸要以勘察资料为基础，真实、客观反映现场情况，完整体现设计方案，详细展示施工的重点部位。工程类型、专业范围、建设规模、设计深度要求等因素决定了设计图纸种类和数量，简单的项目可以减少或合并相关图纸。

1. 管道路由图

管道路由图是工程中小区通信管网路由走向、分支结构、容量设置的总体平面示意图，是管网组织结构的总体展示。绘制要求是简捷、直观，能概括全貌。

管道路由图的主要内容包括工程总体平面、管网总布置及总体情况说明。

1）工程总体平面

包括小区各建筑物名称和分布情况、邻近街区道路的走向和名称、小区边界和周围主要标志物、建筑物或障碍物等。

2）管网总布置

包括新建和既有的通信管道、通信机房和交接箱位置以及连接方案等情况。

3）总体情况说明

总体情况说明一般包括施工总说明、总工程量表和其他需要标明的信息。

2. 管道施工图

管道施工图主要包括管道平面图、管道断面图、管道建筑通用图和特殊设计图。对于管道断面较简单的工程，管道断面可在管道平面图适当位置绘制。

设计中，小区管道施工图应标明下列信息：

① 机房、交接箱或既有管道的位置和连接方案。

② 新建管道的路由、位置、管材、规格、长度。

③ 人（手）孔的位置与规格。

④ 路面和管道沟开挖情况，管道断面设计（尺寸、管孔排列、基础和包封）。

⑤ 与建筑物、相邻和相交管线的间距等。

⑥ 工程量表、材料表、施工注意事项等。

3. 光缆路由图

光缆路由图是工程中的光缆路由走向和光缆网络结构关系的平面示意图。其内容主要包括杆路和吊线、墙壁吊线以及直埋、管道、槽管的敷设安装方案。原则上应以建筑群平面布置图为基础，重点标明电杆和拉线、吊线、管道、槽管的性质（新建或既有）、产权、规格、程式以及数量或长度等信息。以下以墙壁吊线和槽管为例介绍图纸内容和要求。

1）墙壁吊线部分应标明的信息

① 吊线的路由走向、程式和长度。

② 中间支撑物和终端拉攀的位置。

③ 电力线等架空交越管线的信息、交越位置、保护方式。

④ 与路由走向相平行的邻近线缆的信息及间距、保护方式。

2）槽管部分应标明的信息

槽管是指利用线槽、桥架、线管等材料支撑和保护光（电）线缆的一种走线方式。常用的材质分为 PVC 和金属两种。线管有预埋和非预埋两种安装方式；线槽、桥架一般为非预埋安装方式，主要应用在建筑物的弱电竖井、楼道和地下室等场所。施工图应标明槽管的材质、敷设安装方式、安装位置、规格和长度信息。

4. 光缆施工图

小区接入工程的光缆施工图应详细描述从机房或交接箱至用户侧光纤终端设备的光缆网组织结构、建设规模和敷设方式，包括光缆的规格长度、安装位置、敷设方式、保护方式、光缆之间接头位置及纤芯分配方案、光缆成端等信息。

5. 楼层平面布线图

楼层平面布线图主要描述从楼层分线设备到用户家居箱或各信息点之间光（电）缆的敷设安装方式和走线路由，主要是室内光（电）缆施工图。线缆类型以 UTP 线、电话皮线或蝶形光缆为主。图纸以楼层平面图为基础，按比例绘制出光（电）缆规格长度、安装位置、敷设方式，以及信息点的位置、类型（数据、语音和视频）、编号等信息。

6. 光缆系统图

小区接入工程的光缆系统图是反映光缆网络结构、逻辑关系的图纸。内容主要包括小区接入工程涉及的光缆设备、交接配线设备、成端设备等的分布位置、连接关系。另外，系统图还应标明小区通信系统的总出口和上连关系。光缆系统图体现的网络结构应与施工图一致，并且层次清晰、内容简捷。

7. 通用图及其他图纸

小区接入工程的通用图主要包括工程中涉及的：管道和人（手）孔建筑图纸；光（电）缆设备、交接设备、配纤（线）设备、成端设备等的安装图纸；光（电）缆引上安装图纸；光（电）缆接头盒安装图纸；人孔内光缆安装图纸等。

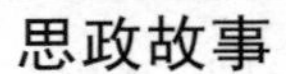

2013年，国务院发布了“宽带中国”实施方案，宽带首次成为国家战略性公共基础设施。历经8年不懈努力，我国宽带建设取得丰硕成果。截至2021年年底，固定互联网宽带接入用户总数达5.36亿户；我国现有行政村已全面实现“村村通宽带”，农村宽带用户总数达1.58亿户。2021年3月，工信部以支撑制造强国、网络强国和数字中国建设为目标，部署“双千兆”网络协同发展行动计划（2021—2023年），计划用三年时间，实现固定和移动网络普遍具备“千兆到户”能力，基本完成“百城千兆”、千兆光纤网络覆盖4亿户家庭、5G网络基本实现乡镇级以上区域和重点行政村覆盖的目标。

其他图纸包括：楼面及墙壁上预留孔洞尺寸及位置图；与预埋入楼管连接工艺图纸等。

3.5.3 设计文件实例

以下举例说明本章设计任务书实例项目设计文件中的设计说明和设计图纸。

1. 设计说明

1.1 概述

根据××公司××市分公司20××年工作计划，上半年市区将持续推进FTTH覆盖工程建设，重点解决一些老旧住宅小区宽带业务接入提速问题，以拓展通信市场份额，满足迅猛增长的宽带需求。

本工程为××公司××市分公司20××年城东区FTTH接入一期工程，共包括8个单项工程，均已通过立项审批程序。本单项工程为××公司××市分公司中行单身宿舍FTTH接入单项工程，采用一阶段方式进行设计。工程设计方案结合建设单位的指导意见，综合考虑了方案的经济性、合理性以及环境保护等问题。

中行单身宿舍在××市东华路与育英街交叉口东南角附近的中行东区小区，参考地理位置为N：××.××××××°　E：×××.××××××°。中行东区小区为1992年建成的单位宿舍楼区，共有5栋多层家属楼和1栋单身宿舍。去年××公司××市分公司已完成对中行东区5栋家属楼的FTTH接入，因单身宿舍正在内部装修改造，未实施单身宿舍FTTH接入。单身宿舍近期将完成重新装修，目前尚无其他基础电信运营商光纤宽带进线，经用户需求调查，拟尽快实现FTTH宽带接入。

本单项工程拟新建6芯光缆0.127 km、皮线光缆1.192 km（含盘留），分纤箱4个；覆盖1栋四层宿舍楼，用户数为40户，共配置端口32个，端口配置比为80%，满足设计任务书“配线比不低于70%”的要求。

本单项工程预算总值为25 335元人民币（含税价），平均每户投资633元，平均每端口投资792元，本工程纤芯千米数为1.954 km，平均每纤芯千米造价12 966元。本单项工程平均投资较高的原因可概况为三个方面：一是端口配置比较高，包括了小区外线接入光缆的建设投资；二是包括了光缆交接箱的建设投资；三是实际配纤数量略高于住宅用户数量。

排除不可抗力影响，综合考虑工程主材正常使用寿命、技术演进以及固定资产折旧等因素，本工程合理使用年限为 10 年。

1.2　设计依据

（1）××公司××市分公司网络发展部下达的设计任务书、提供的相关资料及设计要求。

（2）《住宅区和住宅建筑内光纤到户通信设施工程设计规范》（GB 50846—2012）。

（3）其他相关规范，本教材略。

1.3　设计范围和分工

1）设计范围

本 FTTH 工程设计范围包括：

① 配线光缆、入户蝶形光缆的路由选取、敷设安装与测试。

② 光缆箱体的安装、分光器的安装、用户信息插座面板的安装。

③ 光缆纤芯的分配设计。

④ 光缆线路的防护设计。

2）设计分工

以小区光分路箱为界，光分路箱以上由光线线路专业负责；光分路箱分光器至用户信息插座由本设计负责。本设计不负责机房和交接箱分光器等所有光跳线材料和工日，不负责 ONU 设备安装调测。

1.4　主要工程量

本单项工程布线部分覆盖 40 户，将蝶形光缆布放到每户的信息插座，实现 100%全接入；新建光分纤箱（内装 1 套 1×8 插片式分光器）4 个，可装机 32 芯。本期工程需新占用 1 芯接入 OLT 机房的主干光缆。

本工程新建 6 芯光缆 0.06 km、12 芯光缆 0.105 km、12 芯接头盒 1 个、12 芯一体化迷你型托盘 1 块、盒式分光器 1 个、蝶形光缆 3.88 km、光纤插座 40 个。

1.5　设计方案

1）组网方案

本工程采用 GPON 技术实现 FTTH 接入，为用户提供语音、上网、视频等各种业务。本设计结合建设单位的指导意见，综合考虑了方案的经济性、合理性以及环境保护等问题。

GPON 技术采用点到多点的用户网络拓扑结构，利用光纤分配网实现终端用户家庭网关型 ONU 设备与运营商机房 OLT 设备的 PON 口的连接。基本组网方式为：局端机房内安装 OLT 设备，并配置 PON 口；通过光纤与无源分光器组成树型、星型、总线型等物理结构，将光纤敷设到业务区域，覆盖目标用户；以单个（家庭）用户为单位，配置家庭网关型的 ONU 设备。

中行单身宿舍 FTTH 单项工程采用二级分光方式，其光缆网络结构为：城关 OLT 机房——小区既有的 288 芯壁挂式光缆分路箱（含 1×8 分光器）——楼层分线箱（含 1×8 分光器）——用户信息插座。

用户插头选用直插型光纤连接器，其他部位的光缆接续和成端采用热熔方式。

2）光缆路由与敷设方式的选择

本工程中的所有单项工程均在市区。中行单身宿舍单项工程所在的中行东区家属楼已实现 FTTH 覆盖，小区内既有光分路箱已经通过通信管道光缆上连到城关 OLT 机房。

根据现场勘察情况，拟定本单项工程光缆施工方案如下：

① 从既有光分路箱中引出配线光缆，沿既有桥架敷设至各楼层的新建光分纤箱；分纤箱安装在电井内；光缆在分路箱成端 10 m，在分纤箱成端 5 m。

② 从单身宿舍各层电井的分纤箱引出蝶形光缆，沿楼道桥架和户内暗管敷设至户内，经 PB 箱沿暗管敷设信息点，并安装光纤信息插座面板。蝶形光缆在各楼层的电井盘留 5 m，在用户 PB 箱盘留 1 m，信息插座处盘留 0.5 m。

3）设备材料选型

① 光分路器：盒式 1 × 8 光分路器 1 套，安装在小区既有分路箱内。插片式 1 × 8 光分路器 4 套，安装在单身宿舍各楼层新建分纤箱内。

② 光缆：从分路箱引出的 2 条配线光缆选用 6 芯 GYTA 光缆，均采用 G.652D 纤芯；从分纤箱引出的入户光缆，选用单芯 GJXFH 光缆，采用 G.657A 纤芯。

③ 分纤箱箱体：热镀锌壁挂式明装，规格为 385 mm × 295 mm × 100 mm。

④ 用户光纤插座：插座底盒已由土建工程完成预埋；面板采用 86 型单口面板，法兰盘为 SC 型；插头选用 SC 直插型光纤连接器。

4）系统设计

本工程 ODN 链路光通道衰耗满足系统设计要求，计算结果见表 3－6。

表 3－6　ODN 传输损耗计算表

指标内容	活接头	冷接点	熔接点	光缆线路	光分路器	光缆富余度	合计
单位衰耗/dB	0.5	0.15	0.1	0.4	21.5	1	
数量/个	3	1	5	0.4	1		
衰耗/dB	1.5	0.15	0.5	0.16	21.5	1	24.81

1.6　技术标准与要求

（包括光纤、分光器的技术标准以及光缆、设备安装要求，从略）

1.7　其他需要说明的问题

（主要包括安全施工等方面的要求，从略）

2. 设计图纸

本实例项目的工程设计包括以下图纸：

① 中行单身宿舍 FTTH 接入单项工程光缆路由图（20××0023S－1），如图 3－11 所示。

② 中行单身宿舍 FTTH 接入单项工程室内布线施工图（20××0023S－2），如图 3－12 所示。

③ 中行单身宿舍 FTTH 接入单项工程纤芯分配图（20××0023S－3），如图 3－13 所示。

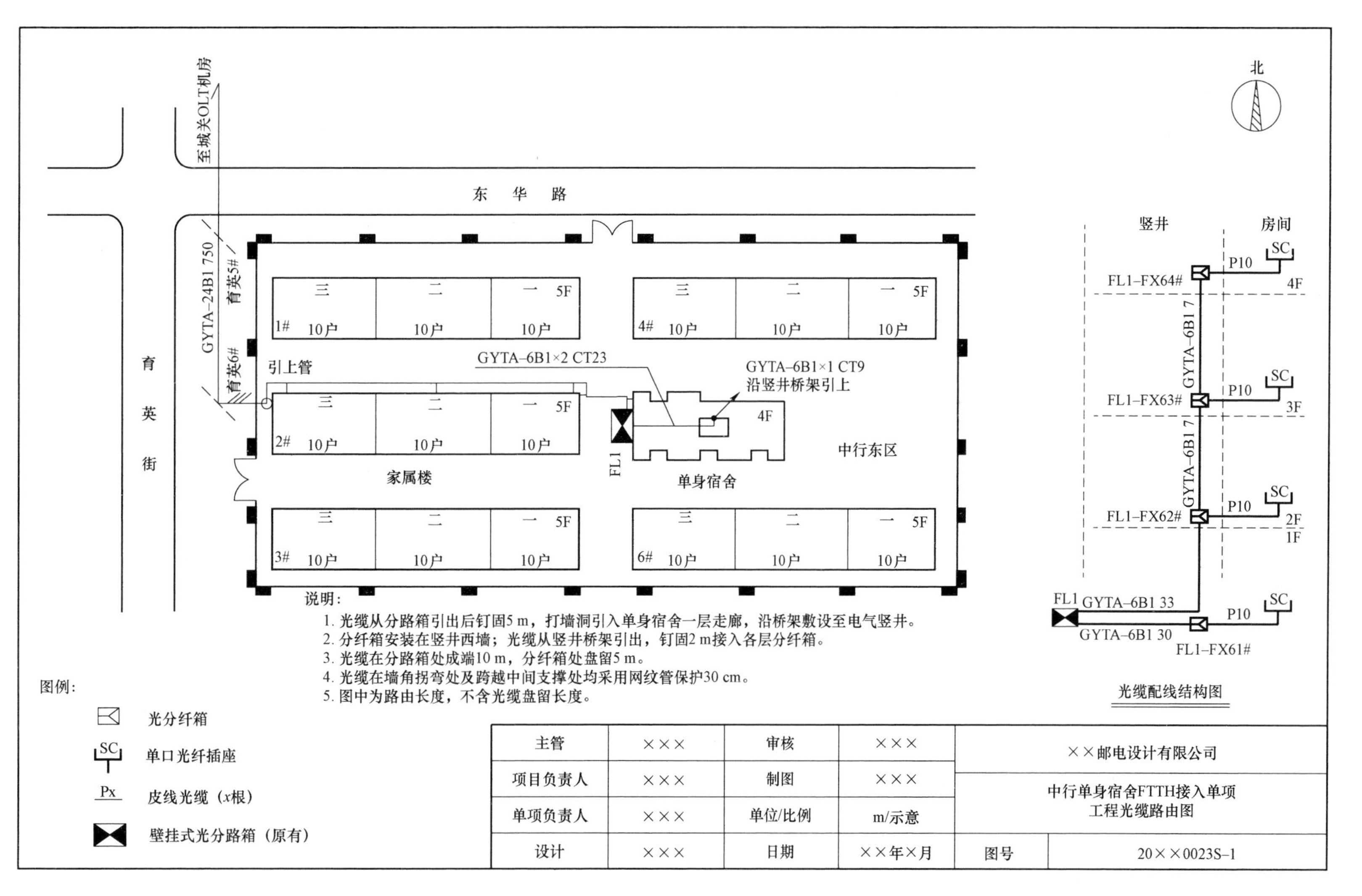

图 3-11　中行单身宿舍 FTTH 接入单项工程光缆路由图

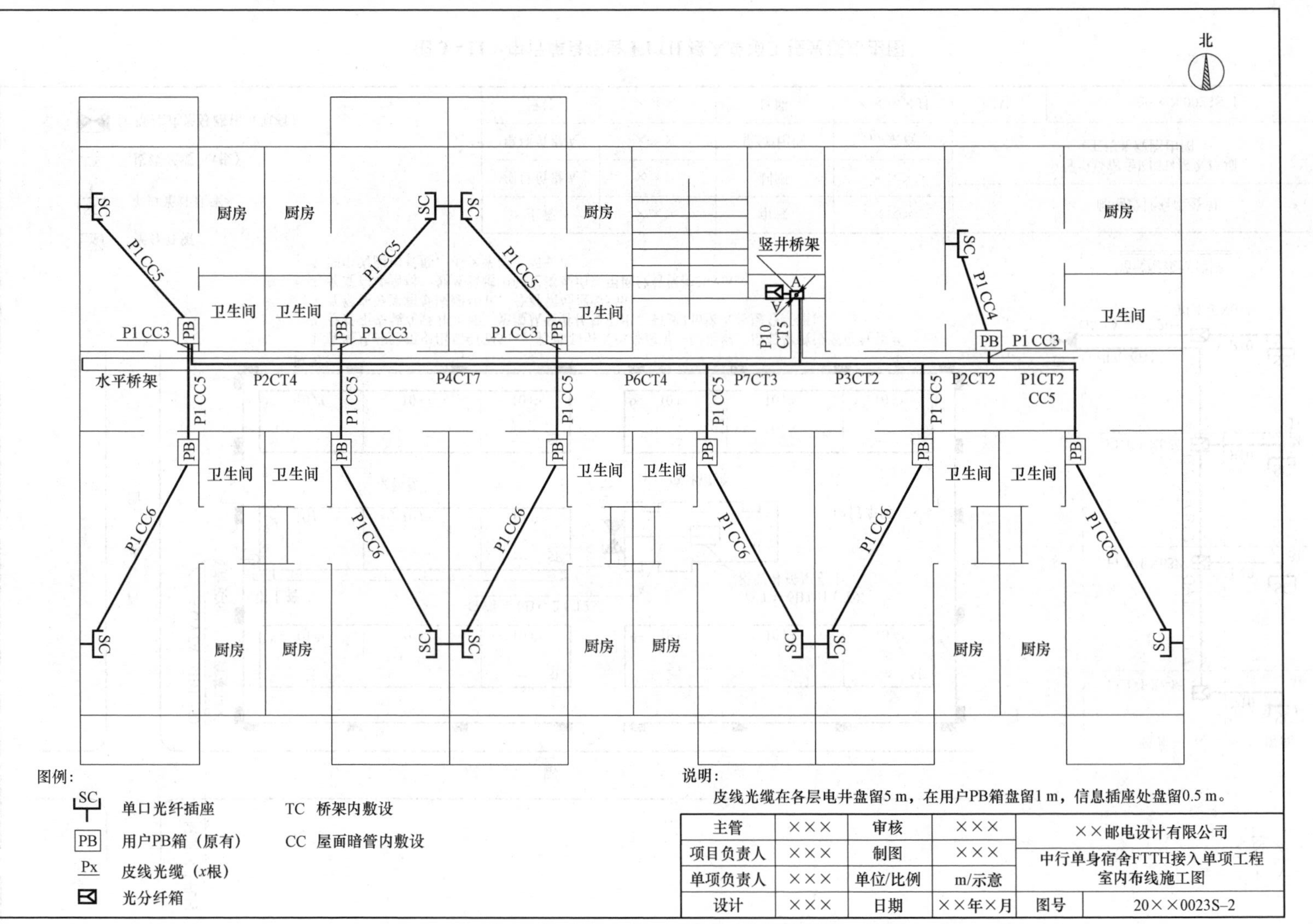

图 3－12　中行单身宿舍FTTH接入单项工程室内布线施工图

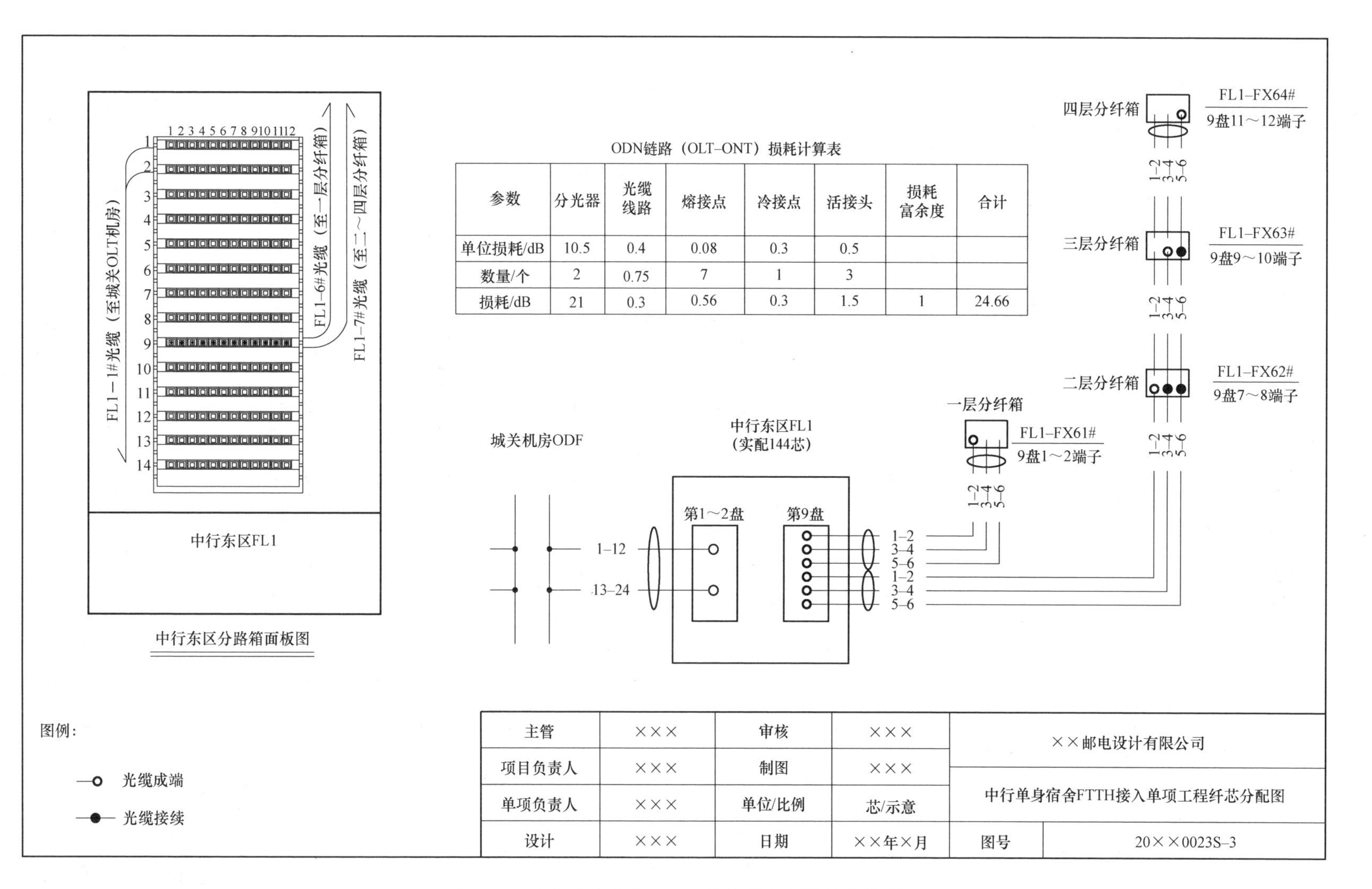

ODN链路（OLT–ONT）损耗计算表

参数	分光器	光缆线路	熔接点	冷接点	活接头	损耗富余度	合计
单位损耗/dB	10.5	0.4	0.08	0.3	0.5		
数量/个	2	0.75	7	1	3		
损耗/dB	21	0.3	0.56	0.3	1.5	1	24.66

图 3－13　中行单身宿舍 FTTH 接入单项工程纤芯分配图

3.6 小区接入工程概预算文档编制

小区接入工程概预算文档包括概预算说明和概预算表格两部分。编制概预算的基础工作是工作量统计和工程材料统计。

3.6.1 统计工程量

1. 专业类别

（1）统计工程量时，要注意与建筑弱电专业的设计界面划分，避免遗漏或重复统计。新建建筑物的入楼管、弱电桥架一般由建筑弱电专业负责。

（2）小区通信管道、通信设备安装：根据建设单位要求，有时需要单独编制相应专业的概预算表。如建设单位无特殊要求，并且管道或设备投资占比很小，则可以统一编制一套概预算表，费率按小区工程的通信线路专业计取。

2. 统计方法

（1）根据概预算专业类别，统计工程量时，优先选用相应专业对应的定额划分标准。如“人工开挖路面”，管道和线路专业均有对应的定额。

（2）根据工程特点选用相应章节的定额。小区工程建筑物内的光缆敷设，应选用第四册第五章的定额。如竖井引上光缆，不应采用第四册第四章 TXL4－050 “穿放引上光缆”定额，而应采用 TXL5－043 定额。

（3）为便于材料的统计，统计工程量时，可细分相应定额子项。如“布放 200 对以下钉固式墙壁电缆”，可分别统计 200 对以下（如 5 对、10 对等）电缆的工程量，最后加总。

（4）因小区接入工程施工图识图、读图工作量较大，统计工作量要按照一定顺序（如建筑空间、布线走向）进行，避免疏漏。

3.6.2 统计材料

大多数分部分项工程的材料，可以根据定额取定或定额附录计算确定；其余部分的材料，由设计单位根据项目实际情况给定。

（1）线路设备，包括交接箱、分线盒、多媒体箱、信息插座、电缆接头套管等，需要按实物安装量进行统计。

（2）因工程规模或特殊安装要求，造成定额给定的材料消耗量不能满足工程需要的，应根据设计图纸统计材料用量，如光缆接头盒、管道中的光缆托板和托板垫、光（电）缆挂牌、过路警示管等。

重点掌握

- 定额中布放光（电）缆包括使用量和规定的损耗量，但不包括预留量。设计图纸若标明了预留量，材料应据实计列。
- 光（电）缆材料实际用量＝图纸测量长度＋自然弯曲长度＋损耗量＋预留量。

3.6.3　编制预算

1. 基本步骤

使用概预算软件编制小区接入工程预算的基本步骤如下：

① 新建一个工程预算文件，填写项目和预算基本信息，完成基本计算规则设置。

② 根据工程实际情况和要求，设定预算表（表二）有关费率和预算（表二）有关费用。

③ 根据工程量统计结果，填写预算表（表三）数据。

④ 根据设备器材和材料统计结果，填写表四数据（种类、规格、数量、价格等信息）。

⑤ 根据工程实际情况和要求，设定预算表（表五）有关费率，计取表五中有关费用。

⑥ 检查、分析、复核。

2. 注意事项

1）套用定额

根据工程量统计结果，合理选用定额，并完成预算表（表三）工程量的输入。

① 对于与定额工作内容严格对应的标准工作量，可以直接套用定额。

② 对于与定额工作内容相近的工作量，可以根据规定对定额予以必要的调整。如对工日系数、台班系数和材料量进行调整。

③ 对于其他定额中没有规定的工作内容，可以用运营商企业定额、参照标准定额、估列定额等方式予以补充。

2）计算材料费

① 输入主要材料名称、规格和数量：根据材料统计结果录入。

② 输入材料原价：根据建设单位材料价格表，输入对应的材料原价。

③ 主要材料费：以主要材料原价为基础，计算采备材料所发生的运杂费等各项费用并总计求和，即可得到主要材料费。

④ 利旧材料和回收材料：凡由建设单位提供的利旧材料，其材料费不计入工程成本；回收材料（如电缆等）宜单独列表，但不冲抵工程成本。

3）计算设备、工器具购置费

设备、工器具购置费的具体计算参见本套资料设备专业的内容。

4）费率和其他费用

预算软件一般内置定额标准费率库，依据建设单位的取费要求和工程实际情况对费率和费用进行调整、计算。

5）检查、复核。

3.6.4　编制预算说明

1. 预算说明

1）工程预算总投资编制说明

① 通信管道、通信线路、通信设备单独编制预算的，应当分别说明各专业的预算情况并汇总。

② 对于建设单位要求的、通信设备（或含光电缆费）列入线路预算的，可以按需要安装的设备费单独计列，并在预算说明中予以说明。

③ 线路投资分析部分一般按照每线投资或每户投资的方式予以分析。总投资（包括管道、设备专业）分析也可以核算每线或每户平均投资。

2）预算编制依据

包括预算取费标准依据的国家、行业、企业等文件。尤其是对通用标准予以调整的，在编制依据中应当予以说明。

2. 预算表

小区接入工程设计中包括多个单项工程预算表的，应当编制总预算汇总表。各单项工程预算表的编排顺序应与图纸、说明中的顺序一致。通信管道、通信线路、通信设备等专业预算表的编排顺序应按统一规则安排。

3.6.5 预算文档编制实例

1. 统计工程量实例

1）施工测量

本单项工程均在建筑物内，根据预算定额说明，不应计算施工测量。但根据建设单位关于 FTTH 工程取费标准的指导意见，以楼宇内施工为主的工程可参照管道光缆补偿施工测量工日，但垂直部分和重复路由长度不计。据此，计算首层施工长度为施工测量长度，计 1.27 hm（水平桥架 30 m、各分支暗管共 97 m）。

2）敷设光缆

因施工距离短，为简化计算，本实例暂不考虑光缆自然弯曲增加的长度，即，光缆施工长度 = 路由长度 + 预留长度。

① 布放钉固式墙壁光缆长度：分路箱与桥架间的 2 条光缆长度为 10 m（5 m × 2），分纤箱与桥架间 6 段光缆长度为 12 m（2 m × 6），预留长度 50 m（10 × 2 + 5 × 6），共钉固 6 芯光缆 72 m。

② 墙壁方式敷设蝶形光缆：路由长度 2 m，预留长度 5 m，共 7 m × 40 条 = 280 m。

③ 桥架内明布光缆：6 芯光缆 55 m（水平 23 × 2 + 垂直 9 × 1）；蝶形光缆 464 m。

④ 暗管内穿放光缆：路由长度 388 m [（8 × 3 + 7 + 11 × 6） × 4 层]，预留长度 60 m [（1 + 0.5）× 40]，共 448 m。

3）其他

① 单盘检验光缆：市区项目中，6 芯 GYTA 光缆盘长按 2 km 计算，蝶形光缆盘长按 0.5 km 计算。因本期工程中的光缆材料在整盘检验后统筹使用，对于单项工程，光缆“单盘检验”的工作量可据实分摊，不考虑单项工程中光缆长度不足整盘的情况。因此，该项工作量计算公式为：光缆材料长度 × 芯数/盘长。

② 光分路器与光纤线路插接：光分路箱中上连 1 个端口、下连 4 个端口，各层分纤箱中各 1 个端口，共计 9 个端口。

③ 竖井引上光缆：每层垂直 3 m，考虑光缆每端钉固（2 m）和预留（5 m），三段光缆垂直施工长度 = 10 + 17 + 17 = 44（m）。

④ 光缆成端接头（束状）：光分路器 2 条 6 芯光缆需成端 12 芯，在 1～4 层分纤箱处各成端 2 芯，蝶形光缆成端接头 40 芯，共计 60 芯。

⑤ 光缆接续：6 芯光缆在 2 层、3 层分纤箱处，各接续 2 芯，故计取 4 芯以下光缆接续 2 头。设计时，如选用在 2 层、3 层不断开光缆的方案，则计取光缆掏纤（TXL6－001）工时，不再计取接续工时。

⑥ 用户光缆测试：单芯蝶形光缆共 40 段；6 芯光缆接续后，每个分纤箱处测试 2 芯（1 用 1 备），故计取 2 芯以下测试 44 段。

2. 统计材料实例

以下仅就线路设备和光缆的计算过程予以说明，其余材料从略。

1）线路设备

① 光缆托盘：在壁挂式光分路箱中安装 1 块 12 芯托盘，用于成端 2 条 6 芯光缆。

② 光分路器：光分路箱中新配置 1×8 盒式光分路器 1 台；各分纤箱中配置 1×8 插片式光分路器 1 台。

③ 双头软光纤（尾纤）：OLT 机房需 1 条设备尾纤，选用 SC/PC－FC/PC 15 m 规格；小区内施工尾纤选用 SC/PC－SC/PC 3 m 规格，每个插片式光分路器上连需要 1 条，每个蝶形光缆在分纤箱处成端接头需要 0.5 条（从中间断开分为 2 条单头尾纤）。

2）光缆

6 芯光缆长度＝桥架内路由长度＋钉固路由长度＋预留长度＝22＋55＋50＝127（m）

蝶形光缆长度＝桥架内路由长度＋钉固路由长度＋管内路由长度＋预留长度

＝464＋80＋388＋（60＋200）

＝1 192（m）

根据经验，FTTH 项目施工时，光缆尤其是蝶形光缆损耗较大，实际设计时，宜在上述计算的基础上考虑增加 5%～10%的材料损耗，本设计统一按 5%计算材料损耗，则 6 芯光缆和蝶形光缆材料量分别为 133 m、1 252 m。

3. 用软件编制预算

1）填写基本信息

新建项目预算文件，填写项目基本信息。

2）编制预算表（表二）

3）编制预算表（表三）

按工程量表的统计顺序或定额编号顺序，在预算表（表三甲）中依次录入对应的定额编号，并输入工程量。

4）编制预算表（表四）

生成并整理材料表、机械表。

一般预算软件会根据定额库，由预算表（表三）自动生成表四甲（国内主要材料表）、表三乙（机械表）等预算表格。编制预算表（表四）时，往往根据建设单位要求，将光电缆材料单独制表。最后，输入材料数量、价格。

5）编制预算表（表五）

计算费用，修改表二费率、表五甲、表一相关费率（应与预算说明部分保持一致），

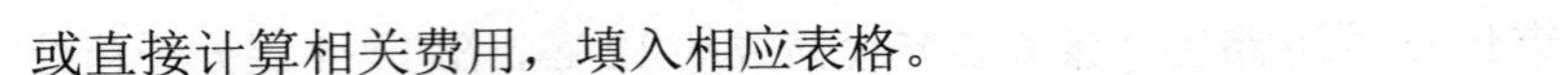

或直接计算相关费用，填入相应表格。

6）预算表检查

包括投资分析、逻辑关系、一致性等。

4. 编写预算说明

以下为预算编制说明和预算表实例。

1）预算编制说明

① 工程预算总投资。

本单项工程为××公司××市分公司中行单身宿舍 FTTH 接入单项工程，本期共覆盖住宅用户 40 户。本单项工程预算总值为 25 335 元人民币（含税价），其中建筑安装工程费为 213 389 元，工程建设其他费 3 947 元；平均每户投资 633 元。

② 预算编制依据。

● 国家工业和信息化部《关于印发信息通信建设工程预算定额、工程费用定额及工程概预算编制规程的通知》（工信部通信〔2016〕451 号）。

● 国家发展计划委员会、建设部《关于发布〈工程勘察设计收费管理规定〉的通知》。（计价格〔2002〕10 号）修订本。（其他预算编制依据从略）

③ 费率与费用的取定。

根据建设单位意见，本预算对如下费率、费用进行调整，其余按工信部通信〔2016〕451 号文的费用标准执行：

● 表一不计取预备费。

● 表二不计取施工用水电蒸气费、大型施工机械和施工队伍调遣费、工程排污费等费用。

● 表四甲不计取设备、光缆和其他材料的运杂费、运输保险费、采购及保管费、采购代理服务费。

● 表五不计取赔补费。

2）预算表

本单项工程预算主要表格见表 3－7～表 3－14。

表 3−7　工程预算表（表一）

建设项目名称：××公司××市分公司 20××年城东区 FTTH 楼入一期工程　　建设单位名称：××公司××市分公司

项目名称：中行单身宿舍 FTTH 接入单项工程　　表格编号：B1　　第　页全　页

序号	表格编号	费用名称	小型建筑工程费	需要安装的设备费	不需安装的设备、工器具费	建筑安装工程费	其他费用	预备费	总价值			
			元						除税价/元	增值税/元	含税价/元	其中外币（）
Ⅰ	Ⅱ	Ⅲ	Ⅳ	Ⅴ	Ⅵ	Ⅶ	Ⅷ	Ⅸ	Ⅹ	Ⅺ	Ⅻ	XIII
1		建筑安装工程费				19 325.1			19 325.15	2 063.62	21 388.77	
2		引进工程设备费										
3		国内设备费										
4		小计（工程费）				19 325.1			19 325.15	2 063.62	21 388.77	
5		工程建设其他费					3 712.29		3 712.29	234.33	3 946.62	
6		引进工程其他费										
7		合计				19 325.1	3 712.29		23 037.44	2 297.95	25 335.39	
8		预备费										
12												
13		总计				19 325.1	3 712.29		23 037.44	2 297.95	25 335.39	
14		生产准备及开办费										

设计负责人：×××　　审核：×××　　编制：×××　　编制日期：20××年×月

表 3-8　建筑安装工程费用预算表（表二）

建设单位名称：××公司××市分公司

工程名称：中行单身宿舍 FTTH 接入单项工程　　表格编号：B2　　第　页全　页

序号	费用名称	依据和计算方法	合计/元	序号	费用名称	依据和计算方法	合计/元
Ⅰ	Ⅱ	Ⅲ	Ⅳ	Ⅰ	Ⅱ	Ⅲ	Ⅳ
	建筑安装工程费（含税价）	一+二+三+四	21 388.77	6	工程车辆使用费	人工费×5%	347.65
	建筑安装工程费（除税价）	一+二+三	19 325.15	7	夜间施工增加费	人工费×2.5%	173.82
一	直接费	直接工程费+措施费	13 687	8	冬雨季施工增加费	人工费×1.8%	125.15
（一）	直接工程费		11 628.93	9	生产工具用具使用费	人工费×1.5%	104.29
1	人工费		6 952.96	10	施工用水电蒸气费		
（1）	技工费	技工总计×114	5 856.18	11	特殊地区施工增加费		
（2）	普工费	普工总计×61	1 096.78	12	已完工程及设备保护费	人工费×2%	139.06
2	材料费	主要材料费+辅助材料费	2 396.25	13	运土费		
（1）	主要材料费		2 389.08	14	施工队伍调遣费		
（2）	辅助材料费	主材费×0.3%	7.17	15	大型施工机械调遣费		
3	机械使用费	表三乙－总计	334.72	二	间接费	规费+企业管理费	4 247.56
4	仪表使用费	表三丙－总计	1 945	（一）	规费	1～4 之和	2 342.45
（二）	措施项目费	1～15 之和	2 058.07	1	工程排污费		
1	文明施工费	人工费×1.5%	104.29	2	社会保障费	人工费×28.5%	1 981.59
2	工地器材搬运费	人工费×3.4%	236.4	3	住房公积金	人工费×4.19%	291.33
3	工程干扰费	人工费×6%	417.18	4	危险作业意外伤害保险费	人工费×1%	69.53
4	工程点交、场地清理费	人工费×3.3%	229.45	（二）	企业管理费	人工费×27.4%	1 905.11
5	临时设施费	人工费×2.6%	180.78	三	利润	人工费×20%	1 390.59
				四	销项税额		2 063.62

设计负责人：×××　　审核：×××　　编制：×××　　编制日期：20××年×月

表 3－9　建筑安装工程量预算表（表三甲）

建设单位名称：××公司××市分公司

工程名称：中行单身宿舍 FTTH 接入单项工程　　表格编号：B3　　第　页全　页

序号	定额编号	项目名称	单位	数量	单位定额值/工日		合计值/工日	
					技工	普工	技工	普工
Ⅰ	Ⅱ	Ⅲ	Ⅳ	Ⅴ	Ⅵ	Ⅶ	Ⅷ	Ⅸ
1	TXL1－002	光（电）缆工程施工测量架空	百米条	1.27	0.46	0.12	0.58	0.15
2	TXL1－006	单盘检验光缆	芯盘	2.765	0.02		0.06	
3	TXL4－037	打穿楼墙洞砖墙	个	1	0.07	0.06	0.07	0.06
4	TXL4－054	布放钉固式墙壁光缆	百米条	0.72	1.76	1.76	1.27	1.27
5	TXL4－056	墙壁方式敷设蝶形光缆	百米条	2.8	2	2.5	5.6	7
6	TXL5－043	竖井引上光缆	百米条	0.44	1.5	2	0.66	0.88
7	TXL5－068	管、暗槽内穿放光缆	百米条	4.48	0.49	0.49	2.2	2.2
8	TXL5－074	桥架、线槽、网络地板内明布光缆	百米条	5.19	0.4	0.4	2.08	2.08
9	TXL6－005	光缆成端接头束状	芯	60	0.15		9	
10	TXL6－007	光缆接续 4 芯以下	头	2	0.5		1	
11	TXL6－101	用户光缆测试 2 芯以下	段	44	0.26		11.44	
12	TXL6－134	ODN 光纤链路全程测试光纤链路衰减测试（1:8）	链路组	4	0.6		2.4	
13	TXL6－139	ODN 光纤链路全程测试光纤链路回波损耗测试	链路组	4	0.1		0.4	
14	TXL7－018	安装光纤信息插座双口以下	10 个	4	0.3		1.2	
15	TXL7－024	安装光分纤箱、光分路箱墙壁式	套	4	0.5	0.5	2	2
16	TXL7－029	机箱内安装光分路器安装高度 1.5 m 以上	台	5	0.4		2	
17	TXL7－027	增（扩）装光纤一体化熔接托盘	套	1	0.1		0.1	
18	TXL7－030	光分路器与光纤线路插接	端口	9	0.03		0.27	
19	TXL7－033	光分路器本机测试（1:8）	套	5	0.4		2	
20	TSY1－079	放、绑软光纤设备机架之间放、绑 15 m 以下	条	1	0.29		0.29	
21	TSY2－090	OLT 设备本机测试下连光接口	端口	1	0.06		0.06	
		小计					44.68	15.64
		不足 100 工日调整（15%）					6.7	2.34
		合计					51.38	17.98

设计负责人：×××　　审核：×××　　编制：×××　　编制日期：20××年×月

表 3-10 建筑安装工程机械使用费预算（表三乙）

建设单位名称：××公司××市分公司

工程名称：中行单身宿舍 FTTH 接入单项工程　　表格编号：B3A　　第　页全　页

序号	定额编号	工程及项目名称	单位	数量	机械名称	单位定额值		合价值	
						消耗量/台班	单价/元	消耗量/台班	合价/元
Ⅰ	Ⅱ	Ⅲ	Ⅳ	Ⅴ	Ⅵ	Ⅶ	Ⅷ	Ⅸ	Ⅹ
1	TXL6-005	光缆成端接头束状	芯	60	光纤熔接机	0.03	144	1.8	259.2
2	TXL6-007	光缆接续 4 芯以下	头	2	光纤熔接机	0.15	144	0.3	43.2
3	TXL6-007	光缆接续 4 芯以下	头	2	汽油发电机	0.08	202	0.16	32.32
		合计							334.72

设计负责人：×××　　审核：×××　　编制：×××　　编制日期：20××年×月

表 3－11 建筑安装工程仪表使用费预算表（表三丙）

建设单位名称：××公司××市分公司

工程名称：中行单身宿舍 FTTH 接入单项工程　　表格编号：B3B　　第 页全 页

序号	定额编号	工程及项目名称	单位	数量	仪表名称	单位定额值		合价值	
						消耗量/台班	单价/元	消耗量/台班	合价/元
Ⅰ	Ⅱ	Ⅲ	Ⅳ	Ⅴ	Ⅵ	Ⅶ	Ⅷ	Ⅸ	Ⅹ
1	TXL 1－002	光（电）缆工程施工测量架空	百米	1.27	激光测距仪	0.05	119	0.063 5	7.56
2	TSY 2－090	OLT 设备本机测试下连光接口	端口	1	稳定光源	0.05	117	0.05	5.85
3	TSY 2－090	OLT 设备本机测试下连光接口	端口	1	光可变衰耗器	0.05	129	0.05	6.45
4	TSY 2－090	OLT 设备本机测试下连光接口	端口	1	网络测试仪	0.05	166	0.05	8.3
5	TSY 2－090	OLT 设备本机测试下连光接口	端口	1	PON 光功率计	0.05	116	0.05	5.8
6	TXL 1－006	单盘检验光缆	芯盘	2.765	光时域反射仪	0.05	153	0.138 3	21.16
7	TXL 7－033	光分路器本机测试（1:8）	套	5	稳定光源	0.18	117	0.9	105.3
8	TXL 7－033	光分路器本机测试（1:8）	套	5	光功率计	0.18	116	0.9	104.4
9	TXL 5－043	竖井引上光缆	百米条	0.44	有毒有害气体	0.4	117	0.176	20.59
10	TXL 5－043	竖井引上光缆	百米条	0.44	可燃气体检测	0.4	117	0.176	20.59
11	TXL 6－134	ODN 光纤链路全程测试光纤链路衰减测试（1:8）	链路组	4	稳定光源	0.1	117	0.4	46.8
12	TXL 6－134	ODN 光纤链路全程测试光纤链路衰减测试（1:8）	链路组	4	光功率计	0.1	116	0.4	46.4
13	TXL 6－139	ODN 光纤链路全程测试光纤链路回波损耗测试	链路组	4	光回波损耗测	0.1	135	0.4	54
14	TXL 6－005	光缆成端接头束状	芯	60	光时城反射仪	0.05	153	3	459
15	TXL 6－007	光缆接续 4 芯以下	头	2	光时域反射仪	0.6	153	1.2	183.6
16	TXL 6－101	用户光缆测试 2 芯以下	段	44	稳定光源	0.05	117	2.2	257.4
17	TXL 6－101	用户光缆测试 2 芯以下	段	44	光功率计	0.05	116	2.2	255.2
18	TXL 6－101	用户光缆测试 2 芯以下	段	44	光时域反射仪	0.05	153	2.2	336.6
		合计							1 945

表 3-12　国内器材预算表（表四甲）

（国内甲供主材料表）

建设单位名称：××公司××市分公司

工程名称：中行单身宿舍 FTTH 楼入单项工程　　表格编号：B4A-C　　第　页全　页

序号	名称	规格程式	单位	数量	单价/元			合计/元			备注
					除税价	增值税	含税价	除税价	增值税	含税价	
Ⅰ	Ⅱ	Ⅲ	Ⅳ	Ⅴ	Ⅵ	Ⅶ	Ⅷ	Ⅸ	Ⅹ	Ⅺ	Ⅻ
1	双头软光纤	SC/PC-SC/PC　3 m	条	24	7	1.12	8.12	168	26.88	194.88	
2	配缆熔接托盘		块	1	168	26.88	194.88	168	26.88	194.88	安装于分路
3	冷接子		个	40	10	1.6	11.6	400	64	464	
4	光纤信息插座	单口	个	40	8	1.28	9.28	320	51.2	371.2	
5	光分路器-盒式		套	1	30	4.8	34.8	30	4.8	34.8	安装于分路
6	光分路器-插片		套	4	25	4	29	100	16	116	安装于分纤
7	分光分纤盒箱		个	4	102	16.32	118.32	408	65.28	473.28	安装手竖井
8	双头软光纤	5C/PC-FC/PC　15 m	条	1	8	1.28	9.28	8	1.28	9.28	OLT 机房跳纤
9	单模光缆	GYTA-6B1	皮长千米	0.13	1 560	249.6	1 809.6	207.48	33.20	240.68	
10	室内蝶形光缆	GJXFH-1 芯	皮长千米	1.25	300	48	348	375.6	60.10	435.70	
	合计							2 185.08	349.61	2 534.69	

设计负责人：×××　　审核：××　　编制：×××　　编制日期：20××年×月

表 3-13　国内器材预算表（表四甲）

（国内乙供主要材料表）

建设单位名称：××公司××市分公司

工程名称：中行单身有合 FTTH 接入单项工程　　表格编号：B4A-M　　第　页全　页

序号	名称	规格程式	单位	数量	单价/元			合计/元			备注
					除税价	增值税	含税价	除税价	增值税	含税价	
Ⅰ	Ⅱ	Ⅲ	Ⅳ	Ⅴ	Ⅵ	Ⅶ	Ⅷ	Ⅸ	Ⅹ	Ⅺ	Ⅻ
1	光缆	含钉（蝶形光缆用）	套	176	0.15	0.02	0.17	26.4	2.64	29.04	
2	网纹		m	10	8	0.8	8.8	80	8	88	
3	光缆	9.5 cm × 6.5 cm	个	8	5.5	0.55	6.05	44	4.4	48.4	
4	光缆	5 cm × 3.5 cm	个	8	3	0.3	3.3	24	2.4	26.4	
5	钢钉	圆 12	个	148	0.2	0.02	0.22	29.6	2.96	32.56	
	合计							204	20.4	224.4	

表 3-14　工程建设其他费预算表（表五甲）

建设单位名称：××公司××市分公司

工程名称：中行单身宿舍 FTTH 接入单项工程　　表格编号：B5A　　第　页全　页

序号	费用名称	计算依据和计算方法	金额/元			备注
			除税价	增值税	含税价	
Ⅰ	Ⅱ	Ⅲ	Ⅳ	Ⅴ	Ⅵ	Ⅶ
1	建设用地及综合赔补费					
2	项目建设管理费	工程总概算×2%×50%	228.09	13.69	241.78	
3	可行性研究费					
4	研究试验费					
5	勘察设计费	勘察费+设计费	2 556.59	153.4	2 709.99	1 600+956.59
	勘察费	计价格〔2002〕10 号规定：架空起价×80%	1 600	96	1 696	架空起价 2 000×80%
	设计费	计价格〔2002〕10 号规定：工程费×4.5%×1.1	956.59	57.4	1 013.99	19 325.15×4.5%×1.1
6	环境影响评价费					
7	劳动安全卫生评价费					
8	建设工程监理费	（工程费+其他费用）×3.3%	637.73	38.26	675.99	19 325.15×3.3%
9	安全生产费	（建安费+其他费用）×1.5%	289.88	28.99	318.87	19 325.15×1.5%
10	引进技术及引进设备其他费					
11	工程保险费					
12	工程招标代理费					
13	专利及专利技术使用费					
14	其他费用					
	总计		3 712.29	234.33	3 946.62	
15	生产准备及开办费（运营费）					

设计负责人：×××　　审核：×××　　编制：×××　　编制日期：20××年×月

3.7　实做项目及教学情境

实做项目一：以本章实例中的“中行东区”小区为基础，设计包含5栋家属楼150个住宅用户在内的整体FTTH方案，配线比按100%计，绘制相关图纸，并编制预算。

目的：熟悉FTTH工程设计的基本方法，掌握设计方案要点，理解小区接入工程的工程量统计方法和预算编制基础知识。

实做项目二：实测某小区某个电信运营商现有FTTH网络的箱体安装位置和通信光缆配线路由与长度，并绘制相关图纸。

目的：熟悉项目环境和测量工具，掌握勘察要领，加深对FTTH工程勘察设计相关内容的理解。

本 章 小 结

本章主要介绍小区接入工程勘察、设计和预算编制基本方法，主要内容包括：

1. 小区接入工程的基础知识，包括小区接入工程的内容、与小区接入工程相关的接入网技术等。

2. 小区接入工程的勘察测量实务，包括勘察工作的要求以及主要步骤。

3. 小区接入工程设计基础知识，包括线路传输指标设计、机房和交接设备选址、路由设计、组网方案和设备材料选型。

4. 小区接入工程设计文档的编制方法，包括设计说明和图纸的主要内容。

5. 小区接入工程预算文档的编制方法，包括工程量和材料的统计方法等。

6. 以具体设计任务书为例，对勘察、设计及预算编制各环节实务进行介绍。

复习思考题

3－1　简述小区接入工程的几种接入技术。

3－2　简述PON的基本结构及其特点。

3－3　简述常用分光器类型。

3－4　简述小区内交接箱选址应考虑的因素。

3－5　试述FTTH与综合布线系统的联系与区别。

第4章　无线室内分布工程设计及概预算

本章内容

- 无线室内分布工程勘察
- 无线室内分布工程方案设计
- 无线室内分布工程设计和概预算文档编制

本章重点

- 无线室内分布勘察与设计方法
- 无线室内分布工程的设备和器材选型
- 无线室内分布工程概预算编制

本章难点

- 无线室内分布工程中设计方案的确定
- 无线室内分布工程中的设备和器材选型
- 无线室内分布工程设计与概预算文档的编制

本章学习目的和要求

- 了解无线移动室分系统的组成
- 理解无线室内分布工程的设计流程
- 掌握无线室内分布工程勘察与设计的方法
- 熟练掌握无线室内分布工程概预算编制的方法

本章课程思政

- 通过室内分布工程，讲授分布工程实施过程中面临的沟通和协调问题，引导学生体会沟通能力的重要性，培养学生理论联系实际的能力。

本章学时数：建议 6 学时

探　讨

- 简述移动通信无线室内信号分布系统的作用。
- 简述移动室分系统的信号源的作用。
- 简述移动室分系统的信号分布形式。

4.1　无线室内分布工程概述

4.1.1　无线移动室分系统概述

移动通信的广泛应用，正深度地改变着人们的工作和生活方式。

随着 5G 移动通信网的建设，5G 应用从服务人与人之间的通信，扩展到服务物与物的通信。人际间的通信已经发展和应用得较为成熟，物与物的通信随着物联网应用领域的拓展和应用程度而不断加深。在社会公共基础建设领域，智慧城市、智慧医疗、智慧交通等应用的发展都基于 5G 移动通信技术；在生产领域，智慧工厂、智慧农业也都在借助高性能的 5G 网络进行升级改造；在个人工作和生活领域，智能可穿戴设备、车联网、智能家居等方面被广泛接受和使用。物联网系统一般包括传感器组模块、控制模块、通信模块等部分，可以实现跨地域设备的统一管理。基于 5G 移动通信构建的物联网系统，根据 5G 移动通信的特点分为两类：一类是覆盖增强、低功耗、低成本的应用场景，如智能电表、智能货仓监控等应用；另一类是传输带宽要求高、传输数据量极大、超低时延的应用场景，如无人驾驶、VR、远程手术等应用。

一个基于 5G 移动通信技术的万物互联的时代正加速到来。移动办公、移动购物、移动娱乐、移动学习被广泛应用，这些都离不开稳定的移动通信无线信号。但是钢筋水泥建筑对于移动通信的无线信号具有很强的屏蔽作用，无线信号穿透墙壁后被减弱，在建筑物内部形成了移动通信无线信号的盲区或阴影区，严重影响了手机用户对移动通信的正常使用。为了有效解决上述建筑物内移动通信的信号覆盖、系统容量、通信质量等问题，移动通信室内信号分布系统（简称移动室分系统）应运而生。

移动应用的室内信号覆盖问题，依赖于移动室分系统。移动室分系统的原理是通过专门的方式把移动通信基站的信号引入建筑物内，并把信号进行合理的分布，从而保证建筑物内的各个区域拥有理想的移动通信信号，满足移动通信用户的使用需要。通过实践证明，移动室分系统是改善建筑物内移动通信环境的最为常见和成功的解决方案。

室内无线分布系统一般主要分为信号源和信号分布系统两部分，如图 4－1 所示。

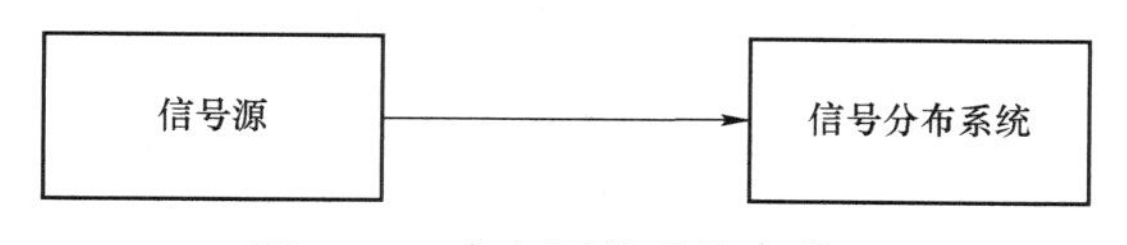

图 4－1　室内覆盖系统组成图

1. 信号源

信号源是移动室分系统中的信号来源，根据需求可以选用不同性能和特点的移动通信设备实现，具有多种实现形式，如宏基站（宏蜂窝）、分布式基站、微基站（微蜂窝）等。主要信号源的优点和缺点见表 4－1。

表 4－1　室内分布式系统信号源优缺点对比

信号源	优点	缺点
宏基站	容量大，稳定性高	设备价格高昂，需要机房，安装施工较麻烦，不易搬迁，灵活性稍差
分布式基站	安装方便，适应性广，规划简单，灵活，基带共享，易扩容，运维成本低	无
微蜂窝	安装方便，适应性广，规划简单，灵活，环境适应性好，管理方便	造价高

信号源的优、缺点还可以从容量、信号质量等角度分析，见表 4－2，根据实际工程需要选择使用。

表 4－2　室内分布式系统信号源比较

比较内容	分布式基站	微蜂窝
容量	不能增加容量	能增加容量
信号质量	好	好
对网络的影响	小	小
传输设备	需要	需要
频率规划	需要	需要
参数调整	需要	需要
多频、多系统环境	支持	不支持
安装时间	较短	较长
投资	较少	较多

2. 信号分布方式

信号分布方式是指在移动室分系统中的功率分配的形式。包括无源分布方式、有源分布方式、光纤分布方式、泄漏电缆分布方式等。

移动通信室内信号分布方式一般按照中继方式和射频信号传输介质等进行分类。按中继方式划分，分为无源分布方式和有源分布方式；按射频信号传输介质来划分，主要可分为同轴电缆分布方式、光纤分布方式、泄漏电缆分布方式等。

分布方式的系统组成针对不同的室内覆盖场景，应选择不同的信号分布方式。可采用某种单一的传输介质，也可以多种介质灵活组合。

1）无源分布方式

无源分布式系统由无源器件功分器、耦合器、天线、馈线等组成。信号源通过耦合器、功分器等无源器件进行分路，通过连接器件间的馈线将信号分布到分散在建筑物各个区域的每一副低功率天线上，解决建筑物内室内信号覆盖问题，如图4－2所示。

无源分布方式的系统方案设计较为复杂，需要合理设计分配到每一支路的功率，使得各个天线功率较为平衡和合理。无源分布方式优点突出，包括成本低、故障率低、无须供电、安装方便、维护量小、无噪声累积、适用多系统等，因此，无源分布方式目前仍是应用最为广泛的一种移动通信室内信号分布方式。

无源分布方式中，信号在传输过程中产生损耗，导致无源系统的覆盖范围受到限制，一般多用于住宅、小型写字楼、超市、地下停车场等应用场景的无线信号覆盖。

2）有源分布方式

对于建筑面积较大、话务量较高的应用场景，采用有源分布方式便于对信号的控制，增大覆盖范围的效果。有源分布式系统通过有源器件进行信号放大和分配，如图4－2所示。主要器件包括信号源、放大器、电缆、天线等。该系统克服了无源天馈分布方式覆盖范围受馈线损耗限制的问题，并具备远程监控、远程管理等功能，适用于高话务量建筑、结构较复杂的大楼和场馆等建筑。5G时代的热点区域的室内分布主要采用有源分布方式。

3）光纤分布方式

光纤分布式系统把从基站耦合的信号，利用光缆将射频信号传输到分布在建筑物各个区域的远端单元，在远端单元再把光信号转为电信号，经放大器放大后，通过天线对室内各区域进行覆盖，如图4－3所示。该系统的优点是光纤传输损耗小，解决了无源天馈分布方式因布线过长而造成线路损耗过大的问题。缺点是设备较复杂，工程造价较高，适用于布线距离大的分布式楼宇以及大型场馆等场景的信号覆盖。

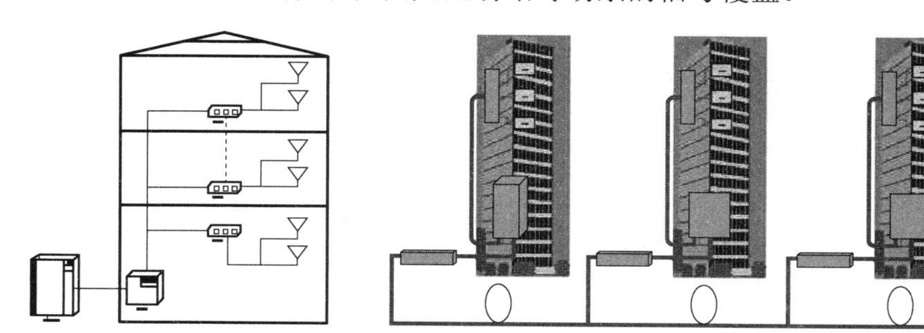

图4－2　有源分布式系统示意图

图4－3　光纤分布式系统示意图

4）泄漏电缆分布方式

泄漏电缆分布方式是通过泄漏电缆传输信号，并通过泄漏电缆外导体的一系列开口在外导体上产生表面电流，在电缆开口处横截面上形成电磁场，这些电缆表面的开口就相当于一系列的天线，由此信号被发射出去。该系统主要包括信号源、干线放大器、泄漏电缆，如图4－4所示。

泄漏电缆分布式系统的优点是覆盖均匀，带宽值高。泄漏电缆分布式系统的缺点是造价高，泄漏电缆价格是普通电缆的两倍；安装要求较高。泄漏电缆与墙有距离要求，影响

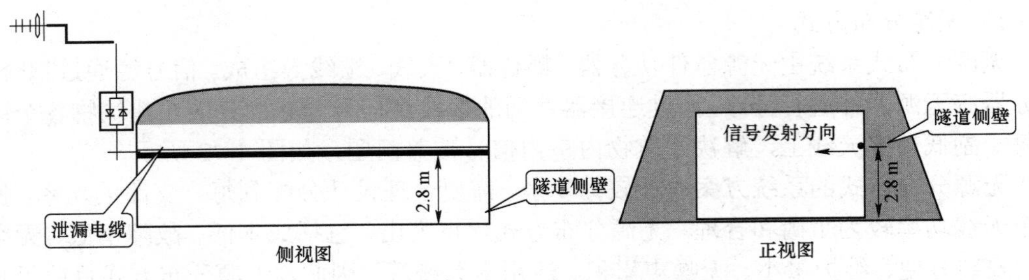

图 4-4 泄漏电缆分布式系统示意图

环境的美观，一般每隔 1 m 就要求装一个挂钩，泄漏电缆悬挂安装且不能贴着墙面，线缆与墙面保持至少 2 cm 以上的距离。

适用于隧道、地铁、长廊和电梯井等长形的特殊区域，也可用于对覆盖信号强度的均匀性和可控性要求较高的大楼。以上各种信号分布方式的优、缺点见表 4-3。

表 4-3 室内分布方式的比较

信号分布方式	优点	缺点
无源分布方式	使用无源器件，成本低，故障率低，无须供电，安装方便，无噪声累积，宽频带	系统设计较为复杂，信号均匀分布和控制有一定难度
有源分布方式	设计简单，布线灵活，场强可控，便于管理	需要供电，造价高
光纤分布方式	传输损耗低，传输距离远，易于设计和安装，信号传输质量好，可兼容多种移动通信系统	远端模块需要供电，造价高
泄漏电缆分布方式	场强分布均匀，可控性强；频段宽，多系统兼容性好	造价高，传输距离近，安装要求严格

4.1.2 移动无线室分系统工程

1. 移动室分系统无线信号分布方式的选择

移动无线室分系统中的信号分布方式各具特点，移动室分系统应综合考虑覆盖面积、建筑结构、业务量需求等因素，合理选择信号分布方式。一般情况下，各种分布方式使用情况如下：

1）无源分布方式

无源分布方式适用于覆盖区域小、话务量不高的情况。一般 5 万平方米以下的普通建筑宜采用射频电缆覆盖系统，在满足覆盖要求的前提下，应尽量采用无源覆盖系统。无源分布方式是目前国内各种制式移动通信网络最普遍的室内覆盖解决方案。该方案中，整个室内分布式系统由信号源、合路器、馈线和天线等组成。该方案中，除了信号源之外，整个系统都由无源部件组成，故障率低，一般平时主要集中维护信号源设备，维护方便。但也存在监控管理粒度粗等问题。

2）有源分布方式

有源分布方式适用于覆盖区域大，并且建筑物结构复杂、话务量高等情况。一般 5

万平方米以上的室内覆盖场景可以考虑采用有源方式覆盖。

5G 的微基站等相关设备的成熟，对有源覆盖方式的性能有了极大的提升。

3）光纤分布方式

光纤分布方式适用于覆盖区域大，覆盖区域一般大于 5 万平方米，并且建筑结构复杂的室内覆盖场景。在电缆布线困难且布线距离长导致损耗过大的场景，也可以采用光纤分布方式。

4）泄漏分布方式

泄漏分布方式适用于内部结构狭长的特殊应用场合，比如涵洞、隧道、地铁通道内等场景。

2. 移动室分系统的共用方式

建筑物内存在多系统，为了节约成本、提高效率，一般采用共用方式。目前 4G 室分多是合路，5G 室分一般采用单独覆盖的形式。考虑多种不同频段、不同制式信号源的接入要求，仍然使用的 4G 移动室分系统采用共用方式，可以实现一次建设，满足后续多频段、多制式的建设需求。按统一设计、分步实施的原则，在不同建设阶段，移动室分系统存在多种共用方式。其中，不同运营商的信号源合路组网系统示意图如图 4－5 所示。

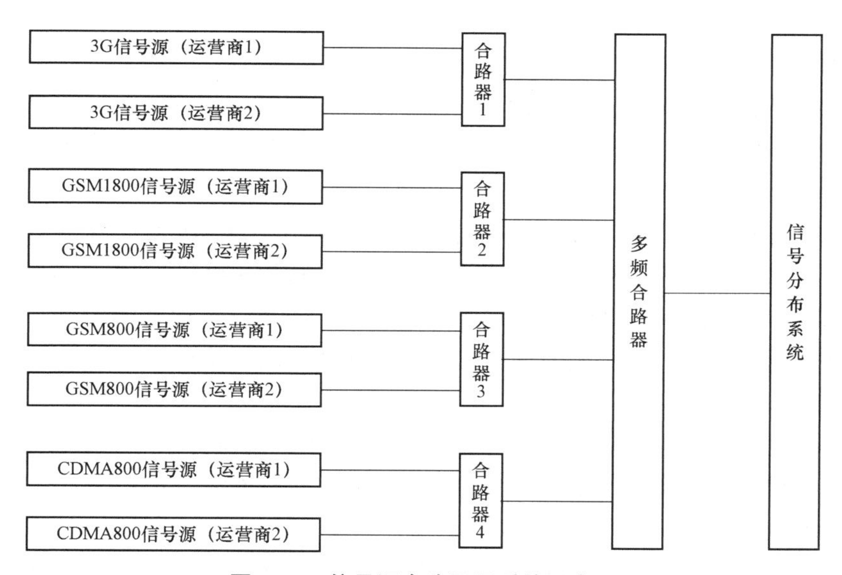

图 4－5　信号源合路组网系统示意图

3. 移动室分系统的新情况

移动通信发展到 5G 时代，由于 5G 的工作频率高、传输带宽大，使得 5G 能够很容易满足各类型用户对于无线流量的快速增长需求，但这对运营商的 5G 部署提出了挑战，5G 室内分布系统也面临同样挑战。传统无源室分系统的工作频段一般在 800 MHz～2.7 GHz，而 5G 工作频段的频率更高。目前，国内 5G 网络主要使用 6 GHz 附近的频段（低于 6 GHz）。两者间频段差距较大，不能简单地平滑升级。

室分系统建设时，还存在以下问题：

1）部署复杂，网络质量难保证

移动通信网络日益复杂，施工部署难度日益增加，LTE 通过合路进行覆盖，如图 4－6 所示。

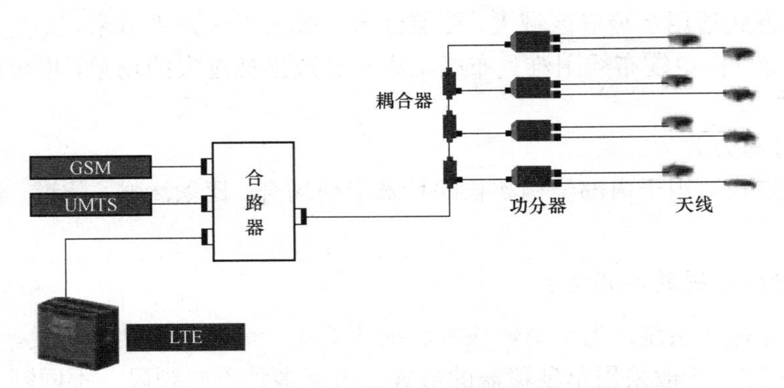

图 4－6　不同制式移动室分信号的合路系统图

LTE 简单合路覆盖，导致系统性能下降、天线口功率不平衡等问题，导致 MIMO（多路输入多路输出）性能下降。室分器件存在质量问题，导致系统性能下降。器件存在工艺粗糙、互调干扰大、功率容限不足、频段不支持等问题。

2）管理不便，故障处理期长，优化困难

监控管理实施难，传统无源室分系统无法主动监控，只有通过投诉、话务分析等途径发现问题；网络测试难，传统室分系统只能入场测试；故障定位难，一般只能定位到站点级，难以进一步精确定位。

室内分布的故障处理时间长。据不完全统计，直放站或干放的故障平均处理时间为 216 h，功分器和耦合器等无源器件故障的平均处理时间为 178 h，外泄入侵故障的平均处理时间为 500 h，传输问题故障的平均处理时间为 171 h，供电故障的平均处理时间为 130 h，大网协通故障的平均处理时间为 89 h，其他故障的平均处理时间为 190 h。故障的平均处理时间为 186 h。

室分覆盖优化难，传统室内分布系统只能调整 RRU 输出功率，无法调整单个天线口的功率，并且对弱覆盖区域的调整会影响其他区域，导致外泄干扰。

4. *移动室分系统的新技术和新解决方案*

当前条件下，特别是对于 3.5 GHz 频段而言，需要构建基于小基站的有源室分系统用于实现室内 5G 网络覆盖，在满足室内的高速上网需求的同时，为未来升级提供可能，这提供了一种切实可行的解决方案。

5G 的室内分布方案和设备可以选择华为、中兴等多个厂家。其中，华为 LampSite 解决方案是其中之一，如图 4－7 所示。该解决方案基于室内数字化理念推出的业界领先的无线多频多模深度覆盖解决方案，适用于大型办公楼宇、大型展馆、交通枢纽等大中型室内覆盖场景或半开放型体育场馆场景。LampSite 采用 BBU＋RRU 系统架构，基站由基带单元 BBU（BaseBand Unit）、pRRU（Pico Remote Radio Unit）和 RHUB（RRU HUB）组成。该方案是室内技术演进的新平台，具备高性能、大容量、易部署、可平滑演进等优势，通过 SDR（Software Defined Radio）灵活支持多种频段组合，同时，面向 FDD+TDD 融合技术及 Unlicense 频谱技术平滑演进。

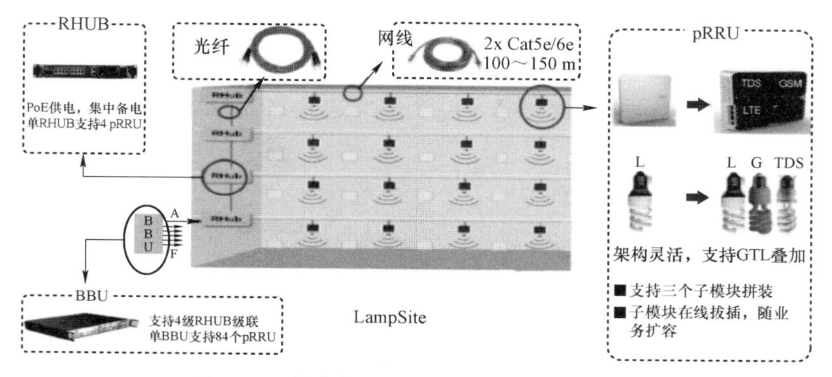

图 4-7　华为的 LampSite 解决方案组成图

该解决方案的优点是结构简单，缩短建设周期，同时，解决器材质量和工程实施质量的影响，聚焦主要管理工作为对主设备的质量管理，如图 4-8 所示。

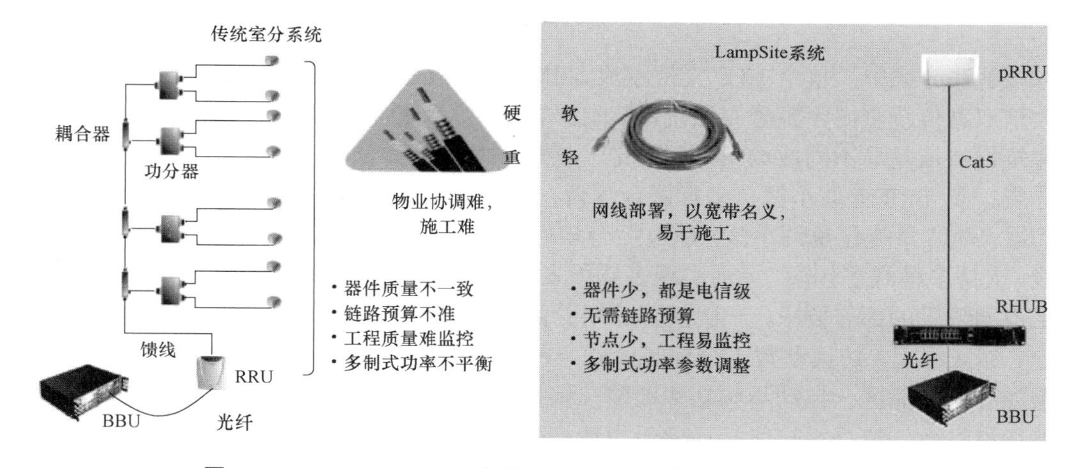

图 4-8　LampSite（5G）解决方案与 4G 解决方案的走线比较图

思政故事

创新是实现用户满意度提高、系统管理和使用效率提高的重要方法。移动通信运营商采用传统无源方式实现室内覆盖问题，主要基于无源器件实现，其具有投资低、系统简单、扩容简单等特点。但随着高速率、低时延、广链接的 5G 时代的到来，原有室分系统无法满足需要，并且也无法实现运营商提质、增效、降成本的要求。那么，如何能满足 5G 室分系统器件工作状态和室分系统工作状态的可监控、可管理、故障定位简便、维护使用方便的需要呢？我国的华为、中兴等 5G 室分设备提供商通过积极应用技术创新，给出解决方案，既满足了用户室内使用 5G 移动通信技术的需要，也通过 5G 室内分布采用有源网络和器件，实现管理的智能化。通过网络可以远程查询 KPI、话务分布、设备工作状态，满足运营商智能化管理和维护的需要。

统一网管，室分管理无盲区。通过网关可以查询到各楼层 KPI 与话务分布，以及各个设备的工作状态，如图 4-9 所示。

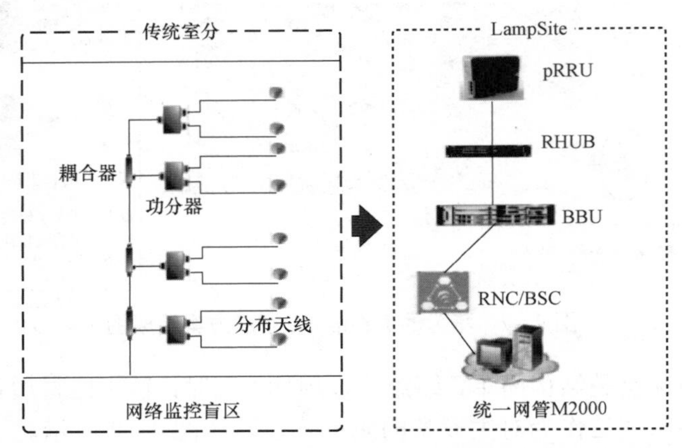

图 4-9　LampSite 解决方案与传统方案的设备管理比较图

该解决方案中，单个 LTE 支持双流 MIMO，无须室分改造。在相同覆盖条件下，相比改造双路传统室内无源分布系统，节省部署时间。支持 MIMO，有 30%～50%增益，根据建筑物特征差异不同或场景不同而定。该解决方案针对 RRU 共小区，可以远程进行小区分裂。多 pRRU 共小区，上行联合解调，噪声系数业界最优。弹性系统，软件控制灵活扩展，随容量变化重划小区，通过后台软件配置即可实现多小区合并和分裂，无须进楼布线。支持多模式多频段，灵活实现多频段多制式的应用要求，频段与制式灵活实现转换，满足不同阶段的部署要求，一次部署长期受益。支持室内外协同自动化，解决室内外信号外泄、邻区漏配、切换参数不合理等问题。具有自动邻区配置，依据手机邻区测量信息自动增加和删除邻区。自动导频功率调整，依据 KPI 报告自动调整 pRRU 导频功率。自动调整切换参数，依据用户终端设备历史切换失败原因自动优化。

高可靠性设计，保证系统质量。传统直放站工艺差，虽然成本低，但可靠性差，系统底噪高且性能不稳定。

4.1.3　室内分布设备与器件

移动室分系统中使用的主要器件有合路器、室内天线、射频同轴电缆、电缆接头、射频跳线、泄漏电缆、功分器、耦合器、电桥、pRRU、RHub、光缆，下面进行具体描述。

1. 合路器

合路器是将不同制式或不同频段的无线信号合成一路信号输出，同时实现输入端口之间相互隔离的无源器件。某型合路器外形如图 4-10 所示。根据输入信号种类和数量的差异，可以选用不同的合路器。在室内无线综合覆盖系统中，

图 4-10　合路器

多频合路器可将不同频段的无线通信系统的信号合路，其参数和技术指标以某型号 WLAN 信号与 CDMA 系统信号的合路器为例，见表 4－4。

表 4－4　宽频合路器技术指标

主要技术参数	端口 1	端口 2
工作频率/MHz	825～880	2 400～2 500
插入损耗/dB	≤1	≤1
带内波动/dB	≤0.3	≤0.3
输入电压驻波比	≤1.3	≤1.3
端口隔离度/dB	≥89	≥85
互调产物/dBc	＜－135（2×10 W）	＜－135（2×10 W）
最大输入功率/W	≥50（每端口）	
特性阻抗/Ω	50	
接头类型	N－F	
工作温度/℃	－25～＋55	

2. 室内天线

移动室分系统天线主要包括室内全向吸顶天线、室内定向吸顶天线、室内壁挂天线、对数周期天线等，下面举例简要说明其特点和外形。

1）吸顶天线

某型号水平方向全向天线的外形如图 4－11 所示。

2）壁挂天线

壁挂天线适合覆盖长形走廊。某型号壁挂天线的外形如图 4－12 所示。

3）八木天线

八木天线方向性较好，适合用作施主天线或进行电梯的覆盖。某型号八木天线的外形如图 4－13 所示。

4）抛物面天线

抛物面天线方向性好，增益高，对于信号源的选择性很强，适合用作施主天线。某型号抛物面天线的外形如图 4－14 所示。

图 4－11　吸顶天线

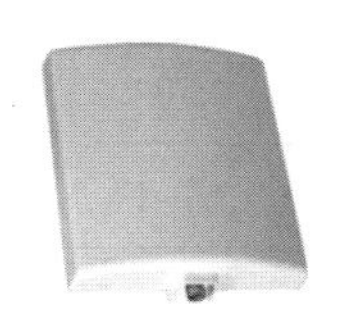

图 4－12　壁挂天线

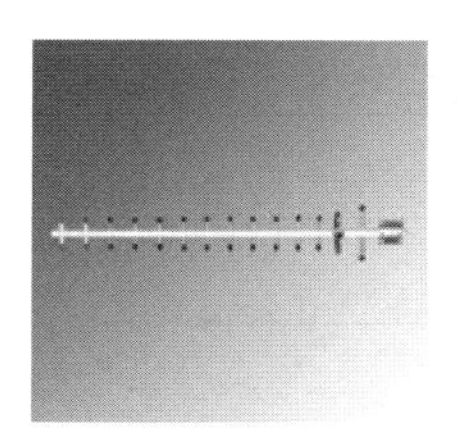

图 4－13　八木天线

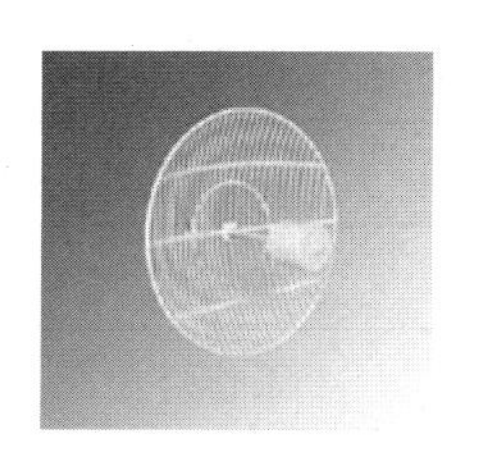

图 4－14　抛物面天线

移动室分系统中室内天线选用，根据不同的室内环境、具体应用场合和安装位置，结合不同楼体本身结构进行选择。还要注意尽可能不影响楼内已有结构和装潢的美观。宽频室内全向天线的技术指标，以某型收发频段范围为 800～2 500 MHz 的天线为例，详见表 4－5。

表 4－5　800～2 500 MHz 宽频室内全向天线技术指标

主要技术参数	参数值
工作频段/MHz	806～960，1 700～2 200，2 400～2 500
驻波比	≤1.5
增益/dBi	≥2
极化方式	垂直极化
功率容量/W	≥50
互调产物/dBc	＜－135（2×10 W）
输入阻抗/Ω	50
输入接口	N－F
工作环境	工作温度：－25～＋55 ℃；工作湿度：5%～95%
尺寸/（mm×mm）	小于 ϕ180×90（直径×高度）
质量/g	小于 350

定向天线与全向天线的发射方向范围更小。宽频室内定向天线的技术指标，以某型收发频段范围为 800～2 500 MHz 的天线为例，详见表 4－6。

表 4－6　800～2 500 MHz 宽频室内定向天线技术指标

主要技术参数	参数值
工作频段/MHz	806～960，1 700～2 200，2 400～2 500
驻波比	≤1.5
增益（参考范围）/dBi	5～10
功率容量/W	≥50
互调产物/dBc	＜－135（2×10 W）
输入阻抗/Ω	50
输入接口	N－F
工作环境	工作温度：－25～＋55 ℃；工作湿度：5%～95%
尺寸/（mm×mm×mm）	小于 210×180×44（长×宽×厚）

3. 射频同轴电缆

射频电缆用于移动室分系统中射频信号的传输，移动室分系统是利用微蜂窝或直放站的输出，再加上射频电缆通过天线来覆盖一座大厦内部。一般地，射频电缆工作频率范围在 100～3 000 MHz。射频电缆编织外导体射频同轴电缆如图 4－15 所示。其特点是电缆比较柔软，可以有较大的弯折度，适合室内的穿插走线，具体规格有 8D 和 10D 等。皱纹铜管外导体射频同轴电缆如图 4－16 所示。其线缆有 1/2 in 和 7/8 in 等型号，其电缆硬度较大，对于信号的衰减小，屏蔽性好，较多用于信号源的信号传输。超柔射频同轴电缆用作无线通信设备之间的连接线。具体选用时，要根据线路损耗计算具体条件确定。射频同轴电缆符合 GB/T 17737.1—2000《射频电缆　第 1 部分：总规范——总则、定义、要求和试验方法》的规定，具体指标见表 4－7。

图 4－15　射频电缆编织外导体射频同轴电缆

图 4－16　皱纹铜管外导体射频同轴电缆

表 4－7　射频同轴电缆技术指标

产品类型	7/8 in 馈线	1/2 in 馈线	1/2 in 软馈线	10D 馈线	8D 馈线
馈线结构					
内导体外径/mm	9.0±0.1	4.8±0.1	3.6±0.1	3.5±0.05	2.8±0.05
外导体外径/mm	25.0±0.2	13.7±0.1	12.2±0.1	11.0±0.2	8.8±0.2
绝缘套外径/mm	28.0±0.2	16.0±0.1	13.5±0.1	13.0±0.2	10.4±0.2
护套外标识	制造厂商标志，型号或类型，制造日期，长度标志				
机械性能					
一次最小弯曲半径/mm	120	70	30	—	—
二次最小弯曲半径/mm	360	210	40	—	—
最大拉伸力/N	1 400	1 100	700	600	600
电气性能（+20 ℃时）					
特性阻抗/Ω	50±1				
最大损耗（900 MHz）/[dB·(100 m)$^{-1}$]	3.9	6.9	11.2	11.5	14
最大损耗（1 900 MHz）/[dB·(100 m)$^{-1}$]	6	11	16	17.7	22.2
最大损耗（2 450 MHz）/[dB·(100 m)$^{-1}$]	6.9	12.1	20	—	—
互调产物/dBc	<－140	<－140	<－140	<－140	<－140
工作温度/℃	－25～+55，按需采用护套类型				
工作湿度/%	5～90				

4. 电缆接头

移动室分系统所用射频电缆接头的主要技术指标见表4－8。

表4－8　电缆接头技术指标

主要技术参数	要求			
工作频率/MHz	满足800～2 500			
特性阻抗/Ω	50			
驻波比	＜1.3			
绝缘电阻/GΩ	≥5			
接触电阻/mΩ	内导体：≤5；外导体：≤2.5			
接头类型	BNC型	TNC型	N型	DIN7/16型
额定工作电压/V	＞500	＞500	＞1 400	＞2 700
屏蔽效率/dB	≥55	≥55	≥120	≥128
抗电电压/kV	1.5	1.5	1.8	4
互调产物/dBc	＜－140	＜－140	＜－140	＜－140
机械寿命（插拔次）	＞500			
工作温度/℃	－25～＋55			

5. 射频跳线

移动室分系统所用射频跳线的主要技术指标见表4－9。

表4－9　射频跳线技术指标

产品类型	1/2 in超柔跳线	3/8 in超柔跳线	5D－FB
特性阻抗/Ω	50		
驻波比	＜1.1（0～1 GHz）；＜1.2（1～7.5 GHz）		
插入损耗（2 500 MHz）/dB	＜0.45	＜0.5	＜0.5
互调产物/dBc	＜－150	＜－150	＜－150
机械性能			
承受拉力/N	600	600	600
接头镀层	镀银/三元合金	镀银/三元合金	镀银/三元合金
加工形式	旋接/焊接	旋接/焊接	旋接/焊接

6. 泄漏电缆

泄漏电缆把信号传送到建筑物内各个区域，同时，通过泄漏电缆外导体上的一系列开口，在外导体上产生表面电流，从而在电缆开口处横截面上形成电磁场，把信号沿电缆纵向均匀地发射出去和接收回来。

泄漏电缆适用于狭长型区域如地铁、隧道及高楼大厦的电梯。特别是在地铁及隧道里，由于有弯道，加上车厢会阻挡电波传输，只有使用泄漏电缆才能保证传输不会中断，也可用于信号强度的均匀性和可控性高的大楼。泄漏电缆如图 4－17 所示。

图 4－17　泄漏电缆

移动室分系统所用泄漏电缆的主要技术指标见表 4－10。

表 4－10　泄漏电缆主要技术指标

主要技术参数	要求	
工作频段/MHz	满足 806～960，1 710～2 200，2 400～2 500	
特性阻抗/Ω	50	
功率容量/kW	0.48	
相对传播速度	0.88	
标称衰减（20 ℃）/［dB・（100 m）$^{-1}$］		
类型	7/8 in 泄漏电缆	1/2 in 泄漏电缆
900 MHz	5	8.7
1 900 MHz	8.2	11.7
2 200 MHz	10.1	14.5
耦合损耗（距离电缆 2 m 处测量，50%覆盖概率/95%覆盖概率）/dB		
900 MHz	73/82	70/81
1 800 MHz	77/88	77/88
2 200 MHz	75/87	73/85

7. 功分器

功率分配器（简称功分器）的主要功能是将信号平均分配到多条支路。功分器在需要输出功率大致相同的情况下使用，可以选择二功分器、三功分器等。功分器采用腔体型结构，现在常用的是支持 800～2 500 MHz 频段的宽频功分器，其主要技术指标见表 4－11。

表 4－11　800～2 500 MHz 宽频功分器技术指标

主要技术参数	要求	主要技术参数	要求
工作频率范围/MHz	806～960，1 710～2 200，2 400～2 500	输入电压驻波比	＜1.4
		功率不平衡度/dB	＜0.5
		功率容量/W	≥100

续表

主要技术参数	要求	主要技术参数	要求
最大插入损耗/dB	二功分器≤3.3	互调产物/dBc	<－130（2×10 W）
	三功分器≤5.3	特性阻抗/Ω	50
	四功分器≤6.6	接头类型	N 型
		工作温度/℃	－25～＋55

8. 耦合器

定向耦合器是一种低损耗器件，如图 4－18 所示，它接收一个输入信号而输出两个在理论上具有下列特性的信号：

图 4－18　耦合器

① 输出的幅度不相等。直连输出端为较大的信号，基本上可以看作直通；耦合线输出端为较小的信号，耦合线上较小信号对主线信号幅度之比叫作“耦合度”，用 dB 表示。耦合端口功率＝输入功率－耦合度，例如：一个 10 dB 的定向耦合器，输入功率为 30 dBm（1 W），那么它的输出端输出功率为 30 dBm－插入损耗；耦合端的输出功率为 20 dBm。

② 直连端口上的理论损耗取决于耦合线的信号电平。

③ 主线和耦合线之间高度隔离。

耦合器规格包括 5 dB、7 dB、10 dB、15 dB 等。耦合器采用腔体型结构，支持 800～2 500 MHz 频段的宽频耦合器主要技术指标，见表 4－12。

表 4－12　800～2 500 MHz 宽频耦合器技术指标

主要技术参数	要求							
工作频率范围/MHz	806～960，1 710～2 200，2 400～2 500							
标称耦合度/dB	5	6	7	10	15	20	25	30
插入损耗（包括耦合损耗）/dB	≤2.0	≤1.8	≤1.4	≤0.8	≤0.4	≤0.2	≤0.2	≤0.2
耦合度偏差/dB	±0.5		±1.0			±1.5		
方向性/dB	>20							
电压驻波比	≤1.4							
功率容量/W	≥100							
互调产物/dBc	<－130（2×10 W）							
特性阻抗/Ω	50							
接头类型	N－F							
工作温度/℃	－25～＋55							

9. 电桥

电桥常用来将两个无线载频合路，电桥的端口有接收端 Rx 和发送端 Tx，其 Load 端接 50 Ω 负载，信号合路后有 3 dB 损耗。

有时两个输出端口都使用，就不需要负载，也无 3 dB 损耗。在设计时，我们特别注意了两个输入端口的最大隔离度，以满足互调的要求。某型电桥主要技术指标见表 4－13。

表 4－13　电桥技术指标（典型值）

参数	指标	参数	指标
工作频段/MHz	800～2 500	回波损耗/dB	20
插入损耗/dB	＜0.5	接口阻抗/Ω	50
隔离度/dB	＞25	驻波比	≤1.3
互调损耗/dBm	－110	功率容量/W	100

10. pRRU

5G 移动通信室内分布工程中常用的 pRRU 设备的参数见表 4－14 和表 4－15。

表 4－14　5G pRRU 技术参数（1）

设备型号	pRRU3902		pRRU3912	pRRU5922
频段	1.8G＋2.1G	850M＋2.1G	850M＋1.8G＋2.1G	850M＋1.8G＋2.1G
输出功率	1.8G：2×100 mW	850M：1×50 mW	850M：1×50 mW	850M：1×50 mW 或 2×100 mW L800
	2.1G：2×100 mW	2.1G：2×100 mW	1.8G：2×100 mW	1.8G：2×100 mW
	—	—	2.1G：2×100 mW	2.1G：2×100 mW
产品形态	内置、外置天线		内置天线	内置天线
载波数	1.8G：1L FDD	850M：4CDMA	850M：4CDMA	850M：4CDMA 或 1L 800 FDD 或 CL 共模
	2.1G：1L FDD	2.1G：1L FDD	1.8G：1L FDD	1.8G：1L FDD
	—	—	2.1G：1L FDD	2.1G：1L FDD
天线	内置天线增益 2 dBi			
体积/质量	1.2 L/1.2 kg		1.8 L/1.8 kg	1.6 L/1.8 kg
传输	CPRI：1×1G		CPRI_E：1×2.5G	CPRI_E：1×2.5G

表 4－15　5G pRRU 技术参数（2）

设备型号	pRRU5935/ pRRU5935D	pRRU5936	pRRU5952	pRRU5935E
频段	3.5G 4T	1.8G＋2.1G＋3.5G 4T	2.1G＋3.5G 4T	3.5G 4T
输出功率	3.5G（4T4R）： 4×250 mW	1.8G（2T2R）：2×100 mW 2.1G（2T2R）：2×100 mW 3.5G（4T4R）：4×250 mW	2.1G（2T2R）：2×100 mW 3.5G（4T4R）：4×250 mW	3.5G（4T4R）： 4×125 mW
产品形态	内置天线	内置天线	内置天线	外置天线
载波数	3.5G NR： 100M/80M/60M 4T4R	1.8G：1L/1NB/1L1NB 2.1G：1L/1NB/1L1NB 3.5G：100M/80M/60M 4T4R	2.1G：1L/1NB/1L1NB 3.5G：100M/80M/60M 4T4R	3.5G：100M/ 80M/60M 4T4R
天线	内置天线增益 1.8G/2.1G 2 dBi，3.5G 4 dBi			—
体积/质量	2.3 L/2.5 kg			5.2 L/7 kg
传输	pRRU5935： 1 光 1 电 光：10.1G 电：3.072G （仅级联） pRRU5935D： 1 电 电：10.1G	1 光 2 电 光：10.1G 电：2×10.1/3.072G/1.25G	1 光 光：10.1G	1 光 2 电 光：10.1G 电：2×10.1/ 3.072G/ 1.25G

11．RHUB

5G 常用的 RHUB 设备参数见表 4－16。

表 4－16　RHUB 设备参数

产品型号	RHUB3908	RHUB3918	RHUB5921	RHUB5923
体积质量	1 U/6 kg			
配套版本	SRAN9.0	SRAN12.1		
配套模块	pRRU3902	pRRU3902/ pRRU3912/ pRRU5922	pRRU5935/ pRRU5936/ pRRU5935E	pRRU5935/pRRU5935G/ pRRU5936/pRRU5952/ pRRU5935E
CPRI 速率	4.9G/9.8G	4.9G/9.8G/10.1G	4.9G/9.8G/10.1G	4.9G/9.8G/10.1G
CPRI_E 速率	1.25G	1.25G/2.5G	1.25G/2.5G/10.1G	10.1G
容量	4 个小区扇区 设备组	8 个小区扇区设备组	24 个小区扇区设备 组 1 个 NR TRP	24 个小区扇区设备组 1 个 NR TRP

4.2　无线室内分布工程设计任务书

Z 市 F 运营商计划对 Z 市 J 公司办公楼 5G 网络进行室内分布覆盖，委托 X 设计咨询有限公司对该工程进行设计，其设计任务书见表 4－17。

表 4－17　工程设计任务委托书

建设单位：Z 市 F 运营商

<table>
<tr><td colspan="2">项目名称：Z 市 F 运营商 Y 年 Z 市 J 公司办公楼室内分布工程</td></tr>
<tr><td colspan="2">设计单位：X 设计咨询有限公司</td></tr>
<tr><td colspan="2">工程概况：
Z 市 J 公司办公楼为钢筋混凝土浇筑结构，主体框架式结构，共 6 层，其中，1～6 层为办公区，地下 1 层为仓库。Z 市 F 运营商计划通过室分系统来提升该办公楼内的信号质量，从而提高用户服务质量。
主要内容：
对办公楼进行 5G 移动通信的信号覆盖，确定室内分布工程相关设备（信源设备）和器件的选择，明确安装位置及安装方式。</td></tr>
<tr><td>投资控制范围：15 万元人民币</td><td>完成时间：2021 年 8 月 27 日</td></tr>
<tr><td colspan="2">委托单位（章）
项目负责人：</td></tr>
<tr><td colspan="2">主管领导：
年　　月　　日</td></tr>
</table>

本章以下各部分出现的“本工程”均指任务书规定的工程。

4.3　无线室内分布工程勘察

4.3.1　勘察准备

明确覆盖目标楼宇的位置和经纬度值，明确楼宇的性质、楼层和建筑面积。

1. 勘察人员准备

勘察明确甲方陪同人员和安排、勘测团队的人员和分工，以及其他人员。

2. 勘察工具准备

勘察工具分为必备工具和可选工具。必备工具包括测试手机、GPS 接收终端、测量工具、笔、图纸及资料等。根据需要可选其他测试仪器。

3. 话务情况预分析

一般情况下，运营商做网络优化时，分析覆盖目标区域内的高话务区域，然后在高话务区域寻找话务热点，利用室内覆盖系统吸收建筑物内的话务。

本工程不属于此类，本工程已明确覆盖目标建筑。

4. 与业主协调

与业主沟通，达成合作协议（物业管理、出入、双方职责权利等）并签署协议书。该工作在整个工程建设中也很重要，业主对工程的接纳和配合直接关系着工程最终结果。

5. 勘察内容准备

根据情况，在勘察前尽可能完成目标建筑的信息收集。

具体包括：室内分布工程的目标建筑的详细地址、经纬度；该建筑的建筑类型、楼层分布情况及客梯、货梯数量。如果有大楼建筑平面图纸，核对图纸是否准确，如果没有图纸，则需要绘制草图；室内覆盖站的人口分布情况，大楼移动用户数量估计，人员流动情况；室内覆盖站周围基站的分布情况，距离远近；室内覆盖站的详细无线覆盖现状，每层楼不小于三个测试点；室内覆盖站的每个楼层的详细功能，吊顶是否可以上人；确定室内覆盖站信号源的引入方案以及配置；确定需要覆盖的楼层，设计每个楼层的分布式天线分布情况。

根据 2020 年 12 月份《Z 市 F 运营商站点工参表》，周边主要的已有宏站有：A 基站的距离是 550 m，基站 LTE 配置为 S111，PCI：261/262/263；B 基站的距离是 430 m，基站 LTE 配置为 S111，PCI：121/122/123；C 基站的距离是 210 m，基站 LTE 配置为 S111，PCI：210/211/212。

勘测数据整理为表格的形式（室内覆盖系统调查表、测试表），见表 4－18。

表 4－18　室内覆盖系统调查表

勘测单位	X 设计咨询有限公司	勘测人员	张三	勘测日期	2021 年 5 月 10 日
一、大楼基本情况					
名称	Z 市 J 公司办公楼		经纬度	经度：116.311 11°，纬度：39.711 11°	
大楼类型	□商场	□会展场所	□写字楼	□宾馆、酒店	□其他______
	□交通枢纽	□娱乐场所	地址：Z 市 M 路 101 号		
联系人姓名	李四	电话		传真	
楼高	地上__6__层，地下__0__层		共__7__层 货梯__0__部		
电梯数量	客梯__1__部		覆盖总面积 8 000 m^2		
二、无线环境描述					
无线覆盖率	目标覆盖区域内 95%以上的公共参考信号接收功率 RSRP 为 98～－114 dBm				
接通率	规划区域内 95%区域，低于 96%概率				
误块率	规划区域内 95%区域，BLER 大于 10%				
目标吞吐量	下行 4 Mb/s，上行 256 kb/s				

续表

勘测单位	X设计咨询有限公司	勘测人员	张三	勘测日期	2021年5月10日
三、系统容量预测					
用户数量估计	□200人以下	■200～1 000人	□1 000～5 000人	□5 000～1万人	
业务发展预测	□发展潜力大		■发展潜力一般	□发展潜力小	
建议站型	微基站				
四、机房状况					
机房类型	■弱电井		□租用现房______m^2		□其他________
机房意向价格	□共______万元/___年		空调：_____万元		正和甲方协商
传输状况	□自建传输（设备_1_万元，光缆_0.3_万元）		□微波传输对端基站情况	□租用电路____万元	
电源状况	机房可以提供交流市电和直流 –48 V				
五、总体情况					
投资计划	F运营商直接投资				
紧急程度	□紧急		■一般	□工程后期建	
其他情况说明	无				

4.3.2　勘察

1. *初步勘察*

初次勘察需要准备的勘察工具、图纸和人员有：笔记本电脑、CAD软件、文档编制软件、场强仪、数码相机、测试手机、皮尺；向建设单位要求提供建筑平面图，覆盖区周围基站地址表等图纸；勘察和设计工程师、运营商工程师（要求熟悉覆盖区域的环境）。初次勘察的主要工作内容有：勘察覆盖区域的建筑结构，分析覆盖区域的覆盖情况、附近基站分布、话务分布，确定本次工程设计的具体覆盖区域（建设单位和业主强烈要求覆盖的区域），初步设想可采用的移动室分系统信号源和组网方式。

2. *方案沟通*

用于移动室分系统的信号源的选择征询建设单位与业主的意见和建议。由于移动室分系统设计灵活，对用户量、话务量、站型、信源数量、组网方式等，需要通过与建设单位商定，主要工作有：对于移动室分系统的信号源的选择，征询用户的意见和建议；根据初步勘察的记录，从网管采集相关基站信息和话务数据分析；根据覆盖建筑物的结构（机房、井道位置等），初步商定采用的组网方式；确定覆盖区基站类型，根据预测的覆盖区内用户数量、覆盖区的话务需求，考虑基站话务容量；初步商定覆盖方案，考虑用户需求和条件，初步确定基站类型和数量、干放数量；做好会议记录且对会议决议双方签字确认。

3. 详细勘测

通过现场勘察完成必要的现场测试项目，填写勘察报告，为下一步开展方案设计提供充分的依据。需要携带数码相机、场强仪、测试手机、皮尺、周围基站地址表、建筑平面图和初次勘察资料。人员包括设计工程师、运营商工程师。具体工作内容有：根据建筑平面图和建筑结构，核实图纸与实际尺寸是否一致，如不一致，应对重要尺寸重新测量，以修正图纸，本工程建设单位提供建筑图（图 4－19），否则，需要绘制勘察草图。

根据室内覆盖话务量计算模型和实际话务量需求，计算信源数量，确定信源安装位置。结合运营商需求，选择适当频段的天线。结合话务量需求和用户分布，确定覆盖各区域天线类型和安装位置。开展呼叫质量测试并做记录。根据需要对室分系统及周边进行路测。记录覆盖目标区所属呼叫区最近一周的基站话务数据。填写室内覆盖系统调查表，完成现场勘察报告。

4.3.3 测试

1. DT（Driving Test，路测）

DT 测试是使用测试设备沿指定的路线移动，进行不同类型的呼叫，记录测试数据，统计网络测试指标。为获得信号分布强度和分布情况，可以进行 DT 测试。可用表格形式，目前大多采用路测图方式，该方式更为直观和准确地反映现场测试数据。测试区域信号的 5G 指标应满足如下要求：

1）无线覆盖率

要求在目标覆盖区域内 95%以上的公共参考信号接收功率 SSB RSRP≥－110 dBm，公共参考信号信干噪比 SSB－SINR≥0 dB。

2）室内信号外泄场强

要求在室外 10 m 外泄信号的 RSRP≤－110 dBm 或室外最强导频的 SSB RSRP－室内外泄信号的 SSB RSRP≥10 dB。

3）切换关系

要求在覆盖区域内无切换，主要出入口从室内到室外或从室外到室内，都应在距离 5 m 以内发生切换。要求相邻小区参数必须设置完备，根据实际情况做相应的切换类型和切换算法设置。

4）小区重选

在室内覆盖范围内开关机时，登录入网必须是室内覆盖小区，而不能重选到室外小区。要求在室内覆盖高层，从窗边到室内或走廊，或从走廊到室内或窗边不能发生切换，否则，就认为是信号弱覆盖或信号差的区域，该区域需要在室内分布工程中给予解决。

2. CQT（Call Quality Test，呼叫质量测试或拨打测试）

CQT 测试是在特定的地点使用测试设备进行一定规模的拨测，记录测试数据，统计网络测试指标。该测试的要求如下：

① 在设计方案范围内的任何地点都应进行拨打测试。

② 在主要出入口通道，比如地下停车场、电梯、走廊、大堂、会议室、高层窗边等

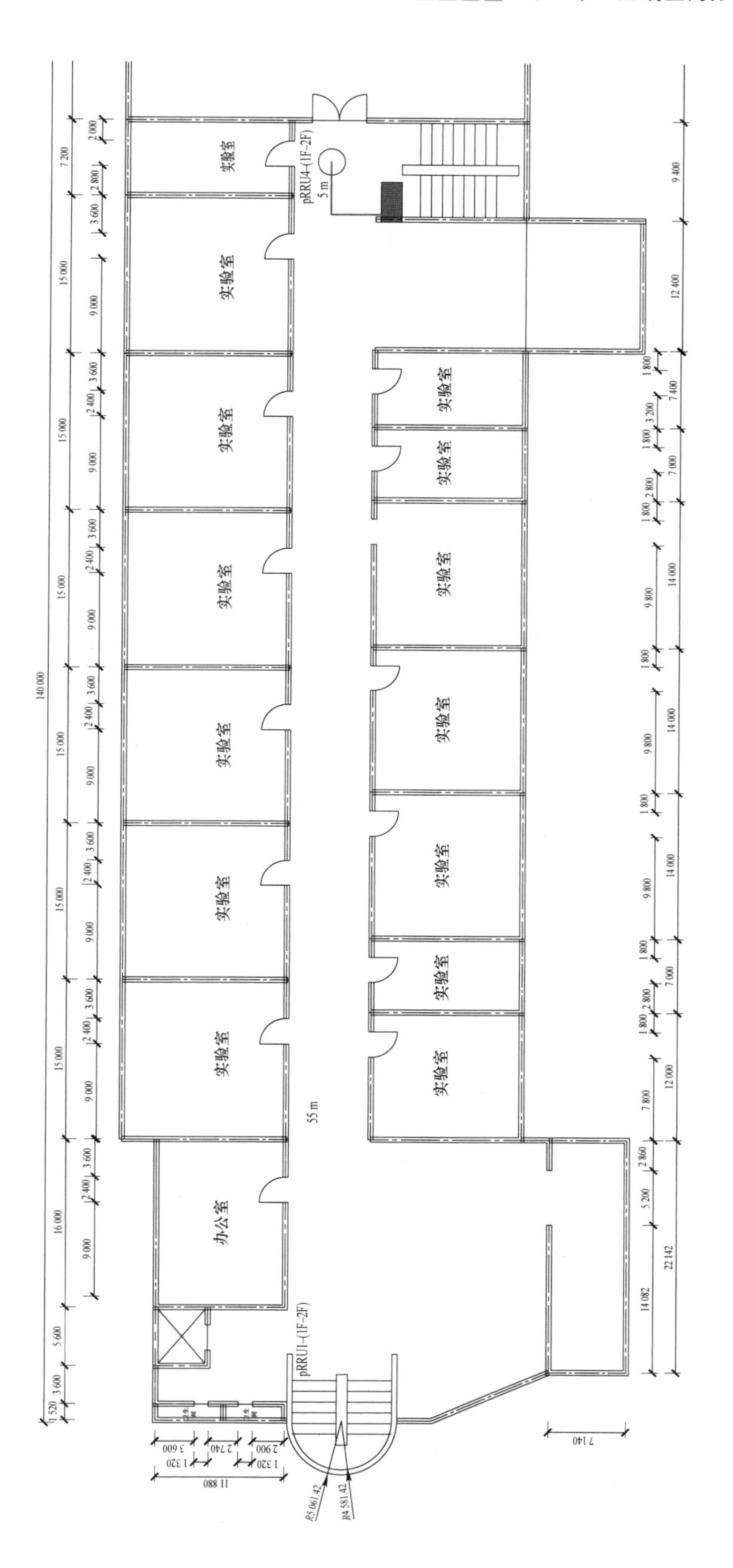

图 4-19　勘察底图

地方重点拨打测试。

③ 拨打测试必须完成每层楼电梯的开关和整个电梯内上升与下降过程。

④ 室内覆盖的高层（一般从 12F 以上算起）要完成从窗边到室内和走廊，从走廊到室内再到窗边的整个过程。

⑤ 要求 CQT 数量一般应以室内覆盖设计面积为准，通常要求 1 万平方米内拨打数量不得少于 100 个。

要求拨打测试具体操作步骤如下：

① 采用两组定点 CQT 测试人员在不同测试点拨打对方测试手机进行测试。

② 每个测试点要求 CQT 测试人员分别做主、被叫，每次通话时长不得少于 30 s，呼叫间隔掌握在 10 s 左右。出现测试未接通现象时，下次呼叫在 15 s 以后开始测试。

③ 要求每次主叫拨测前，连续查看手机空闲状态下的信号强度 5 s，若信号强度低于－85 dBm，则判定该点覆盖不符合要求，并详细记录下该地点。

④ 为了具有可比性，应保证各运营商的测试在相同无线环境下进行。即在同一地点，相同时间段使用各运营商测试卡以相同的方法做 CQT 测试。

根据建设单位要求，对测试结果给出系统指标，见表 4－19。

表 4－19　室内覆盖系统指标表　　%

指标	标准	指标	标准
覆盖率	≥99	掉话率	≤0.8
接通率	≥99	异常通话率	≤0.5
不舒适话音率	≤0.5		

对于统计指标，则要求统计时间必须为连续 5 天甚至更长，要求必须为当天忙时，即 09:00—22:00 测试。移动室分系统具体指标见表 4－20。

表 4－20　移动室分系统调查表

指标	要求	指标	要求
呼叫建立成功率/%	≥95	切换成功总次数	（据实填写）
掉话率/%	≤0.8	IOI	≤3
切换成功率/%	≥95	平衡路径	102～115
切换请求总次数	（据实填写）	射频掉话率/%	≤3

3. 实际测试

一般用来测量室外大范围区域的信号覆盖情况，而 CQT 适用于定点测试。本工程在设计前对 F 公司 CDMA 网络原始信号及室内覆盖系统信号的信号强度、通话质量、发射功率、误码率等数据进行了 CQT 测试。从测试数据得出，该站点整体信号质量一般，手机的发射功率较高。需要通过 5G 移动室内分布系统的建设，实现该楼的 5G 信号覆盖。

本项目对 Z 市 J 公司办公楼的 RSRP 测试结果为－98～－114 dBm。

4.4　无线室内分布工程方案设计

勘察数据、CQT 测试报告、室内分布工程设计规范、委托书以及设备安装使用要求等作为本工程设计的依据，结合本工程的具体情况得出设计方案。

4.4.1　设计分工

无线室内分布工程的设计包括信号源的选取、信号源的引入方案、室内信号分布方案的设计、相关器件的选择和安装方式设计等内容。

1. 与建设单位的分工

建设单位负责提供满足基站设备安装条件的机房，以及天馈系统布置的场地。无线基站设备及天馈系统的安装设计由无线专业负责。

2. 与移动通信专业的分工

移动室分系统信号源如非新建基站，而是从已有基站引出，引出的线缆以内由室分工程设计负责。

本工程的信源为新建的微蜂窝等，由室分工程设计负责。

3. 与电源专业的分工

本工程中信号源的电源如使用直流电源，以直流供电系统的直流配电屏为分界；如使用交流电，则以交流配电屏为界。

4. 与传输专业的分工

在无线机房内，无线专业与传输专业的分工界面为传输设备的 DDF 板。传输设备的安装位置由无线专业统一考虑，并由传输专业最终确定；传输设备安装设计、说明、预算等由传输专业完成。

5. 与施工单位的责任范围

施工单位负责与业主进行协调，室内分布系统的设备安装、施工和调试，工程完工后出具竣工报告。

6. 与基站设备供货厂家的分工

基站收发信机架间所有内部连线设计、布放施工均由设备供货商负责。

4.4.2　设计内容

设计方案应结构明确、清晰简明扼要，设计方案必须能指导施工，要求方案必须有电子文档和纸质的文字、图纸，以便存档和查找。设计方案应包括以下几项内容：

1. 设计概述

简要说明工程点的位置、周围环境情况、信号覆盖情况、进行覆盖的目的、拟采用的覆盖方式、可达到的效果情况等。该移动室分系统站点的建筑环境信息，具体包括地理位

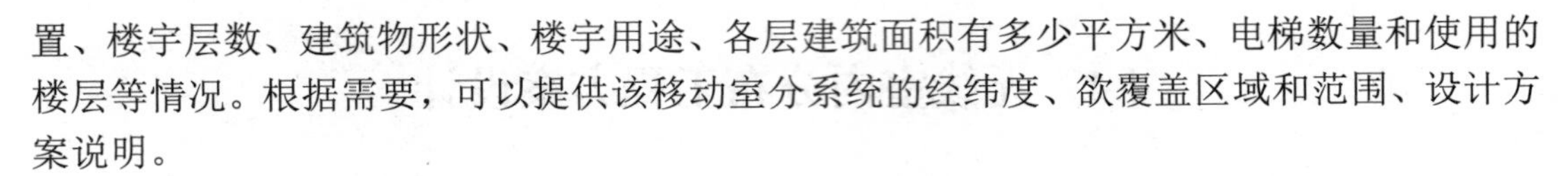

置、楼宇层数、建筑物形状、楼宇用途、各层建筑面积有多少平方米、电梯数量和使用的楼层等情况。根据需要，可以提供该移动室分系统的经纬度、欲覆盖区域和范围、设计方案说明。

2. 工程规模

简述该工程的规模，如覆盖的范围、面积，拟布放的天线数量，采用的设备类型、移动室分系统类型等。

3. 设备和器材选型及其主要性能指标

应有详细的设备元器件参数指标，从而为工程验收提供依据。提供移动室分系统所用的包括直放站、干放、合（分）路器、功分器、接头和天线等所有有源设备和无源设备的机械与电气指标（包括生产厂家和型号）。

4. 设计技术指标

系统上行噪声分析、切换分析、上下行链路平衡分析、话务量预测等技术指标分析，参照合同要求和相关规范进行取定。

5. 场强

1）模拟测试结果

首先，要求使用测试手机或频谱分析仪等测试工具进行现有无线环境的测试，为方案制订提供依据，便于系统建设前后效果对比；其次，采用模拟发射设备对制订的初步方案进行模拟场强测试，验证方案的合理性；最后，应在设计方案中附上完整的信号场强示意图及重要的测试数据表。

2）场强计算

进行场强分析和计算（包括电梯和地下停车场），按设计方案所得的天线口功率输出可以满足网络信号覆盖要求。

建筑物室内无线信道与室外无线信道的差异非常大，因此 Cost231 – Hata 等传播模型不再适用于室内环境。建筑物室内常采用经验模型来计算路径损耗，如灵活性很强的衰减因子模型。

6. 提供系统原理图

系统原理图对采用的覆盖方式（专项覆盖或兼容覆盖）、具体方法等内容进行说明。必须考虑和处理好防止低层楼层的信号泄露与高层楼层的信号抑制等问题。对于线路干放等有源设备的使用，必须根据实际需要严格控制，严禁使用超冗余设备。

在系统设计图的每一个节点（所有有源器件和无源器件）的输入端和输出端上都严格标明设计电平值，严格估算各段馈线的长度和线损以及各元器件的插损，并标注在相应的干线上，功率分配计算必须认真、严谨，电平值精确到小数点的后一位。

根据国家有关安全辐射标准要求，所有天线口输出功率不能大于 15 dBm/载波，天线口输出功率以能完全覆盖要求区域为准。天线输出功率中不要加入天线增益。方案设计必须保证上下行增益的平衡。

本工程中，绘制的系统图中应该标出系统器件所处楼层、输入输出电平值及系统的连接分布方式。内容包括：天线、设备等的标签，各节点的场强预算，馈线的长度、规格，以及使用的图例、设计单位、设计人、审批人等信息。

系统图上的所有标识必须规范，在设计方案中的标识必须与元器件一一对应。如果用户或建设单位没有特殊要求，工程的所有标识均应统一、规范。

7. 提供安装示意图

应提供详细的安装平面示意图，该图必须符合实际建筑比例和结构特征，标明楼层墙体隔断情况、房间（注明房间主要用途）及走道分布、弱点井位置、电梯及楼梯位置、天井位置等内容。图上标清楚各设备的具体安装位置、馈线的布放位置以及天线的安装位置等；对于楼层相似的，可只出具标准楼层的平面安装示意图；对于较复杂的移动室分系统，可附安装地点的立体图与剖面图。

微蜂窝和直放站尽量放在中间楼层，以利于功率分配和工程施工。在设计方案中，对奇数层和偶数层的天线布局尽量做到相互错开的互补配置。

在设计方案中，必须有每层楼的天馈线放置平面图（包括电梯和地下停车场），各楼层位置一样的，要另外标明，而且要正确、如实地标注楼层的长度尺寸，以及天线与窗口、天线与天线等的距离。弱电井内安装的设备也应在图上标注清楚。

本工程 5G 信号覆盖的设备主要考虑 pRRU 的布局。参考室内传播模型 Keenan－Motley，推荐 pRRU 在不同典型场所下的覆盖半径见表 4－21。

表 4－21　pRRU 覆盖半径表

典型场所	描述	墙体损耗/dB	pRRU 覆盖半径/m	覆盖面积/m^2	pRRU 间距/m
机场、交通枢纽、展览馆、体育馆	空旷，基本没有阻挡或只有玻璃阻挡	15	30 左右	2 000 左右	45
购物中心和超市	商品货架和柜台遮挡	20	20 左右	1 000 左右	30
学校	由空旷办公区和会议室组成，一般只有一堵砖墙阻挡	25	10 左右	550 左右	15
酒店客房	标准的酒店客房结构（宽 5 m 左右、长 8 m 左右）	28	7.5（1.5 间房）（合计 6 间房）	300	11
以上数值适用情况： 覆盖区域边缘 RSRP≥－105 dBm，频率为 1.8 GHz、2.1 GHz（20M 带宽）。					

8. 安装说明

以文字方式简要说明各设备的安装方式和位置。如信号源采用射频耦合方式，要对施主天线的放置和接收信号进行说明，包括施主天线所在楼层、朝向，所引信号的场强值等。

9. 与系统外的网络间关系

室内系统信号不能对室外产生干扰，对如何控制干扰，应设计出有效的、可实施的方案；设计应明确划定室内－室外的切换区域，对如何合理控制话务流量、切换边界进行描述，对话务参数设置提出建议。

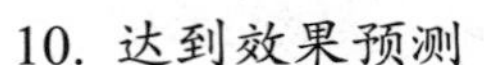

10. 达到效果预测

应对方案实施后可达到的效果进行预测，如覆盖深度（应明确指出场强弱点及数值）、通话质量及对现有网络的影响等，并在文件中加以说明。

11. 容量问题及日后扩容方案

设计中应考虑现有容量问题及日后扩容方案。

4.4.3 设计案例

室内分布工程设计的主要内容包括制订室内覆盖方案、绘制系统原理图、绘制天线布放图和走线图等。设计方案是指导工程安装的重要技术文件。

1. 设计原则

① 电梯和楼层覆盖规划为同一扇区，以保证业务量平衡及进出电梯切换。

② 考虑到话务均衡，建议将低话务停车场和高话务覆盖区分为同一个扇区。

③ 充分利用建筑结构规划扇区，减少扇区之间的重叠区，利于频率/扰码规划。

④ 扇区规划，需要考虑 pRRU 射频合并共小区的组网能力，比如，不要将 3 个 RHU 下所带的 pRRU 规划成一个扇区。

⑤ 小区边界尽量避免落在移动性强、高速数据业务量大的地方。

2. 分析勘察和测试结果

室内分布工程设计以勘察和测试数据为输入，分析 CQT 测试结果，对覆盖区域进行细分，掌握不能呼叫、断续、断话、敏感切换等不同情况发生的区域，指导方案设计。掌握周边基站话务情况，结合场强分布，分析现网条件下话务量分布，进而设计。

3. 信号源的设计

5G 移动通信室内信号覆盖项目中，多采用 5G BBU 设备、RHUB 设备、pRRU 设备组成形式。本项目利用旧有的 1 套 5G BBU 设备、3 台 RHUB 设备和 24 台 pRRU 设备作为信号源。

4.5 设备配置

4.5.1 技术要求

1. 一般技术要求

移动室分系统应具有良好的兼容性和可扩充性。移动室分系统应实现目标覆盖区域内信号的均匀分布，避免与室外信号之间过多的切换和干扰。

移动室分系统所采用的设备和器件应结构简单，工程实施容易，不影响建筑物原结构和装修。系统拓扑结构应方便后续改造。移动室分系统的无源器件（功分器、耦合器、合路器、射频同轴电缆、电缆接头、天线）应能满足多种通信系统共存的要求。满足各系统工作频段和技术指标。

根据室内无线传播特点和覆盖需求的差别，室内环境可以分为裙楼、标准层、地下层、电梯等类型，室分系统建设应根据不同室内环境特点来进行覆盖。

1）裙楼

一般位于建筑物的低楼层，楼层面积较大，空间隔断较少或较空旷，通常窗边附近区域信号较好，纵深处信号较差。商业用途的裙楼除了解决信号覆盖问题外，还要考虑容量问题，同时，应注意控制信号外泄以及与室外基站的平滑切换。

2）标准层

裙楼以上的楼层（包括楼梯），空间间隔较为规则，通常高楼层信号较为杂乱，纵深处信号较差。标准层用途通常为住宅、办公室、酒店房间等，室内分布系统主要解决覆盖问题，需要在室内形成主导信号。

3）地下层

建筑物地面以下部分，包括地下室、地下停车场等，通常为信号盲区，室内分布系统主要解决覆盖问题，同时，需要注意与地面信号之间的切换问题。

4）电梯

一般位于建筑物中部，为信号盲区，室内分布系统主要满足语音业务的覆盖需求。通常采用在电梯井内安装高增益定向天线或铺设泄漏电缆的方式进行覆盖，应注意保持信号连续性，减少电梯运行和用户进出电梯时的切换与掉话。

2. 网络指标

1）无线覆盖率

室内外异频组网场景目标覆盖区域内 95%以上的公共参考信号接收功率 RSRP 大于－105 dBm，公共参考信号信干噪比 RS－SINR 大于 6 dB；室内外同频组网场景目标覆盖区域内 95%以上的公共参考信号接收功率 RSRP 大于－105 dBm，公共参考信号信干噪比 RS－SINR 大于－3 dB。

2）室内天线发射功率

根据国家环境电磁波卫生标准，室内天线的发射功率≤15 dBm/CH。

3）接通率

规划区域内 95%区域，优于 96%概率。

4）误块率

规划区域内 95%区域，BLER＜10%（或收敛于 10%）。

5）信号外泄

室外 10 m 外泄信号：室内外泄信号的 RSRP≤－105 dBm 或室外最强导频的 RSRP－室内外泄信号的 RSRP≥5 dB。

6）目标吞吐量

20 MHz 带宽条件下，室内单载波小区：双天线 DAS，下行 34 Mb/s，上行 14.8 Mb/s。
15 MHz 带宽条件下，室内单载波小区：双天线 DAS，下行 26 Mb/s，上行 11.1 Mb/s。

7）目标边缘速率

下行 100 Mb/s，上行 10 Mb/s。

3. 元器件损耗

原来 4G 信号的移动室内部分系统的器件大多使用无源分布方式。此方式下，移动室分系统的元器件的插入损耗一般小于 0.03 dB。合路后，链路中的无源器件一般小于 6 个，总的插入损耗差异不到 0.2 dB。

1）电功分器的参数（表 4－22）。

表 4－22　电功分器参数

器件	二功分器	三功分器	四功分器
工作频带/MHz	820～2 500		
带内平坦度/dB	≤0.3		
插损（不含分配比）/dB	≤0.5	≤0.5	≤0.5
阻抗/Ω	50		
驻波比	≤1.3		

2）电合路器

工作频段为 820～2 500 MHz（可根据需要确定是否兼容 GSM 1 800 MHz 频段），带内插损≤1.0 dB，两路隔离≥50 dB，带内波动≤0.5 dB，驻波比≤1.2 dB，阻抗为 50 Ω。

3）光分路器及光合路器

波长为 1.31 μm，插损为 0.5 dB。光端机的发送波长为 1.31 μm，光接收单元接收灵敏度≤－25 dBm。

4）电耦合器参数（表 4－23）

表 4－23　电耦合器参数

器件/dB	5	10	15	20	30
工作频带/MHz	820～2 500				
直通路损耗/dB	5±1	10±1	15±1	20±1	30±1
旁路损耗/dB	2	0.8	0.5	0.4	0.3
插损（不含分配比）/dB	≤0.3	≤0.3	≤0.3	≤0.3	≤0.3
阻抗：50 Ω			驻波比：≤1.3		

4. 馈线损耗

馈线适用频段为 820～2 500 MHz，驻波比 VSWR≤1.3，馈线阻抗为 50 Ω（不平衡），接头类型为 N－Male。主干尽可能采用 7/8 in 馈线，平层采用 1/2 in 馈线，施工难度大的地方可以考虑采用少量 1/2 in 超柔馈线。一般情况下馈线损耗标准见表 4－24。

表 4－24　馈线损耗

系统	中心频率/MHz	7/8 in 馈线衰耗/［dB·（100 m）$^{-1}$］	1/2 in 馈线衰耗/［dB·（100 m）$^{-1}$］	1/2 in 超柔馈线衰耗/［dB·（100 m）$^{-1}$］
CDMA800/GSM900	900	4	7	11.6
GSM1800/PHS/3G	2 000	6.1	10.7	17.6
WLAN	2 400	6.7	11.7	19.6

5. 天线

适用频段：820～2 500 MHz，驻波比 VSWR≤1.3，射频阻抗为 50 Ω（不平衡）。

4.5.2 天线和馈线设计

1. pRRU 即天线的设计

pRRU 布放和传统 DAS 覆盖天线的布放原则基本一致。pRRU 的布放原则如下。

① 明确客户要求：明确哪些区域必须覆盖，哪些区域可以不用覆盖；明确需要重点保证的覆盖区域，如：领导办公室、会议室等区域；明确客户对覆盖指标的要求等。

② 明确物业要求：哪些位置可以安装（挂墙或吸顶、走廊或室内）；哪些位置可以走线；pRRU 是否需要隐藏等。

③ 同层错位安装，上下层对齐安装：同一楼层内 pRRU 如果属一个小区，可以错位布放；相邻楼层的 pRRU 布放位置尽量对齐，以减少楼层之间分裂为不同小区后的相互干扰。

④ pRRU 安装位置承重能力：pRRU 满配时重 3 kg，其安装位置需要考虑其承重能力，重点关注天花材质。

⑤ pRRU 安装位置远离消防探头 1 m 以上：pRRU 是有源设备，需要散热，如果距离消防热感应探头太近，则会触发火警，要求 pRRU 安装位置距离消防探头 1 m 以上。

⑥ RHUB 安装位置及其到 pRRU 的走线距离：RHUB 到 pRRU 的距离在不增加延长器（Extender）情况下，最大距离为 100 m，因此，尽量控制在 100 m 以内；确实超过 100 m 时，需要考虑在距离 RHUB 100 m 处增加延长器（无须额外供电，直接串联到网线上）。

⑦ 考虑当前覆盖和未来容量需求：pRRU 和传统 DAS 天线的区别在于其既能提供覆盖，也能提供容量，因此，布放除了需要考虑当前覆盖需求外，更要考虑未来扩容后，单个或几个 pRRU 分裂成一个小区的需求。

布放步骤：

第一步：由链路预算确定 pRRU 覆盖半径，从覆盖角度确定 pRRU 布放位置和数量。

第二步：根据容量评估，在容量需求大、用户体验要求高的区域（如：会议室、宴会厅、机场候机厅和 VIP 区等），考虑单独布放 pRRU，以满足当前和未来需求。

第三步：在切换区域布放，以保证切换成功率，比如建筑出入口。

第四步：在走廊交叉位置布放，使该 pRRU 能够兼顾多个方向覆盖，减少 pRRU 数量。

第五步：在信号泄露要求高的地方，将 pRRU 布放在有墙体或柱子阻挡的位置，以防止信号外泄，若还不能满足外泄要求，则需要外接定向天线。

第六步：为抑制室外信号在室内区域的干扰，在室外信号较强的区域布放 pRRU。

第七步：在完成前面几种情况的 pRRU 布放后，根据室内各场景 pRRU 覆盖半径，对余下未布放区域进行错位布放。

第八步：电梯覆盖，如果业主允许，优先考虑采用随行网线，使用在电梯轿厢顶部布放 pRRU 的方式覆盖，每个电梯 1 个 pRRU，若业主不允许，则考虑用传统 DAS 覆盖方式。

2. 馈线的设计

走线路由选择应该本着走线最短、容易实施、不易被破坏、美观、远离强电的原则。走线一般选择容易施工的弱电井或弱电槽，选择顺序是弱电井、电梯井道、水管井、楼梯间、强电井、外墙；平层较大或较长的建筑，选择多路垂直走线，以减少水平走线数量，降低成本，同时避免网线过长。如有弱电线槽，则沿线槽走线。馈线尽量沿已有线槽走线，尽量在天花板内走线，外露的走线需套 PVC 保护管，走线尽量利用已有的管口、空调口、通风口等，尽量避免打孔穿线；RHUB 尽量靠近 pRRU 安装，以减少网线拉远距离。

4.5.3 器件选型和配置

原来 4G 工程中采用的设备和材料均采用标准接口，可与任何采用标准接口的器件实现兼容。4G 项目工程中，主要器件和馈线损耗见表 4－25。

表 4－25 主要器件和馈线损耗

器件	器件型号	损耗
二功分器	SYD－CS0825－2/300－NF/NF	3.3 dB
三功分器	SYD－CS0825－3/300－NF/NF	5.3 dB
5 dB 耦合器	SYD－CT0800/2500－5/200－NF/NF	2.0 dB
6 dB 耦合器	SYD－CT0800/2500－6/200－NF/NF	1.6 dB
7 dB 耦合器	SYD－CT0800/2500－7/200－NF/NF	1.4 dB
10 dB 耦合器	SYD－CT0800/2500－10/200－NF/NF	0.7 dB
15 dB 耦合器	SYD－CT0800/2500－15/200－NF/NF	0.5 dB
20 dB 耦合器	SYD－CT0800/2500－20/200－NF/NF	0.3 dB
1/2 in 馈线	HCAAY－50－12（1/2″）	7 dB/100 m

本室内分布工程的设计设备主要包括 BBU、pRRU、RHUB。本室内分布工程采用的 5G BBU 设备的型号是 BBU3900，其防雷标准见表 4－26。

表 4－26 BBU3900 防雷标准

接口名称	防雷方式	冲击电流指标/kA
直流电源接口	差模方式	1
	共模方式	2
信号接口（GE/FE）	差模方式	3
	共模方式	5
GPS 接口	差模方式	5

BBU3900 设备主要板卡见表 4－27。

表 4－27 BBU3900 板卡配置

UPEU	电源板
UEIU	环境控制板
LMPT	LTE 主处理器传输 2 FE/GE 电口，或 2 FE/GE 光口， 或 1 FE/GE 电口和 1FE/GE 光口
LBBP	基带处理器

BBU3900 设备 LBBPc 板卡的参数见表 4－28。

表 4－28　LBBPc 参数

处理能力	2×2 MIMO 6 单元×1.4 MHz/3 MHz/5 MHz/10 MHz 3 单元×15 MHz/20 MHz
用户容量	1 800 活跃用户数，600 规划用户数
数据吞吐量	300 Mb/s 下载和 100 Mb/s 上传
接口	1.25/2.5/4.9 Gb/s

本工程采用的 pRRU 参数的技术参数见表 4－29。天线的内置天线增益 1.8G/2.1G 2 dBi、3.5G 4 dBi；体积 2.3 L，质量 2.5 kg。

表 4－29　5G pRRU 技术参数

设备型号	pRRU5935/pRRU5935D	pRRU5936
频段	3.5G 4T	1.8G＋2.1G＋3.5G 4T
输出功率	3.5G（4T4R）：4×250 mW	1.8G（2T2R）：2×100 mW 2.1G（2T2R）：2×100 mW 3.5G（4T4R）：4×250 mW
产品形态	内置天线	内置天线
载波数	3.5G NR：100M/80M/60M 4T4R	3.5G：100M/80M/60M 4T4R
传输	pRRU5935：1 光 1 电 光：10.1G 电：3.072G（仅级联） pRRU5935D：1 电	1 光 2 电 光：10.1G 电：2×10.1/3.072G/1.2 5G

工程采用的 RHUB 参数的技术参数见表 4－30。

表 4－30　5G RHUB 技术参数

产品型号	RHUB3908	RHUB3918
体积/质量	1 U/6 kg	1 U/6 kg
配套版本	SRAN9.0	SRAN12.1
配套模块	pRRU3902	pRRU3902/3912/5922
CPRI 速率	4.9G/9.8G	4.9G/9.8G/10.1G
CPRI_E 速率	1.25G	1.25G/2.5G
容量	4 个 LTE 小区扇区设备组	8 个 LTE 小区扇区设备组

4.6 机房要求

4.6.1 设备安装原则

本期工程在设备布置及安装时，应遵循下列原则：

（1）基站机房内各种通信设备安装、抗震加固设计应符合中华人民共和国通信行业标准 YD 5110—2009《800 MHz/2 GHz CDMA2000 数字蜂窝移动通信网工程设计暂行规定》、YD 5059—2005《电信设备安装抗震设计规范》等相关要求。

（2）基站机房内通信设备的防雷接地应符合中华人民共和国通信行业标准 YD 5098—2005《通信局（站）防雷与接地工程设计规范》中的相关要求。

（3）基站机房内通信电源、蓄电池及电源线缆的安装布放应符合中华人民共和国通信行业标准 GB 51194—2016《通信电源设备安装工程设计规范》中的相关要求。

（4）基站设备的平面布置应遵循节省空间、美观、便于维护的原则，设备可维护方向上不应有障碍物，确保设备门可正常打开，设备板卡可安全插拔，满足调测、维护和散热的需要。

（5）基站机架可以侧靠墙排列，但由于墙面可能泛潮或渗水，侧靠墙排列不利于设备的稳定运行。故侧靠墙排列时需和侧墙留出一定的距离，不能紧贴墙面。基站机架的最小维护空间为前沿 600 mm、背后 150 mm、架顶 250 mm，在摆放设备时不能小于此空间。

（6）交流配电箱一般挂墙安装，下沿距地 1 200～1 400 mm。

4.6.2 机房设备安装

1. 信源设备安装方式

信号源机房可采用多种方式，一般分布系统布线都通过大楼的弱电井，因此机房通常选择在弱电井附近。工程机房可采取以下三种方式：

① 租用业主的空闲房间用作机房。

② 如果业主通信机房有剩余可用空间，可同业主的通信机房设在一起。

③ 在向业主租用机房很困难的情况下，对于壁挂式微蜂窝的基站以及直放站，可设在弱电井中，但是必须做好防尘措施。

2. 室内安装要求

信源机房的一般要求主要包括：

① 室内覆盖主设备机房面积要求不小于 10 m^2；对于采用微蜂窝基站作信号源的室内覆盖站，机房面积要求不小于 6 m^2。

② 机房净高≥2.6 m，荷重≥300 kg/m^2，对于不能满足设备荷重要求的机房，需做加固处理。

③ 机房地面采用水磨石、半硬质塑料、软质塑料或地板革铺设，墙面、顶棚采用膨胀珍珠无光油漆，地面及墙壁干净、整洁、平整，具有防水、防火设施。对于已安装宏蜂窝基站设备的机房，需要改造。

④ 机房温度应保持在 5～32 ℃，相对湿度应保持 15%～80%。

⑤ 机房室内应具有照明设施，离地面 0.8 m 水平面上照明度＞50 lx。

⑥ 机房位置应便于接地。

⑦ 机房应具有良好的通风能力，能防止有害气体侵入，并应有防尘措施。

⑧ 机房常用门应外开，门宽应大于 0.8 m，门窗应封闭，安装安全保险锁。

本次工程设计单位和甲方协商后设置在有可用空间的地下一层设备间。

3. 室外安装要求

1）天线

各类型天线应采用相应天线支架安装，所有支架做镀锌处理。若为挂墙式天线，必须牢固地安装在墙上，保证天线垂直美观，并且不破坏室内整体环境；若为吸顶式天线，可以固定安装在屋顶或吊顶下，保证天线水平美观，并且不破坏室内整体环境。如果吊顶为石膏板或木质，还可以将天线安装在屋顶或吊顶内，但必须用天线支架对天线做固定处理，不能任意摆放在吊顶上方，同时，在天线附近须留有出口位。室内天线布放时，尽量注意金属结构和墙体建筑结构对信号的影响，选择合适的位置。天线的安装位置在设计文件规定的范围内，并尽量安装在吊顶的中央。天线放置要平稳、牢固，如果垂直放置，安放位置要合理，以方便天线的连接。安装天线的过程中，不能弄脏天花板或其他设施，安装天线时，保证天线清洁干净。电梯井内天线安装时，必须用膨胀螺栓将天线和天线支架牢固固定于电梯井壁；天线主瓣方向应严格按照设计要求。

2）GPS 天线的安装

应根据现场勘察情况合理选择馈线路由，馈线使用尽可能短。GPS 天线安装应牢固，应能适应各种天气状况并便于施工和维护。GPS 天线应与地平面垂直，夹角应为 90°±2°。防止阻挡以 GPS 天线为圆心，可在天线所在水平面上方作一半球面，在仰角 10°以上的球面部分，障碍物的投影面积应小于球面面积的 25%，而且障碍物不应过于集中，保证 GPS 天线同时接收到至少 4 颗卫星信号。GPS 天线不应是区域内最高点。当 GPS 天线安装在楼顶时，应在抱杆上安装避雷针。抱杆应与接地线焊接，以使整个抱杆处于接地状态。

4.7　无线室内分布工程设计文档编制

4.7.1　设计文档

1. 概述

1）工程概况

本工程任务为对 Z 市 J 公司办公楼进行 5G 网络室内分布覆盖，委托 X 设计咨询有限公司对该工程进行设计，Z 市 J 公司办公楼为钢筋混凝土浇筑结构，主体框架式结构，共 6 层，其中，1～6 层为办公区，地下 1 层为仓库。−1 层不需要覆盖，该楼内有 1 个楼梯。计划从基站机房 BBU，通过光缆将信号引入该办公楼并进行覆盖，以达到改善办公楼信号质量，提高移动网络移动服务质量的目的。

2）设计依据

室内分布设计要做到有据可循，其依据主要包括：① 现场无线环境勘测记录，包括大楼内及主要出入口占用小区的信号场强记录（具体说明楼内信号强杂区、盲区）、邻小区表、通话误码情况。② 客户调查记录，包括大楼内总人数、用户的意见反馈。③ 国家、行业、建设单位和设计单位内部的各类相关设计标准和规范。④ 其他设计依据，包括项目可行性研究报告、设计委托书，所采用的设备、器材资料和大楼建筑图等。部分室内分布工程设计规范见表 4－31。

表 4－31　部分室内分布工程设计规范

序号	现行标准名称	标准编号
1	住房和城乡建设部，《通信局（站）防雷与接地工程设计规范》	GB 50689—2011
2	住房和城乡建设部，《建筑设计防火规范》	GB 50016—2014
3	住房和城乡建设部，《通信局站共建共享技术规范》	GB/T 51125—2015
4	通信局（站）防雷与接地工程设计规范	YD 5098—2005
5	工业和信息化部，《通信工程制图与图形符号规定》	YD/T 5015—2015
6	信息产业部，《通信电源设备安装工程设计规范》	GB 51194—2016
7	中华人民共和国工业和信息化部，《通信工程设计文件编制规定》	YD/T 5211—2014
8	信息产业部，《无线通信室内覆盖系统工程设计规范》	YD/T 5120—2015
9	《5G 数字蜂窝移动通信网 NG 接口技术要求和测试方法（第一阶段）》	YD/T 3619—2019

2. 设计分析

1）信号源的选择

本项目的 5G 室内覆盖系统利旧 1 套 5G BBU、3 台 RHUB、24 台 pRRU（S11）作为信号源。

2）覆盖方式

本项目的主干路由方案使用了 1 个楼梯边的竖井，系统 BBU 安装于 B1F 机房，拉远 RHUB 分别安装在 2F 弱电竖井、5F 弱电竖井。楼内水平路由由竖井垂直走线到各平层，覆盖各楼宇内功能区域。5G 信源由 1 台 5G BBU、3 台 RHUB、24 台 pRRU 组成。其中，2 个 RHUB 安装在 2 楼的弱电竖井中，覆盖 1～4 楼；1 个 RHUB 安装在 5 楼的弱电竖井中，覆盖 5～6 楼；本方案新增 BBU 至 RHUB 之间连接，用 12 芯光缆 530 m、12 芯架式 ODF 设备 1 套、12 芯壁挂 ODF 设备 3 套。

3）覆盖场强

根据现场勘测与模拟测试，结合 Z 市 J 公司办公楼内部的分隔情况，可分为两种情形，即发射点与接收点无间隔墙体存在，区域较为开阔；发射点与接收点有间隔墙体存在，但隔墙较少。有障碍物时，各种材质的损耗见表 4－32。

表 4－32　D 办公楼内主要材质损耗　　dB

金属	水泥墙	砖墙	木/塑料板	玻璃	抗紫外线玻璃
25	15～30	14	6	6	20

室内覆盖系统的覆盖区场强计算采用电波自由空间传播损耗结合障碍物阻挡模式进行，其自由空间传播损耗计算公式中的场强计算（包括电梯和地下停车场），按设计方案的天线口功率输出可以满足网络信号覆盖要求。

建筑物室内无线信道与室外无线信道的差异非常大，因此 Cost231－Hata 等传播模型不再适用于室内环境。建筑物室内常采用经验模型来计算路径损耗，如灵活性很强的衰减因子模型，计算公式为

$$PL(d)_{[dB]}=PL(d_0)_{[dB]}+10n\lg\frac{d}{d_0} \quad (4-1)$$

式中，$PL(d)$是距离 d 处的路径损耗值；$PL(d_0)$是基准距离 d_0 的路径损耗值；d_0 为参考距离，微蜂窝系统中一般取为 1 m 或 10 m；d 是发信机与收信机间的距离，单位为 m；n 表示基于测试的多楼层路径损耗指数。基准距离 d_0 的路径损耗值 $PL(d_0)$满足自由空间传播损耗计算模型，即

$$PL(d_0)_{[dB]}=32.44+20\times\lg(d_{0[km]}\times f_{[MHz]}) \quad (4-2)$$

室内分布系统中的天线点通常仅考虑覆盖同层区域。参考经验值，$n=2.76$。当基准距离 $d_0=1$ m、工作频率 $f=2\ 100$ MHz 时，$PL(d_0)=38.88$ dB。

因此，室内环境传播模型公式表示为

$$PL(d)_{[dB]}=38.88+27.6\times\lg d_{[m]} \quad (4-3)$$

4）泄漏分析

本方案采用有源方式覆盖，各个天线发射功率可控，并且建筑物外墙阻断较大，经验证明不会产生泄漏。

5）切换分析

经过理论计算和模拟测试，可以保证大门口信号的正常切换。

3. 设计方案

本项目利用旧有的 1 套 5G BBU 设备、3 台 RHUB 设备和 24 台 pRRU 设备作为信号源。

4. 设备安装要求

设备的安装位置应便于维修、检测和散热，设备的安装必须牢固可靠，供电条件稳定可靠，具备良好的接地性能。根据设计文件贴上标签，注明设备的名称、编号。设备安装方式参阅各设备厂家提供的安装指导手册。设备应做好防水处理。使用的所有系统设备必须提供相关合格证书、入网许可证等。系统设备的规格、数量、位置等必须跟设计方案一致。设备尽量安装在馈线走线的线井内。对于干线放大器、光纤、有源分布系统的主机单元设备，必须接地，并应用 16 mm^2 的接地线与建筑物的主地线连接。

1）安装位置要求

设备的安装位置符合设计文件（方案）的要求，尽量安装在馈线走线的线井内，安装位置应便于调测、维护和散热。根据设备安装图和相关通信施工规范安装设备，设备安装的位置周边不应有强电、强磁和强腐蚀的设备及干扰源存在。设备电源必须与空开直连，每个有源设备单独连接一组空开，空开必须安装在配电箱内，配电箱内须安装一组五孔插

座，工作状态时放置于不易触摸到的安全位置并固定。

2）电源设备安装

室内覆盖基站交流电源可视基站的重要性，采用二类或三类市电，引入负荷不小于 6 kW。室内覆盖基站的交流供电系统建议就近直接引入 220 V 民用电，交流引入线应采用截面积不小于 10 mm^2 的铜芯电缆。市电引入机房前应做好防雷措施。室内要求安装交流配电箱，各种配套设备的交流电直接从配电箱引出。交流配电箱离地高 1.5 m。室内覆盖采用宏蜂窝基站作信号源的，应使用 UPS；对于采用微蜂窝基站及直放站作信号源的室内覆盖站，根据实际情况合理使用，UPS 要求靠边放置并固定好。交流引入电缆必须做好电缆接头的防水处理；交流引入电缆应全部穿 PVC 管，其转弯处要使用 PVC 管弯头直接弯曲。PVC 管离地高度 1 m。每个基站必须配备一副电源接线板，电源接线板应有两芯及三芯两种插座，电源接线板应水平固定在墙上，离地高 0.3 m。电缆走线必须平直美观，不得有交叉、空中飞线、扭曲、裂损等情况。

设备电源要求专用，严禁对设备轻易断电，必须有正式书面协议来保证正常供电。电源插板应有两芯及三芯两种插座，工作时应放置于不易触摸到的安全位置。有源设备的电源线接在不间断电源的空开前端，不能在弱电井中穿电源线，电源线必须走线槽或铁管，要保持良好的接地，配电箱内的走线要美观，可参照配电箱内原有的走线，要使用硬线，线槽要美观、牢固。电源线要有联通标志和方向标识。蜂窝、直放站电表箱电源必须接到空开前，不可从电源线路上剥接。

3）传输设备安装

室内覆盖传输组网方式多种多样，本项目采用光纤方式。本项目使用光缆光纤，光缆的技术指标主要参考 GB/T 13993.2—2002《通信光缆系列第四部分：核心网用室外光缆》。

5. 天线安装

根据勘测结果和室内建筑结构设置天线的位置，选择天线类型，天线尽量设置在室内公共区域。对于层高较低，内部结构复杂的室内环境，宜选用全向吸顶天线，宜采用低天线输出功率且高天线密度的分布方式，以使功率分布均匀，覆盖效果良好。对于较空旷且以覆盖为主的区域，由于无线传播环境较好，宜采用高天线输出功率、低天线密度的分布方式，满足信号覆盖和接收场强要求即可。对于建筑边缘的覆盖，宜采用室内定向天线，避免室内信号泄露到室外造成干扰。根据安装条件，可以选择定向吸顶天线和定向板状天线。

1）天线位置

天线的安装位置符合设计文件（方案）规定的范围，尽量安装在天花吊顶板的中央。

2）天线安装

天线放置要平稳、牢固，如果垂直放置，安放位置要合理、美观。天线连接容易，上紧天线时，必须先用手拧紧，最后用扳手拧动的范围在 1 圈内即准确到位，要做到布局合理、美观。安装天线的过程中，不能弄脏天花板或其他设施，摘装天花板时，使用干净的白手套，室外天线的接头必须使用更多的防水胶带，然后用塑料黑胶带缠好，胶带做到平整、少皱、美观，安装完天线后，要擦干净天线。若为挂墙式天线，必须牢固地安装在墙上，保证天线垂直、美观，并且不破坏室内整体环境。若为吸顶式天线，可以固定安装在天花或天花吊顶下，保证天线水平、美观，并且不破坏室内整体环境。如果天花吊顶为石膏板或木质，还可以将天线安装在天花吊顶内，但必须用天线支架对天线做牢固固定，不能任意摆放在天花吊顶内，支架捆绑所用的扎带不可少于 4 条。

电梯的覆盖，根据情况采用 3 种方式：电梯厅设置吸顶天线；信号屏蔽严重的电梯或电梯厅没有安装条件的情况下，电梯井内设置方向性较强的定向天线；电梯轿厢设置发射天线，布放随梯电缆。电梯覆盖要避免电梯内的切换。

6. 馈线布放

馈线所经过的线井应为电气管井，不能使用风管或水管管井。避免与强电高压管道及消防管道一起布放走线，确保无强电、强磁的干扰。馈线布放不能经过潮湿、高温区域。馈线尽量在线井和天花吊顶中布放。

馈线必须按照设计文件（方案）的要求布放，要求走线牢固、美观，不得有交叉、扭曲、裂损情况。当跳线或馈线需要弯曲布放时，要求弯曲角保持圆滑，其弯曲曲率半径见表 4－33。

表 4－33　馈线弯曲曲率半径　　mm

线　径	二次弯曲的半径	一次性弯曲的半径
1/4 in 软馈	30	—
1/2 in 软馈	40	—
1/4 in	100	50
3/8 in	150	50
1/2 in	210	70
7/8 in	360	120

穿竖线要首先认真看清图纸，对竖线在各层中的排列顺序要有合理的安排，以方便以后器件的制作，竖线要直，做到方便检查，布局美观。如果业主要求要穿 PVC 管，扎带每 1 m 一个，剪齐，方向一致。如业主对穿横线有要求，则要穿 PVC 管，走线要水平、拉直，不可捆绑在细的线缆上，要做到单独捆绑，在天花板上每 1.5 m 一个扎带，明线处 0.6 m 一个扎带，扎带的头要剪齐，做到方向一致。注意走线的美观，经过白墙时，要穿 PVC 管；在墙上固定时，使用塑料管卡。所有 7/8 in 的馈线要用粗扎带捆扎，没有用 PVC 管的地方要用黑色扎带，有白色 PVC 管的地方用白色扎带。两条以上馈线要平行放置，每条线单独捆扎。

对于不在机房、线井和天花吊顶中布放的馈线，应套用 PVC 管。要求所有走线管布放整齐、美观，其转弯处要使用 PVC 软管连接。走线管应尽量靠墙布放，并用线码或馈线夹进行牢固固定，其固定间距见表 4－34。

表 4-34　馈线间距　m

走线方向	＜1/2 in 线径馈线	＞1/2 in 线径馈线
馈线水平走线时	1.0	1.5
馈线垂直走线时	0.8	1.0

走线不能有交叉和空中飞线的现象。若走线管无法靠墙布放（如地下停车场），馈线走线管可与其他线管一起走线，并用扎带与其他线管固定。

馈线进出口的墙孔应用防水、阻燃的材料进行密封。馈线的连接头必须安装牢固，正确使用专用的做头工具，严格按照说明书上的步骤进行，接头不可有松动馈线芯及外皮不可有毛刺，拧紧时，要固定住下部拧上部，确保接触良好，保持驻波比小于 1.3，并做防水密封处理。

7. 器件安装

无源器件应用扎带、固定件牢固固定，不允许悬空无固定放置。要保证量好馈线长度后再锯掉馈线，做到一次成功，较短的连线要先量好，以后再做，不要因为不易连接而打急弯。如果线太长，要锯掉，不能盘在器件周围。

8. 防雷接地

室内覆盖基站执行 B 级防雷标准制作，B 级防雷与 C 级防雷之间的间距不小于 10 m。交流电力电缆在变压器低压引出端和进入机房交流配电箱处应分别安装氧化锌避雷器。

用于室内覆盖的基站，一般是租用或购买业主的房屋作机房，并且基站天线和设备处在基站所在大楼的屏蔽下，对接地的要求较普通宏蜂窝基站要低。室内覆盖基站接地应充分利用机房建筑物的地线系统以及其他已经做好接地措施的金属设施作基站的防雷和保护接地，在无法找到可利用的地线系统时，需要单独敷设地网。

用于室内覆盖的基站，一般是租用或购买业主的房屋作机房，并且基站天线和设备处在基站所在大楼的屏蔽下，对接地的要求较普通宏蜂窝基站要低。

室内覆盖基站接地应充分利用机房建筑物的地线系统以及其他已经做好接地措施的金属设施作基站的防雷和保护接地，在无法找到可利用的地线系统时，需要单独敷设地网。

接地引入线应为 40 mm×4 mm 镀锌扁钢或截面积不小于 95 mm^2 的铜芯电缆，接地引入线须做防腐、绝缘处理，长度不超过 30 m。地线接头处必须焊接牢固，地线宜短不宜长，宜粗不宜细。

对于采用宏基站作信号源的室内覆盖站，接地电阻要求不大于 5 Ω；对于采用微蜂窝基站及直放站作信号源的室内覆盖站，接地电阻要求不大于 10 Ω。

在交流线的引入端及引出端，电力电缆应可靠接地。

对于干线放大器、光纤分布系统的主机单元设备必须接地，并应用相应线径的接地线与建筑物的主地线连接。

9. 空调

对于采用宏基站作信号源的室内覆盖站，需要安装空调设备；对于采用微蜂窝基站及直放站作信号源的室内覆盖站，根据机房情况合理使用。室内空调建议选用 220 V 空调，根据机房大小，机房面积小于 15 m^2 的，一般选用 1.5P 容量的壁挂式空调；机房面积大于 15 m^2 的，可选用 3P 柜式空调。空调安装位置要有利于设备散热。

10. 电磁兼容与电磁辐射防护

根据中华人民共和国国家标准 GB 8702—88《电磁辐射防护规定》，电磁辐射的限值为：公众照射，在一天 24 h 内，环境电磁辐射的场量参数在任意连续 6 min 内的平均值应满足功率密度小于 0.4 W/m^2（频率为 30～3 000 MHz）；职业照射，在一天 8 h 工作时间内，电磁辐射功率密度在任意连续 6 min 内的平均值应满足功率密度小于 2 W/m^2（频率为 30～3 000 MHz）。本设计严格遵守国家有关规定，指标优于国家环保控制指标。由于将天线口功率调整到很低的程度（小于 15 dBm），电磁辐射值可控制在国家标准值以下，对人体不会产生影响。

11. 标签

设备器件和每根电缆的两端都要贴上标签，根据设计文件的标识注明设备的名称、编号和电缆的走向及收发信标签。如果用户没有特殊要求，需使用统一的标签，见表 4-35，内容包括每个器件的名称、线的方向和长度（两头都要有），馈线每隔 2 m 贴一标志，每个器件和每条馈线都必须有记录，用透明胶带加固。设备上必须粘贴固定资产卡片。

表 4-35　器件和馈线标签信息

无源分布系统设备			
器件名称	标签信息	合路器	CB n-m
天线	ANT n-m	负载	LD n-m
功分器	PS n-m	衰减器	AT n-m
耦合器	T n-m	干线放大器	RP n-m
有源分布系统设备			
器件名称	标签信息	中途放大器	IA n-m
射频有源天线	PT n-m	末端放大器	EA n-m
有源功分器	PPS n-m	主机单元	HUB n-m
光纤分布系统设备			
主机单元	HS n-m	光纤有源天线	OT n-m
远端单元	RS n-m	光路功分器	OPS n-m
馈线			
起始端	TO_______设备编号	终止端	FROM_____设备编号
注：以上 n 表示设备的编号，m 表示该设备安装的楼层。			

设备的标签应贴在设备正面容易看见的地方，对于室内天线标签的贴放，应保持美观，并且不会影响天线的安装效果。馈线的标签尽量用扎带牢固固定在馈线上，不宜直接贴在馈线上。例如，安装在 9 层编号为 2 的三功分器，它的标签为：

三功分器 PS2－9F

一段馈线，起始点是安装在 9 层编号为 2 的功分器 PS2－9F，终止点为安装在 10 层编号为 3 的耦合器 T3－10F，则此段馈线的标签为：

起始端标签：

TO　　T3－10F

终止端标签：

FROM　PS2－9F

4.7.2　图纸

1. 系统设计图

图 4－20 和图 4－21 为 2021 年 Z 市 J 公司 W 室内分布工程系统图。

2. 施工图

图 4－22 和图 4－23 为 2021 年 Z 市 J 公司 W 室内分布工程施工图。

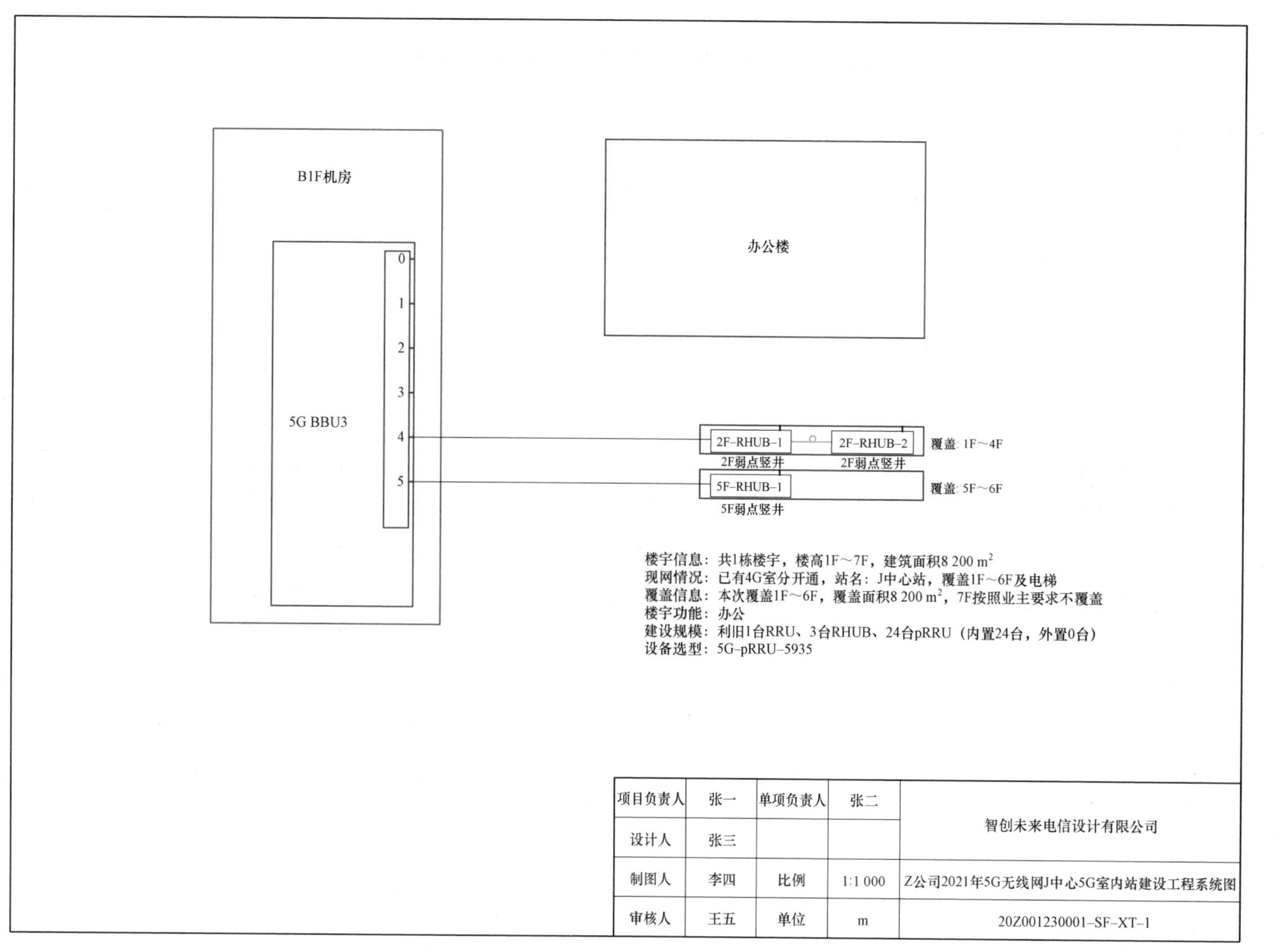

图4－20　2021年Z市J公司W室内分布工程系统图1

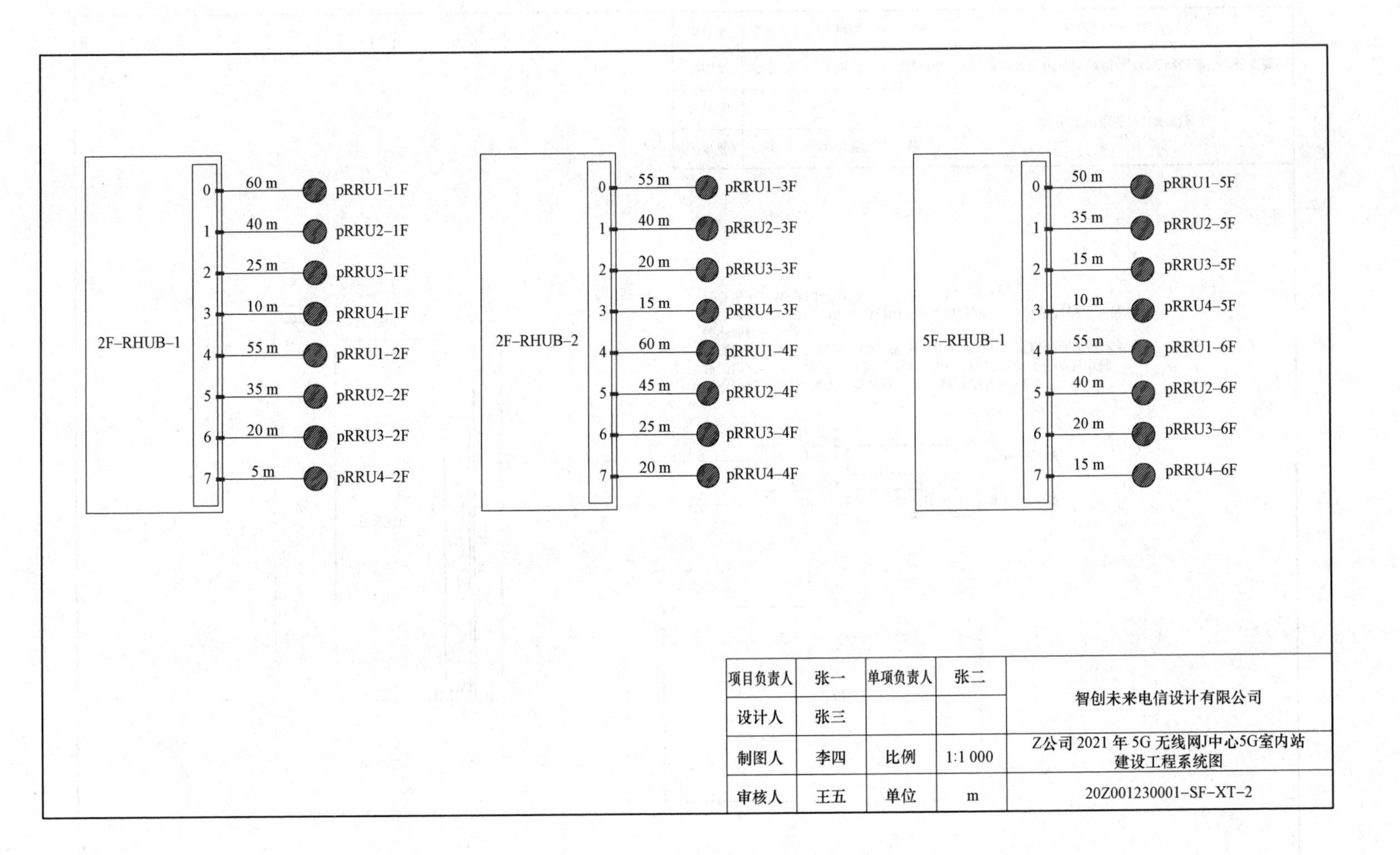

图 4-21　2021 年 Z 市 J 公司 W 室内分布工程系统图 2

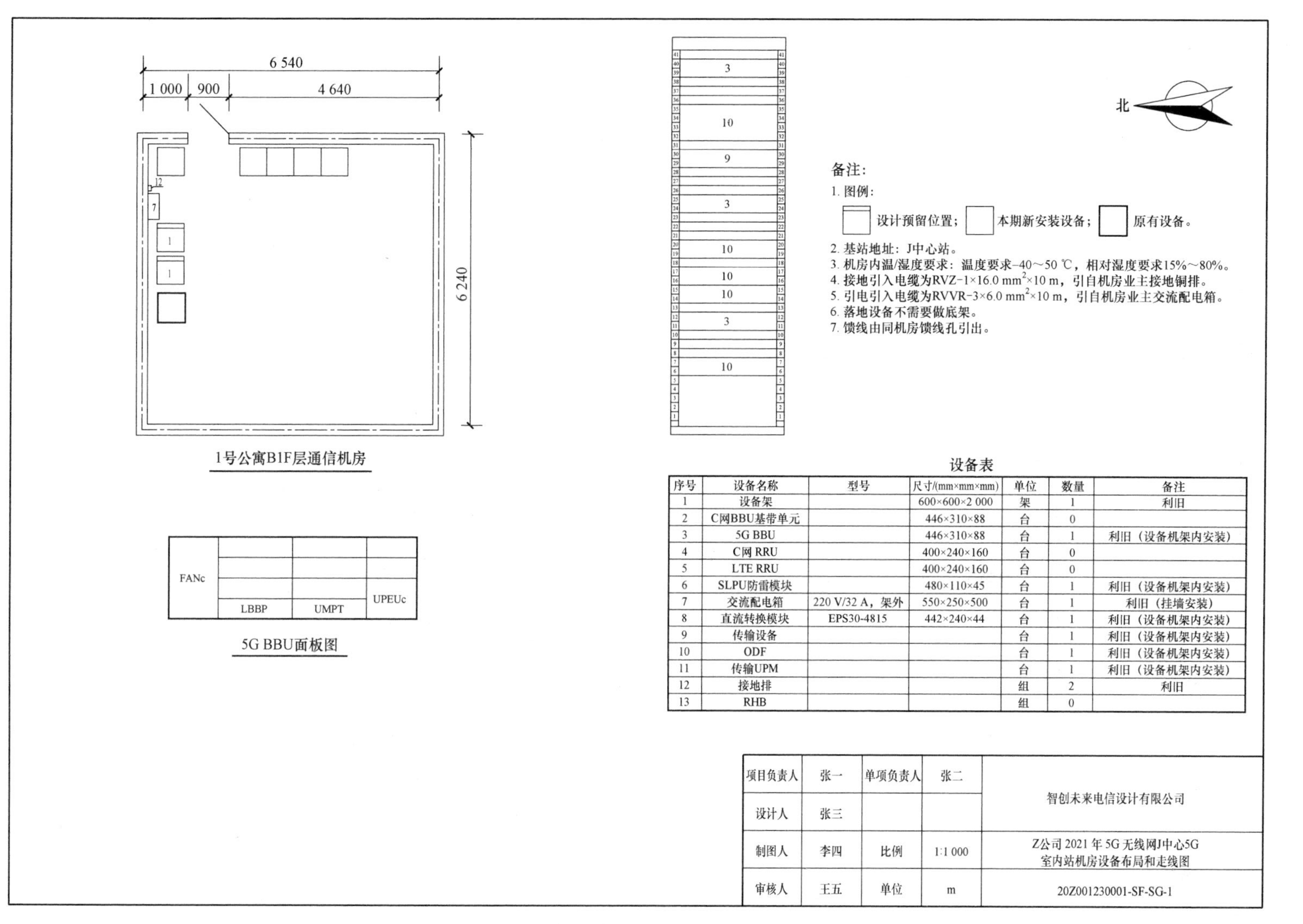

备注:
1. 图例:
设计预留位置；本期新安装设备；原有设备。
2. 基站地址：J中心站。
3. 机房内温/湿度要求：温度要求-40～50 ℃，相对湿度要求15%～80%。
4. 接地引入电缆为RVZ-1×16.0 mm^2×10 m，引自机房业主接地铜排。
5. 引电引入电缆为RVVR-3×6.0 mm^2×10 m，引自机房业主交流配电箱。
6. 落地设备不需要做底架。
7. 馈线由同机房馈线孔引出。

设备表

序号	设备名称	型号	尺寸/(mm×mm×mm)	单位	数量	备注
1	设备架		600×600×2 000	架	1	利旧
2	C网BBU基带单元		446×310×88	台	0	
3	5G BBU		446×310×88	台	1	利旧（设备机架内安装）
4	C网 RRU		400×240×160	台	0	
5	LTE RRU		400×240×160	台	0	
6	SLPU防雷模块		480×110×45	台	1	利旧（设备机架内安装）
7	交流配电箱	220 V/32 A，架外	550×250×500	台	1	利旧（挂墙安装）
8	直流转换模块	EPS30-4815	442×240×44	台	1	利旧（设备机架内安装）
9	传输设备			台	1	利旧（设备机架内安装）
10	ODF			台	1	利旧（设备机架内安装）
11	传输UPM			台	1	利旧（设备机架内安装）
12	接地排			组	2	利旧
13	RHB			组	0	

项目负责人	张一	单项负责人	张二	智创未来电信设计有限公司
设计人	张三			
制图人	李四	比例	1:1 000	Z公司 2021 年 5G 无线网J中心5G 室内站机房设备布局和走线图
审核人	王五	单位	m	20Z001230001-SF-SG-1

图 4－22　2021 年 Z 市 J 公司 W 室内分布工程施工图 1

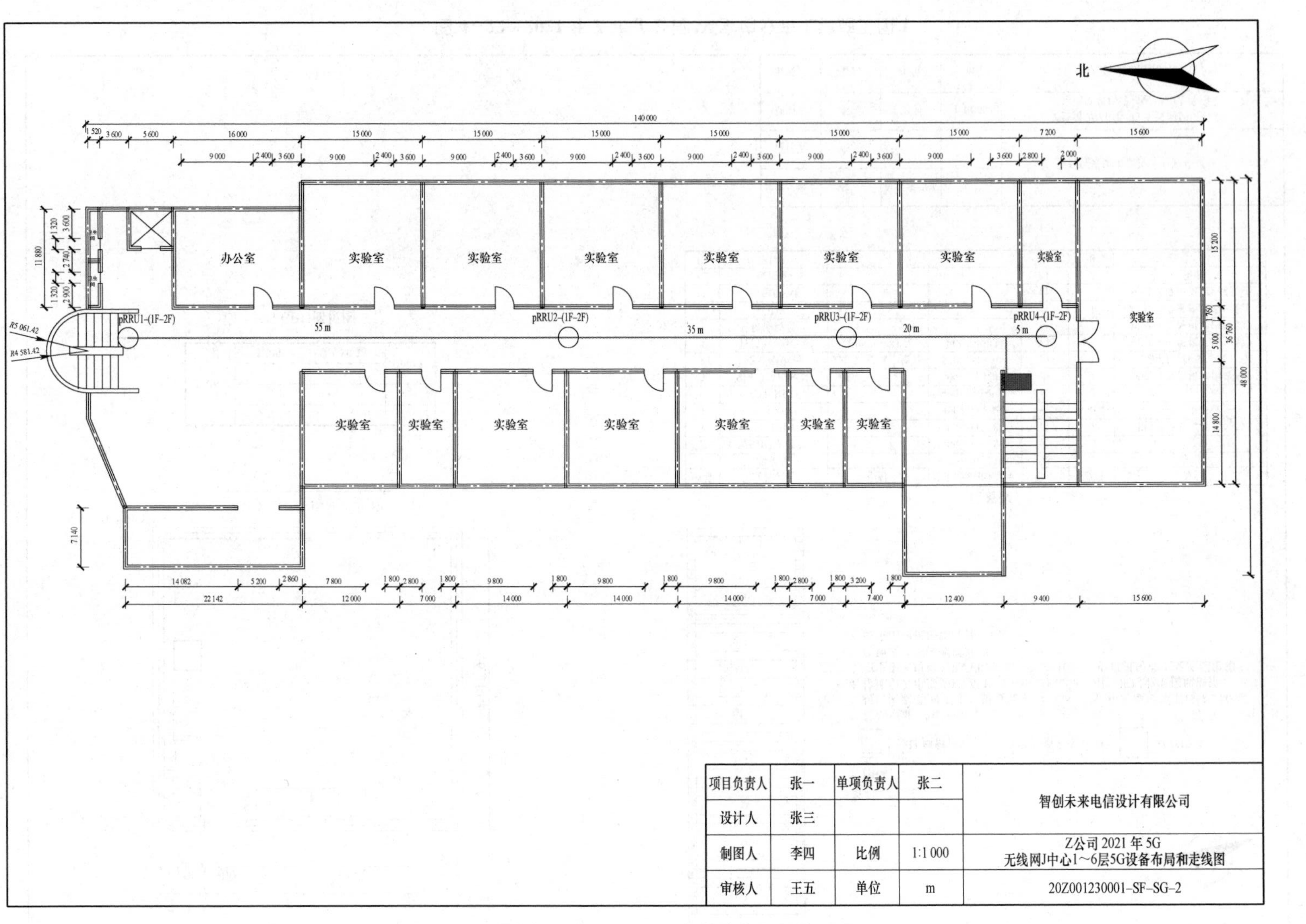

图 4-23　2021 年 Z 市 J 公司 W 室内分布工程施工图 2

4.8　无线室内分布工程预算文档编制

4.8.1　预算说明

1. 预算概况

分布系统工程预算 112 063 元人民币，包括需要安装的设备费 73 511 元人民币，建筑安装工程费 29 607 元人民币，工程建设其他费 9 925 元人民币，预备费 3 014 元人民币。

2. 编制依据

① 工业和信息化部，《关于印发信息通信建设工程预算定额、工程费用定额及工程概预算编制规程的通知》（工信部通信〔2016〕451 号）。

② 工业和信息化部，《信息通信建设工程费用定额》及《信息通信建设工程概预算编制规程》，2016 年 12 月。

③ 工业和信息化部，《信息通信建设工程预算定额》（第一册至第五册），2016 年 12 月。

④ 工业和信息化部通信工程定额质监中心，《关于营业税改增值税后通信建设工程定额相关内容调整的说明》（中心造〔2016〕08 号）。

⑤ 工业和信息化部，《关于调整通信工程安全生产费取费标准和使用范围的通知》（工信部通函〔2012〕213 号）。

⑥ 建设单位提供的设备、材料价格。

⑦ 设计委托书

3. 工程量清单

分布系统工程工程量清单见表 4－36，光缆工程工程量清单见表 4－37。

表 4－36　分布系统工程器材清单表

编号	项目名称	规格	单位	数量
1	敷设电缆	ZA－RVV－0.6/1 kV－1 × 16 mm^2	m	30
2	敷设电力电缆	ZA－RVV－0.6/1 kV－3 × 6 mm^2	m	30
3	安装－移动基站－扩展单元		个	3
4	敷设软光纤 15 m 以下	双头	条	12
5	安装移动基站远端单元（pRRU）		套	24
6	配合调试天、馈线系统		扇区	3
7	配合基站系统调测（定向）		扇区	3
8	安装无线局域网交换机		台	3

表 4-37 光缆工程器材清单表

编号	项目名称	规格	单位	数量
1	敷设管道光缆	光缆-GYTA-单模 G.652D-12 芯	m	500
2	进局光（电）缆防水封堵		处	1
3	竖井引上光缆		m	30
4	光缆成端接头	束状	芯	48
5	用户光缆测试	12 芯以下	段	2
6	敷设硬质 PVC 管	ϕ25 mm 以下	百米	0.6
7	安装光缆终端盒	ODF 盒 12 芯架式	台	1
8	安装光缆终端盒	ODF 盒 12 芯壁挂	台	3
9	室内布放电力电缆	ZA-RVV-0.6/1 kV-1×16 mm^2	米	40

4.8.2 预算费用

1. 定额

本工程使用安装定额，依据工信部颁发的通信建设工程预算定额，本工程使用其中的四册：第一册《通信电源设备安装工程》、第二册《有线通信设备安装工程》、第三册《无线通信设备安装工程》、第四册《通信线路工程》。

2. 其他主要费率

临时设施费按 35 km 以内计，无线取 3.8%，光缆取 2.6%；施工队伍调遣费按照 $L\leqslant$ 100 km 标准计取施工队伍调遣费；室内分布系统工程勘察设计费计算方法是 2 720 元×49%/站+工程费×4.5%×49%；光缆部分勘察设计费计算方法是 1 530×（1-1）+2 000]×80%×49%+工程费×4.5%×49%；可行性研究费按照可研批复投资×可研费率（0.18%）；项目建设管理费按照工程费×2.0%×50%；工程监理费按照监理费计费额×3.3%×60%；安全生产费按照建筑安装工程费（除税价）×1.5%；工程质量监督费根据工信厅、建设单位要求不计取；工程定额测定费根据工信厅、建设单位要求不计取；建设期贷款利息依据集团要求，本期不计取。

4.8.3 预算表格

本工程预算表格分为室内分布工程和光缆工程两个单项工程预算。每个工程的预算表格都包括：

表 4-38 工程预算表（表一）
表 4-39 建筑安装工程费用预算表（表二）
表 4-40 建筑安装工程量预算表（表三甲）
表 4-41 建筑安装工程机械使用费预算表（表三乙）
表 4-42 建筑安装工程仪器仪表使用费预算表（表三丙）
表 4-43 国内器材预算表（国内需要安装的设备）（表四甲）
表 4-44 国内器材预算表（国内甲供主要材料）（表四甲）
表 4-45 国内器材预算表（国内乙供主要材料）（表四甲）
表 4-46 工程建设其他费预算表（表五甲）

表 4－38　工程预算表（表一）

建设项目名称：Z 市 F 运营商 Z 市 J 公司办公楼 5G 移动信号覆盖项目　　建设单位名称：Z 市 F 运营商

项目名称：Z 市 F 运营商 Z 市 J 公司办公楼 5G 移动信号室内覆盖项目　　表格编号：202106001SF001ZFZJSJ 001-B1　　第　页共　页

序号	表格编号	费用名称	小型建筑工程费	需要安装的设备费	不需安装的设备、工器具费	建筑安装工程费	其他费用	预备费	总价值			
			元						除税价/元	增值税/元	含税价/元	其中外币（）
Ⅰ	Ⅱ	Ⅲ	Ⅳ	Ⅴ	Ⅵ	Ⅶ	Ⅷ	Ⅸ	Ⅹ	Ⅺ	Ⅻ	XⅢ
1		建筑安装工程费				26 585			26 585	3 022	29 607	
2		引进工程设备费										
3		国内设备费		62 830					62 830	10 681	73 511	
4		小计（工程费）		62 830		26 585			85 421	13 703	99 124	
5		工程建设其他费					9 344		9 344	581	9 925	
6		引进工程其他费										
7		合计		62 830		26 585	9 344		94 765	14 284	109 049	
8		预备费						2 843	2 843	171	3 014	
9												
10												
11												
12												
13		总计		62 830		26 585	9 344	2 843	97 608	14 454	112 063	
14		生产准备及开办费										

设计负责人：张一　　审核：王五　　编制：李四　　编制日期：2021 年 7 月

表 4－39　建筑安装工程费用预算表（表二）

建设单位名称：Z 市 F 运营商

工程名称：Z 市 F 运营商 Z 市 J 公司办公楼 5G 移动信号室内覆盖项目　　表格编号：202106001SF001ZFZJSJ 001-1　　第　页共　页

序号	费用名称	依据和计算方法	合计/元	序号	费用名称	依据和计算方法	合计/元
Ⅰ	Ⅱ	Ⅲ	Ⅳ	Ⅰ	Ⅱ	Ⅲ	Ⅳ
	建筑安装工程费（含税）	一+二+三+四	29 607.14	6	工程车辆使用费	人工费×5%	489.57
	建筑安装工程费（除税）	一+二+三	26 585.21	7	夜间施工增加费	人工费×2.1%	205.62
一	直接费	直接工程费+措施费	18 645.32	8	冬雨季施工增加费	人工费×1.8%	176.25
（一）	直接工程费		16 324.73	9	生产工具用具使用费	人工费×0.8%	78.33
1	人工费		9 791.46	10	施工用水电蒸气费		
（1）	技工费	技工总计×114	9 791.46	11	特殊地区施工增加费	（技工总计+普工总计）×0	
（2）	普工费	普工总计×61		12	已完工程及设备保护费		146.87
2	材料费	主要材料费+辅助材料费	3 994.55	13	运土费		
（1）	主要材料费		3 878.2	14	施工队伍调遣费	调造费定额×调遣人数定额×2	
（2）	辅助材料费	主材费×3%	116.35	15	大型施工机械调遣费	单程运价×调遣距离×总吨位×2	
3	机械使用费	表三乙－总计	414.72	二	间接费	规费+企业管理费	5 981.6
4	仪表使用费	表三丙－总计	2 124	（一）	规费	1～4 之和	3 298.74
（二）	措施项目费	1～15 之和	2 320.59	1	工程排污费		
1	文明施工费	人工费×1.1%	107.71	2	社会保障费	人工费×28.5%	2 790.57
2	工地器材搬运费	人工费×1.1%	107.71	3	住房公积金	人工费×4.19%	410.26
3	工程干扰费	人工费×4%	391.66	4	危险作业意外伤害保险费	人工费×1%	97.91
4	工程点交、场地清理费	人工费×2.5%	244.79	（二）	企业管理费	人工费×27.4%	2 682.86
5	临时设施费	人工费×3.8%	372.08	三	利润	人工费×20%	1 958.29
				四	销项税额	（人工费+乙供主材费+辅材费+机械使用费+仪表使用费+措施费+规费+企业管理费+利润）×11%+甲供主材费×17%	3 021.93

设计负责人：张一　　审核：王五　　编制：李四　　编制日期：2021 年 7 月

表 4-40　建筑安装工程量预算表（表三甲）

建设单位名称：Z 市 F 运营商

工程名称：Z 市 F 运营商 Z 市 J 公司办公楼 5G 移动信号室内覆盖项目　　表格编号：202106001SF001ZFZJS　　第　页共　页

序号	定额编号	项目名称	单位	数量	单位定额值/工日		合计值/工日	
					技工	普工	技工	普工
Ⅰ	Ⅱ	Ⅲ	Ⅳ	Ⅴ	Ⅵ	Ⅶ	Ⅷ	Ⅸ
1	信源							
2	TSW 1-060	室内布放电力电缆（单芯相线截面积）16 mm² 以下	10 m 条	3	0.18		0.70	
3	TSW 1-060	室内布放电力电缆（单芯相线截面积）16 mm² 以下	10 m 条	3	0.18		0.54	
4	TSW 1-017	安装室内墙挂/嵌墙式综合机箱（无源）	个	3	0.96		2.88	
5	TSW 1-053	放绑软光纤设备机架间放、绑 15 m 以下	米条	12	0.29		3.48	
6	TSW 2-024	安装室内天线高度 6 m 以下	副	24	0.83		19.92	
7	TSW 2-048	配合调测天、馈线系统	扇区	3	0.47		1.41	
8	TSW 2-081	配合基站系统调测定向	扇区	3	1.41		4.23	
9	TSW 2-105	无线局域网交换机安装	台		1.25			
10	分布系统							
11	TSW 1-039	安装电表箱	个	4	0.63		2.52	
12	TSW 1-086	打穿楼墙洞混凝土墙	处	5	0.21		1.05	
13	TSW 1-036	敷设硬质 PVC 管/槽	10 m 条	20	0.17		3.4	
14	TSW 1-038	安装波纹软管	10 m 条	20	0.12		2.4	
15	TSW 1-058	布放射频拉远单位（RRU）用光缆	米条	100	0.04		4	
16	TSW 1-059	制作光缆成端接头	芯	96	0.15		14.4	
17	TSY 5-013	制作端头	10 个	9.6	0.3		2.88	
18	TXL 6-103	用户光缆测试 12 芯以下	段	24	0.92		22.08	
		合计					85.89	

设计负责人：张一　　审核：王五　　编制：李四　　编制日期：2021 年 7 月

表 4-41　建筑安装工程机械使用费预算表（表三乙）

建设单位名称：Z 市 F 运营商

工程名称：Z 市 F 运营商 Z 市 J 公司办公楼 5G 移动信号室内覆盖项目　　表格编号：202106001SF001ZFZJSJ 001　　第　页共　页

序号	定额编号	工程及项目名称	单位	数量	机械名称	单位定额值		合价值	
						消耗量/台班	单价/元	消耗量/台班	合价/元
Ⅰ	Ⅱ	Ⅲ	Ⅳ	Ⅴ	Ⅵ	Ⅶ	Ⅷ	Ⅸ	Ⅹ
1	TSW1-059	制作光缆成端接头	芯	96	光纤熔接机	0.03	144	2.88	414.72
		合计							414.72

设计负责人：张一　　审核：王五　　编制：李四　　编制日期：2021 年 7 月

表 4－42　建筑安装工程仪器仪表使用费预算表（表三丙）

建设单位名称：Z 市 F 运营商

工程名称：Z 市 F 运营商 Z 市 J 公司办公楼 5G 移动信号室内覆盖项目　　表格编号：202106001SF001ZFZJSJ001　　第　页共　页

序号	定额编号	工程及项目名称	单位	数量	仪表名称	单位定额值		合价值	
						消耗量/台班	单价/元	消耗量/台班	合价/元
Ⅰ	Ⅱ	Ⅲ	Ⅳ	Ⅴ	Ⅵ	Ⅶ	Ⅷ	Ⅸ	Ⅹ
1	TSW1－059	制作光缆成端接头	芯	96	光时域反射仪	0.05	153	4.8	734.4
2	TXL6－103	用户光缆测试 12 芯以下	段	24	稳定光源	0.15	117	3.6	421.2
3	TXL6－103	用户光缆测试 12 芯以下	段	24	光功率计	0.15	116	3.6	417.6
4	TXL6－103	用户光缆测试 12 芯以下	段	24	光时域反射仪	0.15	153	3.6	550.8
		合计							2 124

设计负责人：张一　　审核：王五　　编制：李四　　编制日期：2021 年 7 月

表 4－43　国内器材预算表（表四甲）

（国内需要安装的设备）

建设单位名称：Z 市 F 运营商

工程名称：Z 市 F 运营商 Z 市 J 公司办公楼 5G 移动信号室内覆盖项目　　表格编号：20210600 1SF001ZFZJSJ 001－B4A－E　　第　页共　页

序号	名称	规格程式	单位	数量	单价/元			合计/元			备注
					除税价	增值税	含税价	除税价	增值税	含税价	
Ⅰ	Ⅱ	Ⅲ	Ⅳ	Ⅴ	Ⅵ	Ⅶ	Ⅷ	Ⅸ	Ⅹ	Ⅺ	Ⅻ
1	5G 移动基站		个	3	3 503.69	595.63	4 099.32	10 511.07	1 786.88	12 297.95	
2	5G 移动基站		个	24	1 751.82	297.81	2 049.63	42 043.68	7 147.43	49 191.11	
3	配送和运保服务			1	525.55	89.34	614.89	525.55	89.34	614.89	
4	设备安装督导服务（5G 移动基站（有源））			24	406.25	69.06	475.31	9 750	1 657.5	11 407.5	
	合计							62 830.3	10 681.15	73 511.45	

设计负责人：张一　　审核：王五　　编制：李四　　编制日期：2021 年 7 月

表 4-44　国内器材预算表（表四甲）

（国内甲供主要材料）

建设单位名称：Z 市 F 运营商

工程名称：Z 市 F 运营商 Z 市 J 公司办公楼 5G 移动信号室内覆盖项目　　表格编号：202106001SF001ZFZJSJ（001-B4A-MY）　　第　页共　页

序号	名称	规格程式	单位	数量	单价/元			合计/元			备注
					除税价	增值税	含税价	除税价	增值税	含税价	
Ⅰ	Ⅱ	Ⅲ	Ⅳ	Ⅴ	Ⅵ	Ⅶ	Ⅷ	Ⅸ	Ⅹ	Ⅺ	Ⅻ
1	软光纤	双头	条	12	10	1.1	11.1	120	13.2	133.2	
2	PVC 管	ϕ25 mm	m	200	2.7	0.30	3.00	540	59.4	599.4	
3	PVC 穿线软管	ϕ25 mm	m	200	4.35	0.48	4.83	870	95.7	965.7	
4	电表	正泰 10A	个	2	55	6.05	61.05	110	12.1	122.1	
5	空开箱	正泰 PZ303	个	2	34	3.74	37.74	68	7.48	75.48	
6	电力电缆	ZA-RVV-0.6/1 kV-1×16 mm^2	m	30	8.35	0.92	9.27	250.5	27.56	278.06	
7	电力电缆	ZA-RVV-0.6/1 kV-3×16 mm^2	m	30	9.79	1.08	10.87	293.7	32.31	326.01	
	合计							2 252.2	247.74	2 499.94	

设计负责人：张一　　审核：王五　　编制：李四　　编制日期：2021 年 7 月

表 4－45　国内器材预算表（表四甲）

（国内乙供主要材料）

建设单位名称：Z 市 F 运营商

工程名称：Z 市 F 运营商 Z 市 J 公司办公楼 5G 移动信号室内覆盖项目　　表格编号：202106001SF001ZFZJSJ（001－B4A－MJ）　　第　页共　页

序号	名称	规格程式	单位	数量	单价/元			合计/元			备注
					除税价	增值税	含税价	除税价	增值税	含税价	
Ⅰ	Ⅱ	Ⅲ	Ⅳ	Ⅴ	Ⅵ	Ⅶ	Ⅷ	Ⅸ	Ⅹ	Ⅺ	Ⅻ
1	IMBO3 机柜		套	3	542	92.14	634.14	1 626	276.42	1 902.42	
	合计							1 626	276.42	1 902.42	

设计负责人：张一　　审核：王五　　编制：李四　　编制日期：2021 年 7 月

表 4－46　工程建设其他费预算表（表五甲）

建设单位名称：Z 市 F 运营商

工程名称：Z 市 F 运营商 Z 市 J 公司办公楼 5G 移动信号室内覆盖项目　　表格编号：202106001SF001ZFZJSJ 001－E　　第　页共　页

序号	费用名称	计算依据和计算方法	金额/元			备注
			除税价	增值税	含税价	
Ⅰ	Ⅱ	Ⅲ	Ⅳ	Ⅴ	Ⅵ	Ⅶ
1	建设用地及综合赔补费					
2	建设单位管理费	工程总概算×2%	1 858.14	111.49	1 969.63	92 907.15×1.5%
3	可行性研究费					
4	研究试验费					
5	勘察设计费	勘察费+设计费	4 228.33	253.7	4 482.03	0+4 228.33
	勘察费	计价格〔2002〕10 号规定				
	设计费	计价格〔2002〕10 号规定：（工程费+其他费用）×4.5%×1.1	4 228.33	253.7	4 482.03	（26 585.21+62 830.3+0）×4.5%×1.1
6	环境影响评价费					
7	劳动安全卫生评价费					
8	建设工程监理费	（工程费+其他费用）×3.3%	2 004.87	120.29	2 125.16	（26 585.21+62 830.3+0）×3.3%
9	安全生产费	（建安费+其他费用）×1.5%	398.78	43.87	442.65	（26 585.21+0）×1.5%
10	引进技术及引进设备其他费					
11	工程保险费					
12	工程招标代理费		854.21	51.25	905.46	
13	专利及专利技术使用费					
14	其他费用					
	总计		9 344.33	580.6	9 924.93	
15	生产准备及开办费（运营费）					

设计负责人：张一　　审核：王五　　编制：李四　　编制日期：2021 年 7 月

4.9 实做项目及教学情境

实做项目：参考本章案例的方案和设备，参考分析并给出校园内教学楼的5G室内分布方案、绘制图纸并编制预算。

目的：掌握5G无线室内分布工程的设计和预算编制方法。

本章小结

本章主要介绍无线室内分布工程设计的内容、方法和步骤，主要内容包括：

1. 移动室分系统的信号源，分为宏基站、分布式基站、微基站等。
2. 信号分布系统分为有源分布方式和无缘分布方式。
3. 室分系统中的主要设备和器件，包括天线和信号线。
4. 无线移动室内信号分布工程设计图一般分为原理图和施工图。
5. 列举5G无线室内信号分布工程的预算编制中工程量统计的主要内容。

复习思考题

4－1　简述有源分布方式和无源分布方式的区别。

4－2　列举5G无线室内分布工程中系统图和施工图的主要内容。

4－3　简述5G无线室内分布工程预算编制方法和步骤。

第5章　铁塔工程设计及概预算

本章内容

- 铁塔工程勘察测量
- 铁塔工程设计方案
- 铁塔工程设计与概预算文档编制

本章重点

- 铁塔工程现场勘察
- 铁塔工程设计方案的选择
- 铁塔工程概预算的编制

本章难点

- 铁塔工程设计图纸绘制
- 铁塔工程工作量统计

本章学习目的和要求

- 了解铁塔相关技术概念和应用
- 掌握铁塔工程勘察设计的一般方法
- 理解铁塔工程概预算的编制方法

本章课程思政

- 通过案例教学，加强对铁塔工程安全规范的教育，为学生树立安全意识与责任担当。

本章学时数：8学时

5.1 铁塔工程概述

5.1.1 铁塔技术概述

通信铁塔的发展见证了我国无线通信网络的变迁。移动通信基站铁塔遍布城乡，随处可见，不断增加。这反映了我国通信网络迅速发展，经济繁荣。通信铁塔工程的涌现，驱动了移动通信网络的进步与发展。移动通信作为当前热门的领域，随着5G的发展，通信铁塔工程建设的勘察、设计、监理等项目越来越多，地位越来越重要。

铁塔工程主要是铁塔基础的设计与施工。铁塔基础实际上是一项混凝土基桩工程，施工现场应有相应的施工技术标准、健全的质量管理体系、施工质量控制和质量检验制度。

铁塔基础施工项目应有施工组织设计和施工技术方案，并经建设单位和监理单位审查批准。施工时必须按照经过会审后的施工文本和相应的文件为准施工。

监理人员必须根据设计文件对铁塔基础进行质量控制，对铁塔地质勘探报告及相关文件或楼层承载数据资料、图纸等相关文件进行核查，以保证铁塔基础符合工程设计要求。

铁塔基础工程可分定位和测量放线、土方开挖、垫层浇混凝土、模板支设、钢筋绑扎、混凝土浇灌、地脚螺栓定位、接地装置埋设、养护、回填土等10道工序。下面按上述10道工序叙述质量控制过程。

1. 定位和测量放线

定位划线，按设计要求，依据地质勘探资料，测量铁塔基础位置。有时需要变更，必须有建设单位代表确认，在测量基础位置确定后，要对照设计再核实，保证其准确性。

2. 土方开挖

按设计要求开挖，要保证基础坑和连系梁坑的长、宽、深，同时，在挖坑时要注意地下文物的保护。

3. 垫层浇混凝土

基础坑和连系梁挖好后，经夯实平整，要按设计要求浇灌基础垫层混凝土，待混凝土硬化后，再绑扎基础和连系梁内的钢筋骨架。

4. 铁塔基础模板安装

在浇灌基础和连系梁之前，要支设模板，尺寸应符合要求。模板及其支架应根据工程结构形式、荷载大小、地基土类别、施工设备和材料供应等条件进行设计。模板及其支架应具有足够的承载能力、刚度和稳定性，能可靠地承受浇筑混凝土的质量、侧压力以及施工荷载。在浇筑混凝土之前，应对模板工程进行验收。在浇筑时，应对模板及其支架进行观察和维护，发生异常情况时，应及时进行处理。模板安装应满足下列要求：

（1）模板的接缝不应漏浆；在浇筑混凝土前，木模板应浇水湿润，但模板内不应有积水。

（2）模板与混凝土的接触面应清理干净并涂刷隔离剂，但不得采用影响结构性能的隔离剂。

（3）浇筑混凝土前，模板内的杂物应清理干净。

（4）模板拆除时，混凝土的强度应能保证其表面及棱角不受损伤。

5. 铁塔基础钢筋绑扎

（1）钢筋进场时，应按现行国家标准《钢筋混凝土用热轧带肋钢筋》GB 1499 等的规定抽取试件做力学性能检验，其质量必须符合有关规定。钢筋应平直、无损伤，表面不得有裂纹、油污、颗粒状或片状老锈。

（2）当钢筋品种、级别或规格需作变更时，应办理设计变更文件。

（3）钢筋安装时，受力钢筋品种、级别、规格和数量必须符合设计要求。

（4）基础骨架要严格按照设计要求进行绑扎。其规格、尺寸、质量应符合要求。钢筋需要焊接时，应有焊接试验报告，报监理进行检验。

（5）在浇筑混凝土之前，应进行钢筋隐蔽工程的验收，其内容包括：

① 纵向受力钢筋的品种、规格、数量、位置等。

② 钢筋的连接方式、接头位置、接头数量、接头面积百分率等。

③ 箍筋、横向钢筋的品种、规格、数量、间距等。

④ 预埋件的规格、数量、位置等。

（6）纵向受力的钢筋连接方式应符合设计要求，在施工现场应按国家标准《钢筋机械连接通用技术规程》（JGJ 107）、《钢筋焊接及验收规程》（JGJ 18）的规定抽取钢筋连接头试件做力学性能试验，其质量应符合有关规定。

（7）钢筋接头应设置在受力较小处。同一纵向受力的钢筋不得设置 2 个或 2 个以上。接头末端至钢筋弯起点的距离不宜小于钢筋直径的 10 倍。

（8）当受力钢筋采用机械连接或焊接时，设置在同一构件内的接头宜互相错开，纵向受力钢筋接头连接区段长度为 35 倍 d（d 为纵向受力钢筋的较大直径）且不小于 500 mm。横向净距不应小于钢筋直径，且不应小于 25 mm。

6. 铁塔基础和连系梁浇灌

（1）水泥进场时，应对其品种、级别、包装或散装仓号、出厂日期等进行检查，其质量必须符合现行国家标准《硅酸盐水泥、普通硅酸盐水泥》（GB 175）等的规定，当在使用中对水泥质量有怀疑或水泥出厂超过三个月时，应进行复验。

（2）混凝土所用的砂、石、水质量应符合国家现行标准《普通混凝土用碎石或卵石质量标准及检验方法》（JGJ 53）、《普通混凝土用砂质量标准及检验方法》（JGJ 52）及《混凝土拌合用水标准》（JGJ 63）等的规定。混凝土应按国家标准《普通混凝土配合比设计规程》（JGJ 55）的有关规定和要求进行配合比设计。水泥、砂子、石子的标号都应符合设计要求，要严格按照水泥、砂、石、水的比例用搅拌机搅拌混凝土，并要填写混凝土配合比申请单报监理审查。浇灌时，要用振动棒反复进行振动，待混凝土硬化后，还要取样进行检验，包括强度及水泥、砂子比例等。在浇灌地基时，还要有混凝土抗压强度、抗折强度试验报告，报监理审查。混凝土试块强度按混凝土强度检验评定标准 GBJ 107—87 执行。要注意四个基桩水平一致，任意两个相邻基桩中心距离一致，可以用水平测量仪进行测量。

（3）现浇混凝土基础结构外观质量不应有严重缺陷。对已经出现的严重缺陷，应由施工单位提出技术处理方案并经监理（建设）单位认可后进行处理。对经过处理的部位应重新进行检查。对已出现的一般缺陷，也应进行处理。

（4）现浇结构不应有影响结构性能和使用功能的尺寸偏差，对超过尺寸允许偏差且影响结构性能和安装、使用功能的部位，应由施工单位提出技术处理方案，并经监理（建设）单位认可后进行处理，对经过处理的部位应重新检查。

7. 铁塔地脚螺栓预埋和定位

在浇灌基桩时，同时要按设计要求对地脚螺栓进行定位和预埋，要找准地脚螺栓的位置和预留高度，注意基桩的地脚螺栓预留水平高度一致，可先进行定位，定位时可用焊枪在基础骨架上点焊定位，然后用水平测试仪进一步进行核实并最后一次浇灌。

8. 避雷接地装置的埋设

（1）按设计要求埋设接地体，焊好接地体之间引接线。接地体应埋设在铁塔基础周围，一般要埋设约 28 根以上长 1.5 m 左右的 50 m × 50 m × 5 mm 的角钢接地体，并用 40 m × 4 mm 的扁钢接地体连接线连成一体，接地体连接线如遇连系梁时，应从其下方通过。接地体埋设后，其顶部离地面不少于 0.7 m，在寒冷地区应埋设在冻土层以下，并应尽量避免安装在腐蚀性强的地带。

（2）接地体角钢和连接材料扁钢都必须热镀锌，应与铁塔钢材相同，为 Q235 钢材。

（3）基桩内的钢筋也可以作为接地体的一部分，与接地引入线连接，每一个塔基旁要预留 2 根接地引入线，馈线接地处要预留 3 根接地引入线（一般在机房馈线窗附近），以便使用和检测。接地引入线应从接地装置中部引接，多根接地引入线不应在同一接点引接，应互相错开。

（4）监理人员检查接地装置的敷设时，要求做到：接地体与连接线之间焊封要完整、饱满，没有明显的气孔，螺栓连接紧密，应有防止松动的措施；接地引入线穿墙时，要有保护管，跨越建筑物间隙时，要有余量，接地引入线接头处的接触面镀锡要完整，螺栓坚固，并应有防腐措施。接地引入线与安装在机房内外的接地汇集排之间应设立接地线断线卡，以便检查接地装置电阻值。断线卡应进行防锈处理。

（5）接地装置完成后，监理单位应会同相关单位对接地电阻值测试并记录，接地电阻值应小于 5 Ω，否则要补加接地角钢。

9. 养护

（1）基桩混凝土浇灌后，12 h 内用草垫或塑料薄膜加以覆盖并进行保湿养护，覆盖应严密，并保持塑料薄膜内有凝结水，一般要养护 28 d 左右（由天气和温度决定）。

（2）养护期可按日平均温度累计达到 600 ℃ • d 时所对应的周期计列，0 ℃及以下的周期不计列，养护期最少不应小于 14 d，但也不应大于 60 d。

（3）在气温较低时，应适当采取保温措施。

（4）混凝土强度达到 1.2 N/mm^2 前，不得在其上踏踩或安装模板、支架。

（5）当日平均气温低于 50 ℃时，不得浇水。

（6）按国家标准《混凝土强度检验评定标准》（GBJ 107）取样送检。达到标准后，方可进行铁塔的安装。

10. 回填土

回土时接地体角钢周围不要用岩石回填，而要用软土回填，以保证接地电阻良好，回土要夯实。一般宜在养护期结束后回填土。在进行铁塔基础施工监理时，每道工序都要进行旁站，并配备照（录）相机，进行必要的拍照或录像。

11. 验收应提交的技术资料

1）土建单位应提交的技术资料

在基础工作施工完成后，应由建设单位、监理单位会同设计单位、土建施工单位及铁塔施工单位进行联合验收。验收时，土建单位应提交下列技术资料：

① 设计文件（包括设计变更通知和材料代用证明文件）。

② 材料质量证明书或材料复验报告。

③ 隐蔽工程签证记录。

④ 混凝土抗压强度试验报告。

⑤ 基础混凝土工程施工记录（材料质量，水泥、砂、石比例，养护周期等）。

⑥ 土建基础复测记录。

⑦ 地阻测试记录（一般接地电阻应小于 5 Ω）联合检查验收的结果应符合设计要求和《混凝土结构工程施工质量验收规范》（GB 50204—2002）等国家有关质量验收规范。

2）承包单位应提交的资料

铁塔安装完成后，在承包单位自检的基础上，承包单位可以申请竣工验收。收到报验单后，监理工程师应组织建设单位、承包单位进行竣工验收。

验收前，承包单位应提交以下资料：

① 工程说明书。

② 工程设计单位资质证书。

③ 铁塔加工生产许可证（资质证书）。

④ 铁塔生产出厂合格证。

⑤ 铁塔主材、连接件材质检验报告（出厂合格证及复检报告）。

⑥ 铁塔工艺检测报告（镀锌、焊接、焊条）。

⑦ 特殊工种操作证。

⑧ 铁塔试拼装记录。

⑨ 安装工程开工报告。

⑩ 铁塔安装自检报告。

⑪ 铁塔安装质量检验记录。

⑫ 铁塔安装工程总量表。

⑬ 交工验收通知书。

⑭ 工程设计变更通知书。

⑮ 工程重大质量事故报告单。

⑯ 竣工图纸（全套）。

⑰ 验收证书（交接证书）。

铁塔工程在整个通信工程中属于配套工程，所以资料整理可以按照整个工程的配套部分整理，也可作为单位工程整理。

3）铁塔验收依据

铁塔验收：铁塔本身的验收主要依据《塔桅结构施工及验收规程（CECS 80:96）》《微波接力通信设备安装工程施工及验收规范（YD 2012—94）》以及施工图纸的要求进行验收。具体内容可参考铁塔安装质量检验记录。铁塔验收合格包括资料合格和铁塔本身安装合格两部分，只有两部分都符合要求，验收才合格。

铁塔的避雷措施：铁塔应有完善的防直击雷及二次感应雷的防雷装置，避雷带的引接必须符合设计和相关规范，一般采用自塔顶避雷针向下引接两条，并与塔体固定可靠、相互焊接合格，现场焊接处应有可靠的除锈防腐措施。

通信铁塔的障碍灯一般在塔顶设 2～4 个，红色，100 W。还需按照国防部和民航局的规定具体处理铁塔安装工程保修阶段的质量控制点。铁塔安装的保修期一般为一年。在保修期内，监理人员应对铁塔进行定期的观测（一般每年不少于一次）。如遇特殊情况（遇到大于或等于 8 级的大风、强度大于或等于 6 度的地震），还应对铁塔进行全面检查。检查内容包括：第一，检查塔身有无变形、倾斜；第二，构件有无明显变形、被盗少件现象；第三，螺栓有无松动，特别是地脚螺栓；第四，基础有无不均匀沉降；第五，焊接处的防腐处理；第六，复测防雷系统。铁塔安装一年后，应重新检查铁塔的垂直度，并进行校正。验收后，铁塔安装的承包商应将暴露在外面的地脚螺栓先涂上防腐材料（黄油），用油麻沥青包封，然后用细石混凝土浇筑，防止地脚螺栓生锈。只有这几样都合格，这个工程才是合格工程。

归纳思考

铁塔的荷载包括：

- 永久荷载
- 可变荷载
- 自然荷载
- 偶然荷载

铁塔的荷载包括永久荷载、可变荷载、自然荷载以及偶然荷载。其中，永久荷载包括：塔体自重（包括天线等永久附着物质量）；可变荷载是指可能增加或变更的通信设施；自然荷载主要以风荷载威胁最突出，设计和验算最为关注的因素是风荷载；偶然荷载主要是指由于地震、战争、人为破坏、不可抗力等造成的荷载。

4）铁塔设计的合理性审查内容

铁塔设计的合理性审查内容包括：

① 设计单位土建和塔体设计的相应资质审查。

② 对原建筑物承载能力进行验算结果检查。

③ 必要时对原建筑物的混凝土进行强度试验。

④ 对新建铁塔和原建筑物的连接、固定的可靠性进行验算（与现场结合）。

⑤ 在抗震地区对新建塔和原建筑物进行连接抗震验算，防止发生共振。

⑥ 新建铁塔与原建筑物的平面布置尽量对称，加大根开，避免在屋面的边角或边沿处建塔。

⑦ 外形与周围环境协调、美观。

探　　讨

- 举例说明铁塔设计的一些问题。
- 观察身边的铁塔，发现建设不合理的地方。

5.1.2　铁塔工程的分类

1. 铁塔的分类

铁塔按功能和作用类型，可分为：

1）通信塔

通信塔一般又称为通信铁塔，多建于地面、楼顶、山顶。塔架采用角钢材料，辅以钢板材料和钢管材料组成。塔架各构件之间采用螺栓连接，全部塔架构件在加工完毕后经过热镀锌防腐处理。角钢铁塔由塔靴、塔身、避雷塔、避雷针、平台、爬梯、天线支架、馈线架及避雷引下线等部件组成。

2）装饰塔

装饰塔集装饰、通信、避雷、景观等多功能于一体，多建于高层建筑及楼顶上，也可作为标志性建筑建于广场、游乐园、风景区等。装饰塔又称为工艺塔，塔架材料一般以钢结构为主，外层表面多采用钛金材料和不锈钢材料，其外形多种多样，配以灯光装饰，效果更突出。

3）微波塔

微波塔又称为微波通信铁塔，多建于地面、楼顶和山顶。微波塔承风能力强，塔架多采用角钢材料，辅以钢板材料，也可全部采用钢管材料组成。塔架各构件之间采用螺栓连接，全部塔架构件在加工完毕后经过热镀锌防腐处理。

4）避雷塔

避雷塔有三脚圆钢避雷塔、四脚角钢避雷塔、钢管避雷塔、独立避雷针等多种形式，其材料有圆钢材料、角钢材料、钢管材料。避雷塔加工完毕后，要进行热镀锌处理，30 年不生锈。避雷塔的高度一般在 10～40 m，有特殊要求的，设计高度可达 120 m。

5）拉线塔

拉线塔又称为桅杆结构，其特点是用钢量少，造价低，但占地较大，多用于地域开阔地方。可用于通信塔、测风塔、避雷塔、微波塔、气象塔等多种用途。

6）瞭望塔

瞭望塔采用钢结构形式替代了以往的砖木结构形式，其优点是质量小，便于搬运。瞭望塔多建于地势较高的山顶。瞭望塔分为拉线式瞭望塔和自立式瞭望塔，其功能相同，拉线式造价较低。

7）照明灯塔

照明灯塔可采用角钢结构、钢管结构、独杆结构等。

8）电视塔

电视塔又称为广播电视发射塔，多采用钢管材料辅以钢板组成，其高度多高于 60 m。

塔架各构件之间采用螺栓连接，全部塔架构件在加工完毕后经过热镀锌防腐处理。

2. 通信塔分类

通信塔按材料分，可分为角钢组装塔、钢管组装塔（三管塔、四管塔）。按结构分，可分为四柱角钢塔（自立或拉线）、四柱钢管塔（自立或拉线）、三柱钢管塔（自立或拉线）、单管塔（独管塔）、拉线塔。按外形分，可分为自立式、拉线式、塔楼式。

角钢自立式铁塔技术成熟，可靠性高，寿命长，成本低，通信铁塔多采用这种方式。道路覆盖方面，灯杆塔使用得也比较普遍。

5.1.3 铁塔工程的质量控制

铁塔工程项目质量中，主要环节分为土石方基础工程和组塔工程两大部分。土石方基础工程分为前期勘察、挖基础坑、钢筋笼制作、基础垫层浇筑、基础浇注、拆除模板、养护等项目。组塔工程分为环境清理、组织人员车辆、吊装、紧固等工作。施工项目质量必须符合设计要求和合同约定的质量标准，满足建设单位对该项目的功能和使用价值的期望。施工项目经理部必须采取一切有效的控制措施，使施工工程项目质量目标得以高质量地实现。

思政故事

铁塔建设是移动通信网络建设的重要工程，但是，长期以来，选址建站是困扰铁塔建设的难题。通信工程师用他们的聪明智慧，勇于创新，闯出了一条铁塔建设的新路子，涌现了如塔吊站、门形站、经幡塔、电力塔、交通灯通信塔等多种形式的铁塔工程案例。通信人的不懈努力让我们拥有了高质量的移动通信网。下面介绍“浦博塔”的建设案例。按照上海世博园区规划，园区计划进行大舞台的拆迁工作，其中三大电信运营商原有基站也要拆除。由于世博园为开放环境，内部空旷，可利用的高建筑物很少，单管塔或者其他塔型对公园整体景观有影响，铁塔寻址困难。通信人开动脑筋，因景施策，创新实践，提出了用世博园内留存的“塔吊车”进行园区内的无线信号覆盖的方案——塔吊基站“浦博塔”。即塔吊车身改建为机房，三家运营商天线按方向分别安装在两个塔吊上。改建后的塔吊基站保留了场景原有的文化气息，同时，建设成本远低于传统落地塔，建设周期仅为 7 天。

5.2 铁塔工程设计任务书

5.2.1 主要内容

小区接入工程设计任务书一般包括以下内容：

（1）项目的名称、项目编号、项目地点、建设目的和预期增加的通信能力。

（2）建设规模、建设标准、投资规模或投资控制标准。

（3）局端情况（机房选址）、专业分工界面、技术方案选用计划。

（4）设计依据和其他需要说明的事项。

5.2.2　任务书实例

随着 5G 移动通信的大规模应用，移动铁塔的建设需求旺盛，因此，本章就以新建铁塔工程为例。设计任务书如下：

工程设计任务书

××移动设计有限公司：

兹委托你公司完成 2020 年某市区新建铁塔工程勘察设计工作，包括电源配套工程、土建工程、地址勘察工程。单项工程清单及项目编号附后（略），设计文件按单项工程分册，并编制汇总册设计文件。

本期工程为新建铁塔，就近接入城关机房设备（设备扩容另由设备专业负责）。甲供材料包括铁塔、铁件等设备材料，价格和费用标准按我公司 20××年网发××号文件执行。暂定于 9 月 22 日设计会审，请提前完成一阶段设计文件。

××公司××市分公司网络发展部
2020 年 5 月 12 日

5.3　铁塔工程勘察测量

勘察时，须现场确定并记录铁塔的类型和铁塔的高度。

5.3.1　铁塔工程勘察的相关要求

1. 铁塔上的平台勘察要求

（1）铁塔和塔上平台的设计及安装由铁塔厂家负责。

（2）现场确定天线安装在哪个平台上，并确定天线安装的方向及位置。

（3）记录铁塔的各个平台的高度、平台的尺寸。

（4）画出平台的形状（圆平台、八角平台等）和各个平台上天线的位置，把每种天线的作用记录下来。

（5）观察铁塔平台上是否有支撑杆和抱杆，如没有，要做好记录。

（6）扩容站中由全向站改为定向站的，需拆除原有全向天线，并安装定向天线。这种情况应注意观察平台上原有天线的位置，以便考虑新安装天线的位置。

（7）有些基站所在的电信局或广电局的铁塔较大，铁塔平台上的天线过多，造成平台负荷过重。在这种情况下强行安装天线，易造成平台的损坏和天线的脱落，产生责任事故。因此，在遇到负荷较大的平台时，应询问平台的承重能力并采取相应措施。

铁塔的根开：测量铁塔的根开。对于铁塔四周的根开，大部分铁塔是相等的，但个别铁塔的根开不相等，在测量时要注意。

机房和铁塔的相对位置：测量铁塔与机房的距离，画出铁塔和机房的相对位置图。此项是基站勘察设计中的重要一项，应引起足够重视。

铁塔的爬梯：馈线和爬梯应在同一侧，并且面向机房。

2. 拉线塔的相关要求

（1）在勘察时，会遇到建设单位租用广电局的拉线塔的情况，由于拉线塔不太适宜安装 GSM 基站的天线，因此建议局方不要使用或改为临时过渡用。

（2）拉线塔一般为三角柱形塔，塔身高度一般为 70～90 m，勘察时须看清有几层拉线和测量三角柱的边长。

（3）拉线塔一般都较高，并且很少有平台，如机房使用拉线塔，须与局方确定天线放置的高度。

落地桅杆一般应用在城市内且不宜建设铁塔的地方。辽宁省内的落地桅杆较多。

3. 楼顶支撑的要求

（1）楼顶支撑主要应用在城市或县城内不易建塔的地方，利用楼顶支撑方式安装天线较为复杂，并且绝大多数是定向站，应根据楼顶的布局和周围的楼群建筑分布来选择安放支撑及天线的位置。

（2）楼顶支撑安放的方式有以下两种：① 将支撑固定在女儿墙上，加固器件可以用 U 形卡子和膨胀螺栓等对墙加固。② 利用房顶架安放天线。房顶架可以是四边的、六边的和八边的。房顶架的高度要小于 8 m。

（3）选择楼顶支撑的安放位置时，要注意不要将天线的方向直接打到楼顶面上或周围的大楼上，以免造成信号受到遮挡，致使基站覆盖不够。

（4）选择楼顶支撑的安放位置时，要结合天线第一小区的方向来安排其他的楼顶支撑位置。

铁塔的地线：利用、租用原有铁塔时，要注意观察铁塔地线的情况，如情况不明，应询问局方，把情况了解清楚。如果地线不符合规范要求，应做好记录，并将当地土质情况记下。

铁塔的防雷：对于地势较高的基站，应询问局方该基站的防雷情况（是否遭到雷击等），如果该基站遭到过雷击，应做好记录，在设计时，应考虑其防雷的措施（安装避雷器）。

新建铁塔的基站，注意观察铁塔建设的位置，看一看建铁塔的位置（地基）是否够用，如有问题，须向局方提出建议。

5.3.2 铁塔站勘察工作的注意事项

1. 新建铁塔站勘察事项

（1）拟建铁塔位于山坡上时，记录是否为山顶、半坡或山脚，应测量建塔位置距山坡下的相对高度，评估是否会发生二次搬运，并记录与最近可进车的道路的距离。

（2）拟建铁塔周围是否有河流、土坑、陡坡，并测量其到拟建铁塔位置的距离，测量它们的深度，评估是否有塌方的危险，河沟是否为长期有水或仅是排水沟。建塔位置是否位于干枯的河床上。

（3）拟建铁塔周围有建筑物时，记录周围建筑物的用途、层数，并测量建筑物之间的距离。特别的建筑物如加油站，油库等，应特别记录标注，并记录其到建塔位置的距离。

（4）拟建铁塔周围有高压线、高速铁路、公路时，应在草图上表示出其走向，测量高压线、高速铁路、公路到拟建铁塔位置的距离。

（5）拟建铁塔位置地势低洼时，应测量其与周围道路或平坦地势的相对高度，评估是否需要抬高基础或在机房门口设置挡水台。咨询陪勘人对该地雨季水位的描述。

（6）拟建铁塔位于道路绿化带时，测量绿化带的宽度、距道路的距离，查看周围是否有明显的地下管线穿过，如有燃气、国防光缆等标注牌，并测量管线距拟建铁塔位置的距离。

（7）对于明显风压会变化的地区，如高山顶、湖泊边、海边等，在高山时，需测量建塔位置距山坡下的相对高度，在湖泊边、海边时，需测量建塔位置距湖边、海边的距离。

（8）如果新建机房，在现场草图中画出机房与铁塔的相对位置，指出是否需要新建围墙。

2. 利旧共址铁塔站勘察事项

（1）现场首先记录塔型（角钢塔、三管塔、四管塔、单管塔、拉线塔），然后详细测量铁塔根开、主材、斜材规格型号，锚栓数量和直径，并拍摄测量数据照片。

（2）测量铁塔高度、各层平台底部的高度，塔身主材安装有天线时，测量天线的安装高度。

（3）记录铁塔的塔身上有几层平台、每层平台上已经安装天线的数量和空余抱杆的数量、塔身安装天线数量和空余抱杆数量，并在勘察草图中标示出天线在平台的位置。如有全向天线、双胞胎天线、微波天线等特殊天线时，应在勘察草图中特别注明。

（4）针对三管塔、四管塔、单管塔，应记录塔身是否有平台预留节点板、有几层平台预留节点板。

（5）注意现场塔脚锚栓，塔身螺栓是否完好，无缺失；塔身锈蚀情况。

（6）塔身接地扁钢是否完好。

（7）对于现场勘察照片，能反映出整体塔身的基站远景照片一张；沿铁塔一周不同角度拍摄平台情况，能清晰反映铁塔有几层平台、每层平台天线数量；反映铁塔塔身安装有几幅天线的照片；反映预留节点板的近照；反映塔脚螺栓情况的照片；其他特殊情况的照片。

5.3.3　勘察前准备

1. 勘察前资料准备

（1）勘察工具准备。

（2）打印好勘察用表。

（3）在谷歌地图上找出要去勘察站点的经纬度，并对比周围基站的情况做进一步了解，如站间距、新建站点海拔高度与相对高度等情况。

（4）了解新建站点的覆盖范围、覆盖目标及容量目标，初步断定其配置、方向角。

（5）了解站点位置的传输网络，初步确认传输网络路由、网络结构、容量。

（6）初步了解基站的建设方式，如：是建室内站还是室外站，是租赁机房还是自建机房，是否是拉远站，是否采用直流远供，是山顶站还是楼面站等。如果是山顶站，还要准备爬山工具。

（7）如果是共站建设，则要了解老站的相关信息，如：机房大小、电源与电池的伏安数、机房设备图等。

2. 勘察前其他准备

（1）联系好运营商的负责人，定好勘察时间、车辆等问题。

（2）联系好当地的选点带路人，确定好见面的时间、地点。

5.3.4 新建站勘察要点

1. 站点整体及周围环境勘察

（1）先在远处对站点所在地整体进行拍照，要把站点的整体情况记录下来。

（2）记录站点位置、门牌号和经纬度，并对这些数据进行拍照记录。

（3）对目标区域进行勘察，记录附近基站的位置，目测目标基站与周围基站的距离及基站位置的大致方向角。与勘察前准备的资料进行对比。

（4）确保站址附近应无强功率发射设备（如微波台或电台、变电站、高压电力线通道等）和较少人为干扰（如电焊机、高频电炉、火花干扰等）。

2. 租赁机房勘察要点

（1）机房宜尽量靠近天面，最好选在倒数第二层，既可缩短天馈的长度，又可避免太阳直晒机房，提高机房温度。

（2）对机房的四边尺寸及房高进行测量，如果房子内有洗手间或其他阻隔的因素，要对其尺寸、大小、位置等有详细的描绘，并且要在草图上清晰地体现出来。

（3）要对房子内的门窗尺寸有详细的测量，其中包括门窗的大小及距离墙边的位置、窗户距离地面的高度。

（4）与房东确认好馈线窗或出线口的位置，馈线窗的位置要利于系统走线。

（5）现场初步确认新增设备的位置，并把其画在草图上。主设备位置应尽量靠近出线窗，电源柜的出线口位置如果是在下方，则需要在电源柜旁新增一个垂直走线架。电池要压在房梁上，如果机房内没有房梁，则需要靠墙摆放。

（6）对租赁机房的外观及内部进行拍照。外观：必须能很直接、清晰地看到机房位置。内观：必须站在四个角落对机房进行拍照，对门窗及参照物进行拍照，对天花板及需要开馈线窗的位置进行拍照。

（7）确认市电引入的位置、引电类型（是一次引电还是二次引电），估算引电距离，并对其进行拍照记录。

（8）如果机房出现漏水情况，则需要做好防水措施。

（9）机房所在建筑物地网情况，是否可用（满足小于 5 Ω）。

（10）如果机房不符合承重要求，则需要重新选择机房。

3. 自建机房勘察要点

（1）对周围环境进行实地勘察，确认是建简易机房还是建土建机房。一般简易机房建设在楼顶，而山顶或平地上采用土建机房。

（2）根据实际场地的大小绘制机房图。注意，要预留出墙的厚度。一般情况下，简易机房墙厚 10 cm，土建机房墙厚 20 cm。如果基站位置在山上，机房必须要选在一个相对平整，土地较坚硬，不易滑坡的地方。

（3）站在机房四个角落对机房所在位置及周围环境进行拍照，确保无死角遗漏。

（4）确定出线窗的位置，原则是尽量减少走线的长度。

（5）确认市电引入的位置、引电类型（是一次引电还是二次引电），估算引电距离，并对其进行拍照。市电情况（市电性质、电压波动范围、停电频繁程度）：是否需要装设固定油机，如需要，安装在哪里，油机房面积按 20 m^2（5×4）考虑；如不需要，是否安装市电/油机转换开关，明确安装位置。

4. 对室外平台勘察要点

（1）对室外平台位置要有精确定位。如果是在野外，平台建设位置需要用喷漆做记号。要有室外平台的经纬度，并对其所在位置及周围环境进行拍照。如果是在楼顶，则需要至少量出该平台到两处楼顶参照物的距离。

（2）要画出拟建的平台大小、结构及设备摆放的草图，并对草图进行拍照记录。

（3）确认市电引入的位置、引电类型（是一次引电还是二次引电），估算引电距离，并对其进行拍照。市电情况（市电性质、电压波动范围、停电频繁程度）：是否需要装设固定油机，如需要，安装在哪里，油机房面积按 20 m^2（5×4）考虑；如不需要，是否安装市电/油机转换开关，明确安装位置。

5. 天面勘察

（1）记录站点经纬度，并对 GPS 数值进行拍照。

（2）定好天线抱杆的位置，并站在楼房边缘的位置拍 360° 环境照，每 45° 照一张，共 8 张。

（3）确定天线的方向角及下倾角，覆盖目标的距离。

（4）对站点的天面进行拍照，要求站在天面的四个角落对天面进行全面无死角的拍照。如果天面过大，则还需要站在天面中间对天面四周进行拍照，并对需要立杆的位置进行重点拍摄。

（5）绘制天面草图，草图上标注的尺寸要精准，把天面四周的围墙长度及其他可能存在占用天面面积的地方都要仔细测量一遍，要有详细的测量数据。草图内容必须详细地反映出楼宇天面的所有东西，包括楼梯间、电视天线、太阳能电池、蓄水箱、水管、烟筒、杂物间等。绘制完成后，对草图进行拍照。

（6）如果楼面上有其他运营商的天线或设备，需要对其天线与设备的位置、挂高、走线等进行拍摄记录，并在草图上体现。

（7）如果要建设高桅杆，必须要确认天面梁柱的位置。高桅杆的位置首选在柱子的正上方，其次选择在梁的正上方。绝对不允许高桅杆压在天面地板上。同时，要确认天面的位置是否够高桅杆拉线。9 m、12 m 的高桅杆 2 层拉线，15 m、18 m 的高桅杆不少于 3 层拉线。并且 3 层拉线不能同时固定在一个地锚，同一方向的拉线必须分开装设。高桅杆拉线应对称布置，以避免初始拉力对塔身产生扭矩或者偏心矩。高桅杆的拉线布置，平面上宜为互交 120° 的 3 个对称方向或 90° 的 4 个对称方向。拉线角度应在 70° 以内（包含

70°）。如果有 6 个天线支架，天线支架伸出塔边不宜大于 800 mm，超过 800 mm 时，宜把天线支架设计成可伸缩的活动型。

（8）在选点勘察时，如果目标楼宇无法上去实地勘察拍照，则需要做到：

① 对需要覆盖的目标区域进行重点拍照记录。

② 到附近楼宇顶部对需要安装抱杆或高桅杆的天面进行拍照记录，由于距离可能会比较远，因此，为了保证照片的清晰度，在拍照时要注意调节数码相机，使得拍摄的照片清晰可见。

③ 争取在目标楼宇附近找到制高点拍摄 360° 环境照。如果是在平地上树立铁塔、高桅杆等较高的天线支架，需要到附近与天线齐高的地方拍方向照，严禁只在平地上拍方向照。

5.3.5 共建站勘察要点

1. 机房勘察

（1）勘察机房的大小、设备的摆放位置、走线架位置等，并与勘察前准备的资料进行对比，如有变动，必须及时改正。

（2）对机房进行全面的拍照记录。首先，必须站在机房四个角落尽量把机房设备摆放情况全面地拍摄下来；其次，要对各个设备进行正、反两面进行整体拍摄记录；再次，需要对设备内部情况进行拍摄记录，如设备机柜内 BBU 摆放情况、电源设备的端子使用情况、浮充数值、传输端子（ODF/DDF）使用情况、电池容量、机柜内空间大小等；最后，需要对走线架及馈线窗、接地排的使用情况进行拍摄记录。

（3）完成共站勘察表中机房部分的相关信息填写。

（4）注意机房的大小是否满足新增设备，如果是新增 BBU，设备柜内是否有足够的空间摆放。同时，要了解电源端子、传输端子、电池容量等情况是否满足新增设备的要求，如果不满足，是否有足够的空间扩容。

2. 天面勘察

（1）对天面进行勘察并对比原天面图纸是否有变动，如有变动，必须及时更新。

（2）记录站点经纬度，并对 GPS 数值进行拍照。

（3）对站点的天面进行拍照，要求站在天面的四个角落对天面进行全面无死角的拍照。如果天面过大，则还需要站在天面中间对天面四周进行拍照，并对原有的天线抱杆或高桅杆进行重点拍摄。

（4）填写共站勘察表格天面部分数据，并把填写完成的表格拍照记录。

（5）拍 360° 环境照，每 45° 照一张。

（6）如果该站点不使用双频天线，就需要重新选定新增天线的位置。如果原有天线抱杆或高桅杆有预留位置，则需要在勘察表格中注明，并对新选中的位置进行拍照记录。

5.3.6 勘察后数据整理

（1）按照勘察到的实际信息填写电子档勘察记录表。

（2）整理拍摄到的照片，按照机房、天面、方向照及站点覆盖区域进行整理。

（3）观看拍摄到的照片，重新核对记录的信息。

（4）按照草图绘制站点电子图纸。

（5）把勘察资料归档。

5.3.7　勘察实例

1. 准备工作

（1）成立 2 人以上勘察小组，准备勘察工具（相机或手机、GPS、盒尺和手持式红外测距仪（可选）、手电筒、绘图工具、指北针、地阻仪等）。

（2）检查新建铁塔周围的环境。

（3）检查相关机房和相关管线的设计、竣工情况。

（4）根据（2）、（3）步骤的资料，整理、打印出勘测底图。

（5）联系相关负责人，沟通相关情况等。

2. 勘察测绘

本实例铁塔工程勘察包括土建、地址、动力、机房等内容。根据现场的地形、地貌等环境条件确认塔基的具体位置，画出草图，如图 5－1 所示。

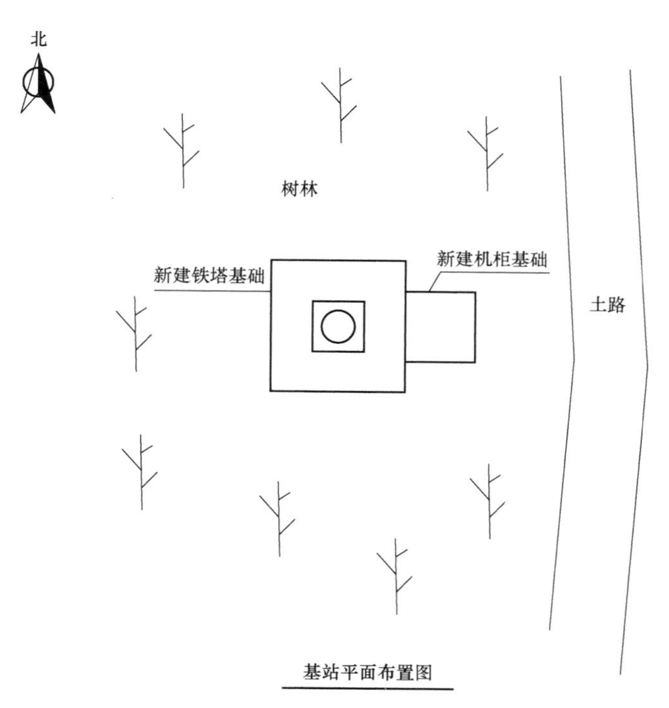

图 5－1　铁塔工程实例勘察草图

勘察过程中，应明确塔基和相邻建筑物的关系，塔基的基础形式、开挖方式，收集邻近建筑物的工程地质和水文地质资料，调查了解拟建场地的地下埋藏物（如管线、上下水、

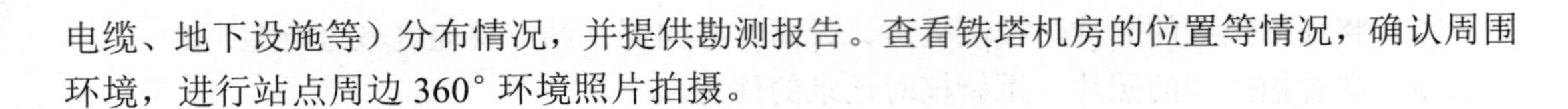

电缆、地下设施等）分布情况，并提供勘测报告。查看铁塔机房的位置等情况，确认周围环境，进行站点周边 360° 环境照片拍摄。

5.4 铁塔工程设计方案

不管是什么类型的铁塔，都需要严格依据设计规范，结合实际进行网络系统设计，以保证能够提供正常的通信质量。

5.4.1 铁塔设计

1. 铁塔塔身设计图纸编号规则

3GT 表示三管塔，JGT 表示角钢塔，DGT（L）表示路灯杆塔，DGT（C）表示插接式单管塔，DGT（Z）表示外爬支架式单管塔，FSS（SZ）表示仿生树，LXWG（WM）表示屋面拉线桅杆，ZGJ（WM）表示屋顶增高架，BG（WM）表示屋顶女儿墙抱杆，BG（WMZL）表示屋顶自立式抱杆。

20、30、40、50、60 为塔高（m）。

0.35、0.45、0.55 为设计风压（kN/m²）。

如：DGT（C）－35－0.45－3PT 代表设计基本风压为 0.45 kN/m²、塔高为 35 m、安装 3 层平台的插接式单管塔。

2. 标准化铁塔图纸选用方法

1）确定基本风压

根据《建筑结构荷载规范》“附表 D.4 全国各城市的 50 年一遇雪压和风压”查出拟建铁塔地区的基本风压（kN/m²），≤0.35，取为 0.35；0.40、0.45，取为 0.45；0.50、0.55，取为 0.55。

2）确定塔型

根据无线规划、建设征地及市容美化等方面的要求，选定采用三管塔、角钢塔、单管塔或其他塔型。

3）确定塔高

根据无线专业天线挂高的要求，确定塔高（20 m 起步，5 m 进阶）。

4）其他说明

根据实际情况进行个别处理。

3. 铁塔基础设计形式

根据不同塔型的受力特点及不同地质、地貌特征，本期铁塔基础主要采用如下基础形式。

（1）筏板基础。三管塔采取的主要基础形式，其优点是基础整体性好，适用范围较广，可用于土质比较软弱的地基，埋深浅，工程量小，能显著节省投资。

（2）独立基础。单管塔最常用的基础形式，独立基础施工简便，适用范围较广，但基础开挖量较大，尤其是地下水位较高时，基础抗拔设计困难。

（3）桩基础。当拟建场地面积受限，或地基的软弱土层较厚，上部荷载大而集中，采用浅基础不能满足铁塔对地基承载力和变形的要求时，可采用桩基础，一般采用人工挖孔桩。承台桩基础多用于一些特殊地质状况（如严重液化地带、软土地基等）。

（4）结合具体站址《岩土工程勘察报告》，选用模块化项目管理工作中的标准方案库的基础尺寸，如果验算不通过，设计院可自行确定基础尺寸。

4. 通信铁塔基础设计的特点

（1）通信铁塔独立基础地面对应于正常使用极限状态下荷载效应的标准组合允许脱开地基土，脱开面积应不大于底面全面积的 1/4。

（2）通信铁塔独立基础在承受拔力时应进行底板抗拔强度计算，并按计算在底板上表面配负弯矩钢筋。

（3）铁塔锚栓埋设深度应按受拉钢筋锚固长度计算。

5. 机房与一体化机柜基础设计

土建砖混机房、彩钢机房/预制水泥机房/一体化机柜基础选用模块化项目管理标准图集。

5.4.2　防雷接地设计

1. 防雷设计

安装在移动通信基站铁塔上的通信设备，按照第二类防雷建筑物防雷措施进行设计。

在铁塔塔顶安装避雷针，并与塔身可靠电气连接；利用塔身作为接地导体，塔身安装应保证可靠电气连接；铁塔金属构件应在塔脚处与铁塔基础可靠焊接。

2. 接地设计

本节仅对接地设计提出工艺要求，具体设计以施工图为准。

1）接地网形式

通信基站联合接地网应由机房地网、铁塔地网、变压器地网或者机房地网、铁塔地网组成。

2）铁塔地网的组成

铁塔地网应采用 40 mm × 4 mm 的热镀锌扁钢将铁塔基础各塔脚内部金属构件焊接连通组成铁塔地网，并将铁塔地网延伸到每个塔脚外 1.5 m 远的范围，网格尺寸不应大于 3 m × 3 m，其周边为封闭式；同时，还要利用每个塔基地桩内的两根以上主钢筋作为铁塔地网的垂直接地体。

3）接地极材料要求

水平接地体材料：40 mm × 4 mm 的热镀锌扁钢。

垂直接地体材料：长度为 2.5 m 的 $\phi 50 \times 5$ 热镀锌钢管或 L50 × 5 热镀锌角钢。

特殊情况下可以根据埋设地网的土质及地理情况适当缩短垂直接地体长度。

4）地网设置及敷设要求

水平接地体的上端距地面应不小于 0.7 m（如地下有岩石，可根据地形决定埋深）。在寒冷地区，接地体应埋在冻土层以下。

垂直接地体间距为垂直接地体长度的1～2倍，地网四角的连接处应埋设垂直接地体。

铁塔地网应预留与机房地网水平接地体连接接口，每隔3～5 m相互焊接连通一次，连接点不应少于两点。

5）接地电阻值

通信基站联合接地电阻值须按《基站防雷与接地技术规范》中的“移动通信基站所在区域土壤电阻率低于700 Ω·m时，基站地网的工频接地电阻宜控制在10 Ω以内；当基站的土壤电阻率大于700 Ω·m时，可不对基站的工频接地电阻予以限制，此时地网的等效半径应大于等于20 m，并在地网四角敷设20～30 m的辐射型接地体”执行。

在高电阻率地区，铁塔地网可采用换土等方法降低联合接地电阻。

5.4.3 基站施工安全风险

为加强通信建设工程安全生产监督管理，明确安全生产责任，防止和减少生产安全事故，保障人民群众生命财产安全，建设单位、设计单位、监理单位、施工单位必须遵守安全生产法律、法规和本规定，保证通信工程建设安全生产，依法承担安全生产责任。

1. 一般安全生产要求

通信行业工程建设必须贯彻落实“安全第一、预防为主”的方针，贯彻“以人为本”的理念，遵守中华人民共和国主席令第八十八号《中华人民共和国安全生产法》、中华人民共和国国务院令第393号《建设工程安全生产管理条例》、中华人民共和国国务院令第493号《生产安全事故报告和调查处理条例》、工业和信息化部发布的YD 5201—2014《通信建设工程安全生产操作规范》及工信部通信〔2015〕406号《通信建设工程安全生产管理规定》等相关法律、法规及行业标准，加强安全生产监督管理，保障通信建设工程安全生产。

2. 安全管理要求

工程建设必须按照国家关于安全生产的法律、法规和工程建设强制性标准中的规定，保证建设工程安全生产，依法承担建设工程安全生产责任。

施工单位的主要负责人、工程项目负责人和安全生产管理人员必须具备与本单位所从事施工生产经管活动相应的安全生产知识和管理能力，应当经通信行业主管部门考核合格后方可任职。

企业主要负责人、工程项目负责人和专职安全员应对建设工程项目的安全施工负责。当发生安全事故时，应及时、如实地报告。

工程项目施工必须实行逐级安全技术交底制度，纵向延伸到全体作业人员。施工人员在施工生产过程中，必须按照国家规定和不同的专业要求，正确穿戴和使用相应的劳动保护用品。从事特殊工种的作业人员，在上岗前必须进行专门的安全技术和操作技能的培训和考核，并经培训考核合格，取得《中华人民共和国特种作业人员操作证》后可上岗。

3. 施工现场环境安全

在公路、高速公路、铁路、桥梁、通航的河道等特殊地段和城镇交通繁忙、人员密集处施工时，必须设置有关部门规定的图示标志，必要时派专人看守。

临时搭建的员工宿舍、办公室等设施，必须安全、牢固，符合消防安全规定，严禁使用易燃材料搭建临时设施。临时设施严禁靠近电力设施，与高压架空电线的水平距离必须符合相关规定。

严禁在有塌方、山洪、泥石流危害的地方搭建住房或备设帐篷。在易燃易爆场所，必须使用防爆式用电工具。

焊接现场必须有防火措施，严禁存放易燃、易爆物品及其他杂物。火区内严禁焊接、切割作业，需要焊接、切割时，必须把工件移到指定的安全区内进行。当必须在禁火区内焊接、切割作业，必须报请有关部门批准，办理许可证，采取可防护措施后，方可作业。

易燃、易爆危险品和压缩可燃气体容器等必须按其性质分类放置并保持安全距离。易燃、易爆物必须远高火源和高温。严禁将危险品存放在职工宿舍或办公室内。废弃的易燃、易爆化学危险品必须按照相关部门的有关规定及时清除。

当通信线与电力线接触或电力线落在地面上时，必须立即停止一切有关作业活动，保护现场，立即报告施工项目负责人和指定专业人员排除事故，事故未排除前，严禁行人进入，严禁擅自恢复作业。

4. 施工现场操作安全

从事高处作业的施工人员，必须正确使用安全带、安全帽。配发的安全带必须符合国家标准。严禁用一般绳索、电线等代替安全带。

严禁在电力线路正下方（尤其是高压线路下）立杆作业。未经现场指挥人员同意，严禁非施工人员进入施工区。当起重塔上有人作业时，塔下严禁有人。

焊接带电的设备时必须先断电。使用砂轮切割机时，严禁在砂轮切割片侧面磨削，严禁用挖掘机运输器材。

搅拌机检修或清洗时，必须先切断电源，并把料斗固定好。进入料筒内检查、清洗，必须设专人监护。

推土机在行驶和作业过程中严禁上下人，停车或在坡道上熄火时，必须将刀铲落地。

使用吊车吊装物件时，严禁有人在吊臂下停留或走动，严禁在吊具上或被吊物上站人，严禁有人在吊装物上配重、找平衡，严禁用吊车拖拉物件或车辆，严禁吊拉固定在地面或设备上的物件。

在供电线路附近架空作业时，作业人员必须戴安全帽、绝缘手套，穿绝缘鞋和使用绝缘工具。

在高压线附近架空作业时，离开高压线最小距离必须保证：35 kV 以下为 2.5 m，35 kV 以上为 4 m。

更换拉线前，必须制作不低于原拉线规格程式的临时拉线。拆除吊线前，必须将杆路上的吊线夹板松开。拆除时，遇角杆，操作人员必须站在电杆转向角的背面。

经医生检查身体有病不适宜上塔的人员，严禁上塔作业。酒后严禁上塔作业。塔上作业时，必须将安全带固定在铁塔的主体结构上。

5. 基础施工安全生产风险问题

塔的定位应尽可能远离已有建筑物、构筑物、斜坡、沟塘等不良场地，如不可避免，应做好边坡防护。

施工单位应根据岩土工程勘察单位提供的地勘报告及现场情况制订合理的施工组织方案，基础施工前应探明并清除地下障碍物，以免施工时发生困难，影响施工质量。

基坑开挖时应做好支护工作或人工放坡，并应加强防排水措施，确保施工安全。

基坑挖好后，必须经夯实平整，浇筑垫层混凝土。待混凝土硬化后，再绑扎钢筋和安装基础骨架，浇筑基础混凝土。塔基及地埋件尺要准确，水平边长误差不大于边长的 1/1 500，且不大于±2 mm，定位板高低（水平）误差不大于±2 mm。建筑混凝土之前，请铁塔厂家确认预埋件尺寸及定位。施工过程中，应防止因振捣混凝土而使地脚螺栓位置不准。基础与连系梁宜一次浇筑，力求不留施工缝。凝土要确保强度，冬季施工要注意养护。

基坑回填时，回填土要用原状好土分层夯实，机械夯实：每层铺土厚度≤250 mm；人工打夯：每层铺土厚度≤200 mm。压实遍数≥3 遍。如果采用块石填充，块石之间需填充好土，使其密实，夯实密度不小于 17 kN/m，压实系数≥0.943。

基础混凝土强度达到设计覆盖度的 100%后方可立塔。

铁塔安装初验合格后，应根据铁塔设计要求，对塔脚底板与基础之间的空隙封堵。塔脚底板及地脚螺栓外侧使用 C15 混凝土包封。

本工程铁塔基础也作自然接地体，地脚螺栓及避雷系统镀锌扁钢与塔基柱头内主筋焊接，抽头扁钢一端与搭基内主筋焊接，另一端待铁塔安装后与铁塔防雷引下线焊接，铁塔地网宜与临近原有地网连接，接地电阻应满足工艺要求。接地扁钢焊接长度不小于 100 mm，暴露在土中接地网的所有焊接部位处应刷沥青。

凡预留洞、预埋件，应严格按照结构图并配合其他工种图纸进行施工，未经结构专业许可，严禁擅自留洞或事后凿洞。

短柱基施工后，应组织中间验收。未经验收或验收不合格，不得进行下道工序施工。

基础梁或短柱基等兼作防雷接地时，其有关纵筋必须焊接，双面焊缝长度 $L \geqslant 5d$。

施工现场的一切电源、电路的安装和拆除必须遵守现行行业标准《施工现场临时用电安全技术规范》JGJ 46—2005 的规定。

工程完成后，应按照建设单位要求在显著位置悬挂警示标识。

5.5 铁塔工程设计文件编制

铁塔工程设计说明的内容、结构和格式应当符合设计文件的一般性要求。本章主要以铁塔基础工程为例，介绍设计说明编写知识。

5.5.1 概述

本工程为某铁塔公司 50 m 单管塔基础设计。

上部结构体系：钢结构桅杆 50 m 单管塔。

计量单位：长度（mm）；角度（°）；标高（m）；强度（N/mm^2）。

结构施工图中，除特别注明外，均以本说明为准。

5.5.2　设计依据

《建筑结构可靠度设计统一标准》（GB 50068—2001）。
《建筑结构荷载规范》（GB 50009—2012）。
《混凝土结构设计规范》（GB 50010—2010）。（2015 年版）。
《钢结构单管通信塔技术规程》（CECS 236：2008）。
《建筑地基基础设计规范》（GB 50007—2011）。
《建筑结构可靠度设计统一标准》（GB 50068—2001）。
《建筑抗震设计规范》（GB 50011—2010）（2016 年版）。
《高耸结构设计规范》（GB 50135—2006）。
《移动通信工程钢塔桅结构设计规范》（YD/T 5131—2005）。
《构筑物抗震设计规范》（GB 50191—2012）。
《工程建设标准强制性条文　房屋建筑部分》（2013 版）。
《本铁塔工程岩土工程勘察报告》。
其他现行国家规范、规程、行业标准及图集。
铁塔总部及相应区域发布的最新各种企业标准。
勘察设计人员赴现场收集的相关资料。

5.5.3　设计范围和分工

1. 设计范围

本工程为中国铁塔某分公司新建铁塔项目工程。

电源配套工程设计由电源专业组成。

电源配套的安装设计部分负责所有查勘站点交、直流供电设备的安装设计，包括交流配电箱、整流器和电池组设备的布置与安装设计，防雷接地要求以及空调、新风系统安装工程预算。

土建工程设计由建筑专业组成。

主要包括基站机房的承重鉴定及改造设计。文本内容包含基站机房承重复核报告、基站机房设备平面布置图等。

地址勘察工程设计由工程地质勘察专业组成。

主要包括参与建设方组织的设计、监理、施工、勘察等单位的基站铁塔基础踏勘，以及铁塔基础的选址勘察。

2. 设计分工

1）与土建专业的分工

土建专业负责机房勘察设计，根据地质勘察报告进行铁塔基础和铁塔塔身的选型设计。

2）与地址勘察专业的分工

根据现场的地形、地貌等环境条件确认塔基的具体位置，塔基和相邻建筑物的关系，塔基的基础形式、开挖方式，收集邻近建筑物的工程地质和水文地质资料，调查了解拟建场地的地下埋藏物（如管线、上下水、电缆、地下设施等）的分布情况，并提供勘测报告。

3）铁塔公司与运营商的建设分工

室外宏基站建设时，电信企业负责无线、传输设备的建设，铁塔公司负责铁塔、机房及附属设施的建设，包括机房配套的空调、电源、监控、接地、消防等。

5.5.4 基础

本基站基础采用钢筋混凝土独立基础；基础设计等级为两级；混凝土结构环境类别为2b类。

建筑抗震设防类别为两类，建筑结构安全等级为二级。

本工程在设计考虑的环境类别中的结构设计使用年限为50年。

本工程设计基站尺寸为最小尺寸，施工时应对照钻探资料，若现场情况与设计不符，应及时与设计院联系，以便妥善处理。

基坑开挖后进行钎探，梅花形布点，间距为1.5 m，基坑以下深2 m。如遇空洞等异常情况，应及时通知设计单位及时共同处理。

基础四周的回填土须分层回填（每层厚200～300 mm），逐层夯实，填土不得低于设计标高。填土夯实后，表观密度不得低于17 kN/m^2。要求压实系数＞0.94。

5.5.5 材料及要求

（1）混凝土强度等级：基础主材为C30，垫层为C15，混凝土的坍落度、水泥用量、含砂率、粗骨料直径应符合《建筑地基基础设计规范》的要求。

钢筋：HPB300级钢筋屈服强度标准不小于300 MPa，HRB400级钢筋屈服强度标准不小于400 N/mm。

施工中任何钢筋替换均应经设计单位同意后方可替换，严禁采用改制钢材。

（2）纵向受拉钢筋（直径d≤25 mm）的最小锚固长度L_a应符合表5－1所列要求。

纵向受拉钢筋的最小锚固为：

$$L_a=\zeta_a\alpha\ (f_y/f_t)\,d \qquad (5-1)$$

表5－1　纵向受拉钢筋最小锚固长度

钢筋类别	混凝土强度等级				
	C20	C25	C30	C35	≥C40
HPB 300	39d	34d	30d	28d	26d
HRB 400	46d	40d	36d	33d	30d
注释： ① 所有锚固长度均应大于等于200 mm。 ② HPB 300的关键两点必须加弯钩。 ③ 地震区纵向受拉关键的最小锚固长度$L_{aE}=\zeta_{aE}L_a$。					

（3）焊条：HPB 300级钢连接及HPB 300与HRB 400连接采用E43XX；HRB 400级钢连接采用E50XX。

（4）基础内各箍筋开口应相互错开。

（5）轴心受拉及小偏心受拉杆件的纵向受力钢筋不得采用绑扎搭接接头。焊接接头的焊接长度单面焊为 10*d*，双面焊为 5*d*（未计过渡焊缝长）。焊接接头应按《钢筋焊接及验收规程》JGJ18 的规定抽样测试。

（6）未详尽部分抗震构造措施严格按《建筑物抗震构造详图》11G329－1 的要求。

5.5.6　施工要求

本工程施工时，应严格执行相关现行施工验收规范和规程。

混凝土浇灌要求如下：

（1）浇筑混凝土之前，必须通知相关单位对钢筋和预埋件等隐蔽工程进行验收。经验收合格后，填写检查记录表方可浇筑混凝土。

（2）混凝土到场后，应立即浇筑入模，在浇筑过程中，如发现混凝土拌合物均匀性和稠度发生较大变化的，应及时处理；要随时检查混凝土坍落度，商品混凝土以（160±20）mm 为宜。

（3）在混凝土浇筑过程中，如发现钢筋、模板、预埋件和预留孔洞发生位移、变形，应立即停止浇筑，待修复后再接着浇筑。

（4）混凝土须浇捣密实，注意养护，绝不允许出现任何裂缝，确保质量。

5.5.7　其他要求

（1）铁塔的定位应尽可能远离已有建筑物或构筑物、斜坡、沟塘等不良场地，如不可避免，应做好护坡工作。

（2）铁塔需待基础混凝土强度达到设计强度后，方可进行安装。

（3）基础顶 100 mm 厚混凝土后浇，锚栓定位后，由顶板下螺母调节顶板高度，待铁塔安装后，进行调正校直后，主要负荷加载之前，再用 C35 微膨胀细石混凝土浇筑。后浇时，需设置两根ϕ50 mm 出水管引水，出水管一端平直插入塔体内，应保证塔体内的出水管贴在原混凝土顶，出水管出水端应低于进水端。

（4）凡预留洞、预埋件，应严格按照结构图并配合其他工种图进行施工，未经许可，严禁擅自凿洞或者事后留洞。

5.5.8　验收

施工单位必须对基础做好一切施工记录，按规定预留混凝土试件，作出试压结果，并将上述资料整理好，提交有关部门检查和验收。

其他未尽事宜应严格执行国家现行有关施工及验收规范，如遇问题，应及时通知设计人员共商解决，主要施工及验收规范、规程有：

（1）《建筑工程施工质量验收统一标准》（GB 50300—2013）。

（2）混凝土结构工程施工质量验收规范》（GB 50204—2015）。

（3）建筑地基基础工程施工质量验收规范》（GB 50202—2002）。

（4）移动通信工程钢塔桅结构验收规范》（YD/T 5132—2005）。

5.5.9 工程建设强制性标准

（1）《建筑抗震设计规范》（GB 50011—2010）。

钢材的屈服强度实测值与抗拉强度实测值的比值不应大于 0.85；

钢材应有明显的屈服台阶，并且伸长率不应小于 20%；

钢材应有良好的焊接性和合格的冲击韧性。

在施工中，当需要以强度等级较高的钢筋替代原设计中的纵向受力钢筋时，应按照钢筋受拉承载力设计值相等的原则换算，并应满足最小配筋率要求。

（2）《混凝土结构设计规范》（GB 50010—2010）。

在设计使用年限内，未经技术鉴定或设计许可，不得改变结构的用途和使用环境。

钢筋的强度标准值应具有不小于 95%的保证率。

（3）《建筑地基基础设计规范》（GB 50007—2011）。

基坑土方开挖应严格按设计要求进行，不得超挖。基坑周边堆载不得超过设计规定。土方开挖完成后，应立即施工垫层，对基坑进行封闭，防止水浸和暴露，应及时进行地下结构施工。

基槽（坑）开挖到底后，应进行基槽（坑）检验。当发现地质条件与勘察报告和设计文件不一致或遇到异常情况时，应结合地质条件提出处理意见。

（4）未注明的勘察和地基基础强制性条文详见《工程建设标准强制性条文　房屋建筑部分》（2013 版）第五篇勘察和地基基础。

（5）未注明的抗震设计部分强制性条文详见《工程建设标准强制性条文　房屋建筑部分》（2013 版）第七篇抗度设计。

（6）未注明的施工质量部分强制性条文详见《工程建设标准强制性条文　房屋建筑部分》（2013 版）第九篇施工质量。

5.5.10 需要说明的问题

（1）由于在原有基站内施工，因此安装设备、电源的引接、缆线布放及测试等均应小心谨慎，避免对运营的业务造成影响。

（2）工程合理使用年限。

为了降低工程初次投资，提高经济效益，工程合理使用年限分为近期、中期、远期。近期为通信系统及设备投产后 3～5 年，中期为投产后 5～10 年，远期为投产后 15～20 年。

本项目是基站工程，考虑到基站站址选择及建设相对于一般传输工程来说投入较大，同时，租期限制可能导致站址变动、固定资产折旧，综合考虑这些原因，本工程合理使用年限不低于 8 年，具体使用年限由运营使用单位视设备使用情况而定。

5.6 概预算文档编制

铁塔工程概预算文档包括概预算说明和概预算表格两部分。编制概预算的基础工作是工作量统计和工程材料统计。

5.6.1 预算编制依据

（1）中国铁塔公司提供的服务模块库。
（2）现场勘查资料。
（3）绘制的设计方案图纸。

重点掌握

编制铁塔工程预算基本步骤：

- *填写项目和预算基本信息，完成基本计算规则设置。*
- *根据工程实际情况和要求，设定表二有关费率。*
- *根据工程量统计结果，填写表三数据。*
- *根据设备器材和材料统计结果，填写表四数据。*
- *设定表五有关费率，计取表五中有关费用。*
- *检查、分析、复核。*

5.6.2 铁塔工程概算编制的基本步骤

结合常用概预算软件的使用方法，编制铁塔工程预算的基本步骤如下。

（1）新建工程预算文件，填写项目和预算基本信息，完成基本计算规则设置。

（2）根据工程实际情况和要求，设定表二有关费率，计取表二中有关费用。预算软件一般内置定额标准费率库，依据建设单位的取费要求和工程实际情况，对费率和费用进行调整、计算。

（3）根据工程量统计结果，合理选用定额，按工程量表的统计顺序或定额编号顺序，在预算表三甲中依次录入对应的定额编号，并输入工程量。

（4）根据设备器材和材料统计结果，填写表四数据（种类、规格、数量、价格等信息）。生成并整理材料表、机械表。

一般预算软件是根据定额库，由预算表三自动生成预算表四甲（国内主要材料表）、表三乙（机械表）等预算表格。编制预算表四时，应根据建设单位要求对材料和需要安装的设备表、材料价格进行输入。

（5）根据工程实际情况和要求，设定表五有关费率，计取表五中有关费用。修改表二费率、表五甲、表一相关费率（应与预算说明部分保持一致），或直接计算相关费用，填入相应表格。

（6）检查、分析、复核。具体包括投资分析、逻辑关系、一致性等。

5.6.3 工程量统计方法

说明中的主要工程量一般以表格方式列明设备安装和主要人工消耗等内容。

工程量统计方法如下：

（1）根据概预算专业类别统计工程量时，优先选用相应专业对应的定额划分标准。

（2）根据工程特点选用相应的定额。

（3）为便于后续统计、核对材料，统计工程量时，可细分相应定额子项。

（4）因工程施工图识图、读图工作量较大，统计工作量要按照一定顺序进行，避免疏漏。

5.6.4 材料统计方法

大多数分部分项工程的材料，可以根据定额取定或定额附录计算确定。对于由设计给定的材料，应根据铁塔工程需要进行统计。下面以一个铁塔工程（图 5-2）为例进行介绍，对应的材料见表 5-2。

表 5-2 材料汇总表

序号	图名	质量/kg	备注
1	塔段（1）结构	873.2	
2	塔段（2）结构	2 139.4	
3	塔段（3）结构	1 587.5	
4	塔段（4）结构	3 135	
5	塔段（5）结构	4 234.7	
6	塔段（6）结构	5 656.1	
7	避雷针	59.01	含螺栓质量
8	爬梯	339.9	含螺栓质量
9	单层平台	561	非最下层平台，含螺栓质量
		559.6	最下层平台，含螺栓质量
10	天线支架	209.6	单层，含螺栓质量
11	爬升装置	33.7	
12	地脚螺丝	1 446.2	
杆塔总重（一层平台不含地脚螺丝）		18 827.7	含支架
杆塔总重（一层平台含地脚螺丝）		20 293.9	含支架
杆塔总重（二层平台不含地脚螺丝）		19 598.3	含支架
杆塔总重（二层平台含地脚螺丝）		21 064.5	含支架
杆塔总重（三层平台不含地脚螺丝）		20 368.9	含支架
杆塔总重（三层平台含地脚螺丝）		21 835.1	含支架
杆塔总重（四层平台不含地脚螺丝）		21 139.51	含支架
杆塔总重（四层平台含地脚螺丝）		22 605.71	含支架

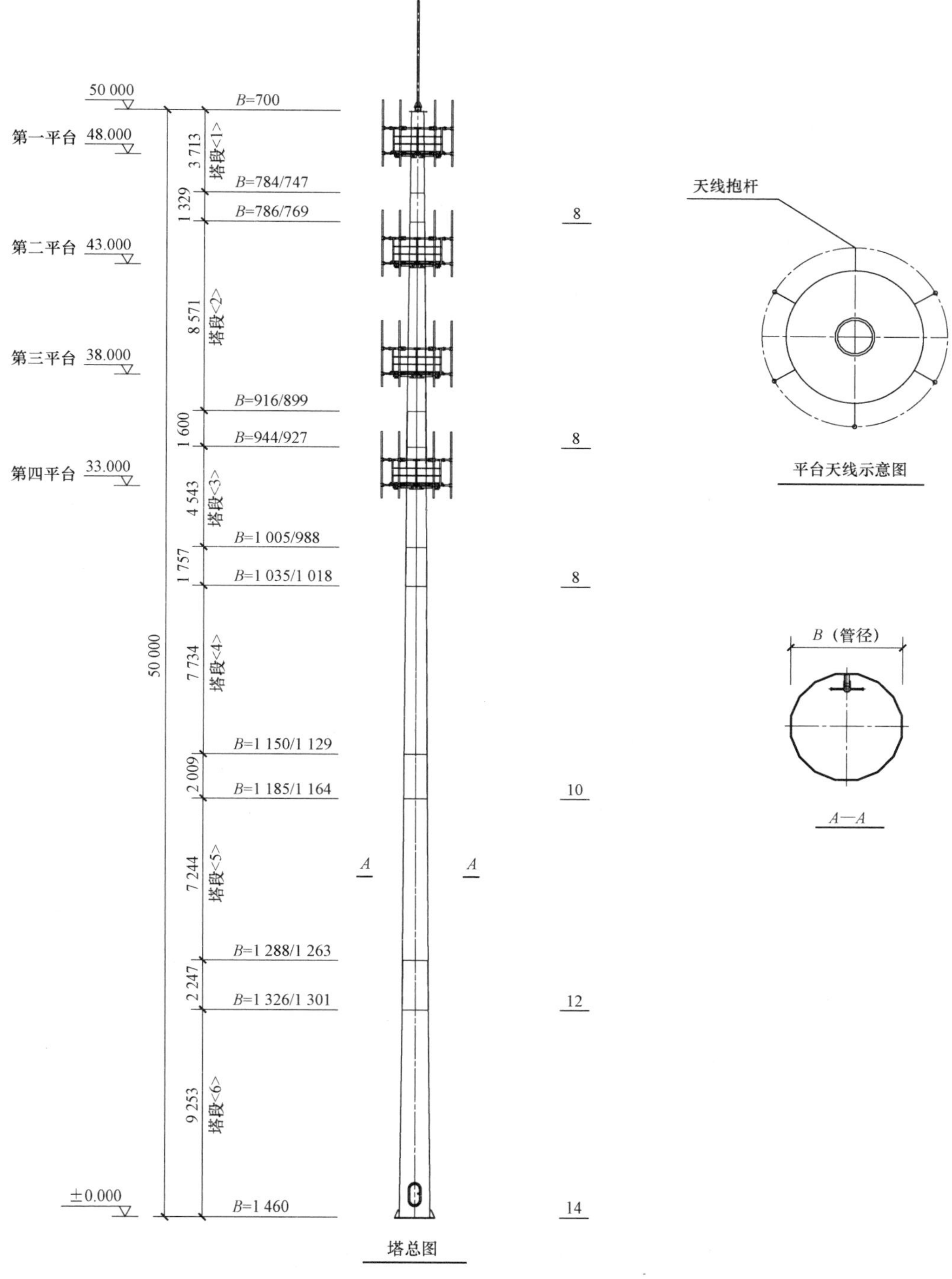

图 5－2　铁塔塔架结构总图

说明：

1. 单管塔的管径（*B*）：指塔体截面的外对边距，塔体截面为正十六边形。
2. 本单管塔设计风压：0.45 kPa。
3. 本通信钢管塔采用套接连接及内爬钉上下，钢管塔与基础连接采用地脚螺栓。
4. 本塔体共 4 层平台，每层平台安装 6 副天线、6 个 RRU，并且每副天线面积不大于 0.6 m^2，每个 RRU 面积不大 0.2 m^2。

5.7 铁塔工程实例

以下举例说明本章设计任务书实例项目设计文件中的设计说明和设计图纸。

5.7.1 结构设计总说明

本项目新建铁塔结构设计总说明如图 5－3 所示。

5.7.2 简易机房基础设计说明

简易机房基础设计如图 5－4 所示。

5.7.3 塔基设计

塔基设计如图 5－5 和图 5－6 所示。

5.7.4 防雷接地系统设计说明

防雷接地系统设计如图 5－7 所示。

结构设计总说明

一、工程概况

本工程为北京铁塔项目机房，结构体系为全装配预制拼装结构。结构基础采用混凝土条形基础，对于本工程的方位和设计标高±0.000 的绝对标高，甲方根据现场情况确定。

二、建筑结构安全等级及设计使用年限

1. 建筑结构安全等级：二级　　耐火等级：二级
2. 设计使用年限：50 年
3. 建筑设防抗震类别：丙类
4. 地基基础设计等级：丙类
5. 砌体施工质量等级：B 级

三、自然条件

1. 基本风压：$W_o = 0.45$ kN/m²
2. 基本雪压：$S_o = 0.40$ kN/m²
3. 抗震设防烈度：8 度（0.20 g）
4. 建筑场地类别：Ⅱ类
5. 最大冻深：0.8 m

四、设计依据

《建筑结构可靠度设计统一标准》（GB 50068—2001）

《建筑结构荷载规范》（GB 50009—2012）

《混凝土结构设计规范》（GB 50010—2010）

《建筑抗震设计规范》（GB 50011—2010）

《建筑地基基础设计规范》（CB 50007—2011）

《建筑抗震设防分类标准》（GB 50223—2008）

《混凝土结构施工图平面整体表示法制图规则和构造详图》（16G101 系列）

《砌体结构设计规范》（CB 50003—2011）

本工程按现行国家设计标准进行设计，施工时，除应遵守本说明及各设计图纸说明外，还应严格执行现行国家及工程所在地区的有关规范或规程。

五、设计采用的均布活荷载标准值

序号	房间用途、类别	标准值/（kN·m⁻²）
1	不上人屋面	0.5

屋面板、挑檐、雨棚等构件施工或检修集中荷载（人和小工具的自重）取 1.0 kN，楼梯、阳台等的栏杆顶部水平荷载取 0.5 kN/m，其他荷载按规范及实际情况取用。本工程楼面、屋面恒荷载均按建筑图纸所示面层计算，施工及二次装修不得超载。

六、地基与基础

1. 基础开槽后要进行钎探验槽，若发现不良地段（如枯井、古墓、暗沟、洞穴等），需经勘察、设计、施工建设单位共同研究处理后，方可进行下道工序的施工。

图 5－3　结构设计总说明

2. 本工程基础采用钢筋混凝土条形基础，基础中的钢筋锚固和连接应符合国标图集《混凝土结构施工图平面整体表示方法制图规则和构造详图（独立基础、条形基础、筏板基础、桩基础）》(16G101-3) 的有关规定。

七、主要结构材料

1. 混凝土强度等级除注明外，均为 C30。

2. 钢筋：钢筋采用 HPB300 级（Φ）、HRB335 级（Φ）、HRB400 级（Φ），钢筋的强度标准值应具有不小 95%的保证率。

3. 受力预埋件的锚筋和预制构件吊环严禁采用冷加工钢筋。

4. 纵向受力钢筋的抗拉强度实测值与屈服强度实测值的比值不应小于 1.25；钢筋的屈服强度实测值与强度标准值的比值不应大于 1.3；钢筋在最大拉力下的总伸长率实测值不应小于 9%。

八、结构措施及构造

1. 关于钢筋的连接、锚固、构造。

(1) 钢筋的锚固长度、搭接长度见下表：

钢筋类别	锚固长度			搭接长度		
	C20	C25	C30	C20	C25	C30
HPB235 级钢筋	36*d*	31*d*	28*d*	44*d*	38*d*	34*d*
HRB335 级钢筋	41*d*	35*d*	32*d*	50*d*	42*d*	39*d*

在任何情况下，最小锚固长度及搭接长度不得小于 250 mm 及 300 mm。

表中数值为同一连接区段内搭接面积百分率小于 25%的搭接长度，当为 50%时，表中数值应乘以 1.4/1.2。

(2) 受力钢筋的接头。

受力钢筋的接头位置应相互错开，梁板下部钢筋在支座处搭接，上部钢筋在跨中搭接。

(3) 钢筋的混凝土保护层厚度如下，并且不应小于受力钢筋的直径及箍筋直径 +15 mm。

mm

条件	构件类别	©20	C25～C45	条件	构件类别	©20	C25～C45
室内正常	板墙	20	15	室内潮湿露天或与土壤接触	板墙	—	25
	梁	30	25		梁	—	35
	柱	30	30		柱	—	35

(4) 板中下部受力钢筋与短边平行的在下，与长边平行的在上。

2. 关于留洞

(1) 墙上开洞对照各专业图纸预留，不得后凿。

(2) 板中留洞洞宽小于 300 mm 的，可按各专业图纸提供的位置预留，但钢筋不应截断，钢筋应避开洞口通过。

(3) 双向板的底部钢筋，短跨钢筋置下排，长跨钢筋置上排。

(4) 当板底与梁底平时，板底钢筋深入梁内需置于梁下部第一排纵向钢筋之上。

九、施工要求

1. 施工必须符合有关施工、验收规范及规定。

2. 基坑开挖时，应注意边坡稳定，施工期间，基坑及边坡严禁浸水，基坑附近严禁堆载。

3. 回填土时，必须清除坑内及回填土的杂物，然后在基础两侧或四周同时对称分层夯实回填，填土的压实系数应大于 0.96。

4. 施工中密切配合配套专业图纸。

十、其他

1. 图中凡未注明单位的尺寸的，除标高为米（m）外，其余均为毫米（mm）。

2. 受力预埋件的钢筋和预制构件吊环严禁采用冷加工钢筋。

3. 未经技术鉴定或设计许可，不得改变结构的用途和使用环境。

4. 施工中严格遵循《混凝土结构工程施工质量验收规范》(GB 50204—2015)。

5. 本说明未尽之处尚应满足国家现行的各类规范、规程、规定。

6. 本图应与拼装机房建筑图、结构图及工艺图等其他专业图纸配合施工。

图 5-3　结构设计总说明（续）

机房平面布置图

构造柱GZ

构造柱搓部锚固图

A—A(B—B)剖面图

1. 本工程采用天然地基，地基承载力特征值要求不小于120 kPa。
2. 铜筋：ⲫHRB400制，混凝土除基础垫为C15外，其余均为C30。墙件采用MU10烧结普通砖或砌块，±0.000以下采用M7.5水泥砂浆砌筑，砌筑等级为B级。
3. 基础开挖至持力层并确保耕土及杂填土全部清除，超挖部分回填素土夯实，要求压实系数不小于0.97。基础开挖后，应进行钎探、验槽。如遇不良地质情况，应及时通知设计人员解决。基础施工完成后，应及时进行回填，填土压实系数不得小于0.95。
4. 基槽开挖时，应严禁暴晒或水浸，并预留100 mm厚原土，待浇基础枕垫层时挖除。
5. 基础施工为保证质量，应进行验槽，合格后方能进行下道工序施工。
6. 本基础图应结合无线专业、上部机房图纸进行施工。
7. 地埋电缆用镀锌钢管，穿墙时加80°镀锌管弯头，管边距50 mm，高出地面50 mm，或现场根据情况确定，进室内电缆900 mm PVC线槽相扣。
8. 本工程施工时，应严格执行《混凝土结构工程施工质量验收规范》（GB 50204—2015）等现行施工验收规范和规程。
9. 机房基础和彩钢板房之间的间隙采用玻璃胶和防水胶填充，用于防水。
10. 机房内地面瓷砖形式由甲方自定，预埋PVC管需与设备厂家确定具体位置。
11. 其他未尽事宜参照相关规范进行。

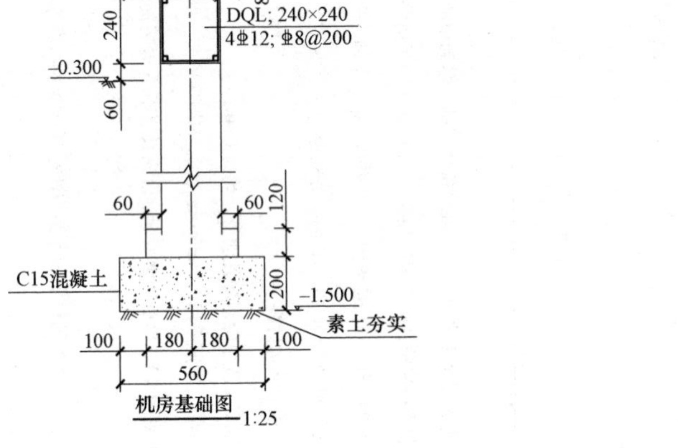

图5-4　简易机房基础设计

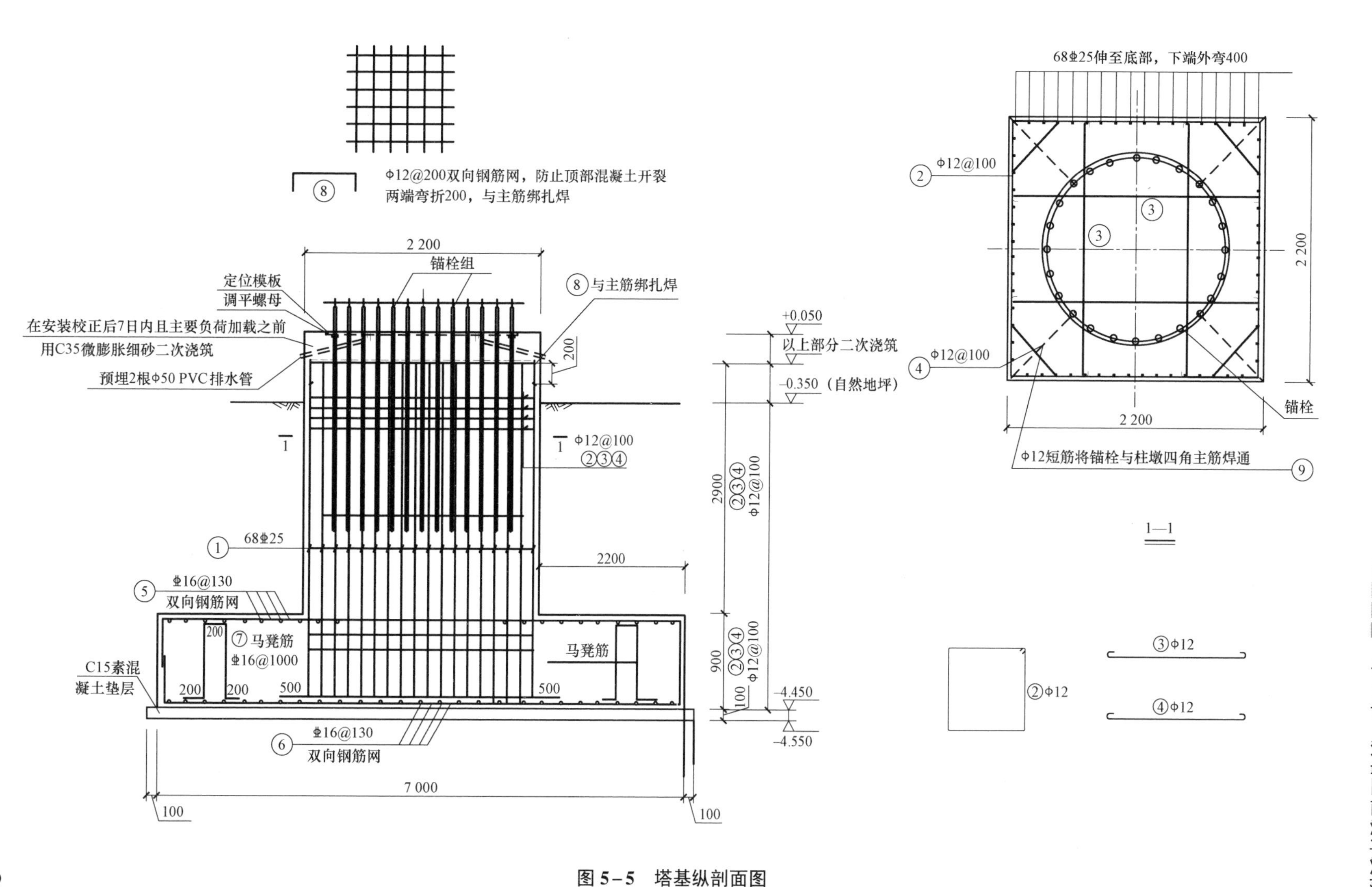

Φ12@200双向钢筋网，防止顶部混凝土开裂
两端弯折200，与主筋绑扎焊
⑧
2 200
锚栓组
定位模板
调平螺母
在安装校正后7日内且主要负荷加载之前
用C35微膨胀细砂二次浇筑
预埋2根Φ50 PVC排水管
⑧ 与主筋绑扎焊
200
Φ12@100
②③④
① 68Φ25
2200
⑤ Φ16@130
双向钢筋网
⑦ 马凳筋
Φ16@1000
马凳筋
C15素混
凝土垫层
200
500
⑥ Φ16@130
双向钢筋网
7 000
100
+0.050
以上部分二次浇筑
-0.350（自然地坪）
2900
900
②③④ Φ12@100
-4.450
-4.550
68Φ25伸至底部，下端外弯400
② Φ12@100
④ Φ12@100
③
2 200
锚栓
Φ12短筋将锚栓与柱墩四角主筋焊通
⑨
1—1
③Φ12
②Φ12
④Φ12

图 5-5　塔基纵剖面图

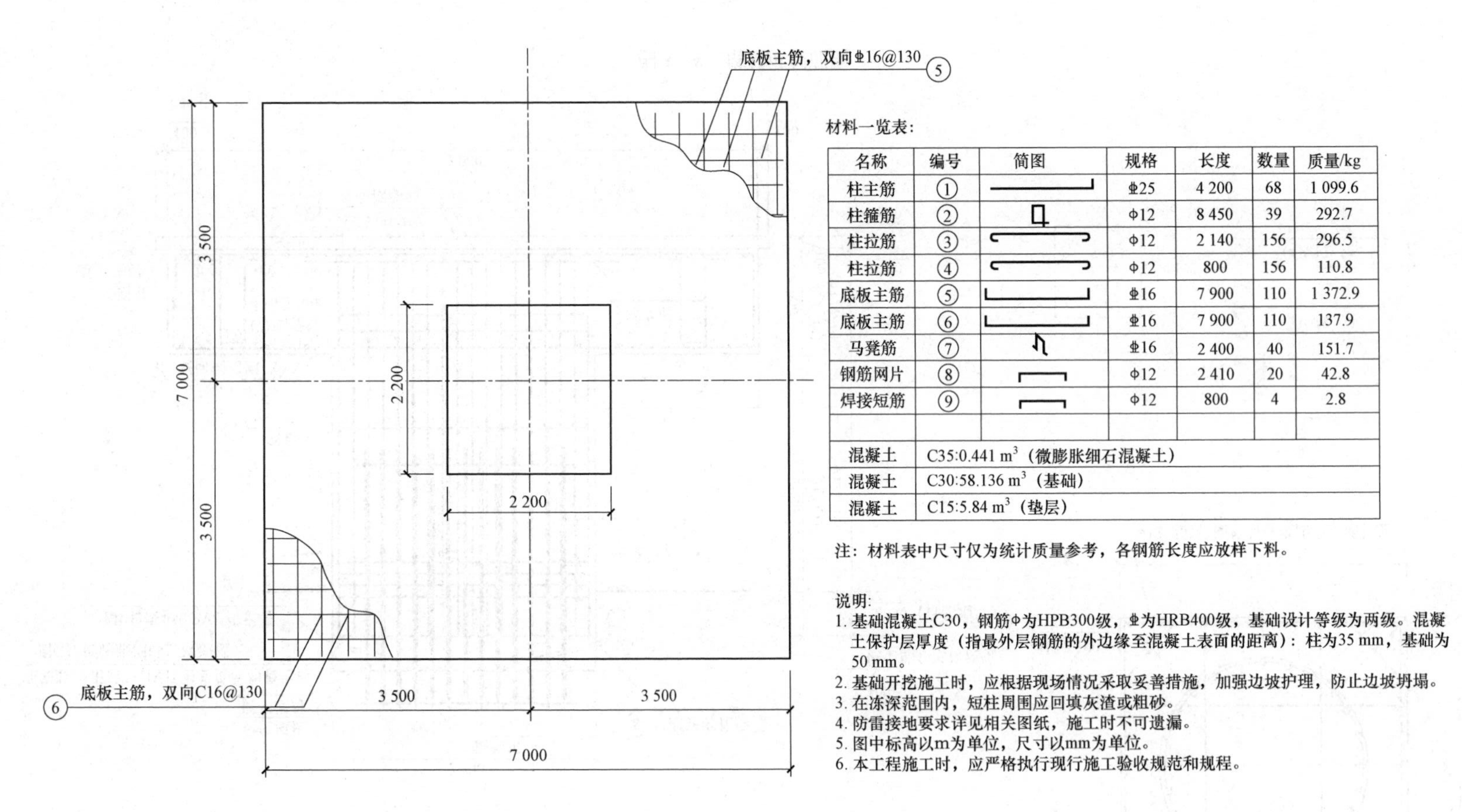

材料一览表:

名称	编号	简图	规格	长度	数量	质量/kg
柱主筋	①		Ф25	4 200	68	1 099.6
柱箍筋	②		Φ12	8 450	39	292.7
柱拉筋	③		Φ12	2 140	156	296.5
柱拉筋	④		Φ12	800	156	110.8
底板主筋	⑤		Ф16	7 900	110	1 372.9
底板主筋	⑥		Ф16	7 900	110	137.9
马凳筋	⑦		Ф16	2 400	40	151.7
钢筋网片	⑧		Φ12	2 410	20	42.8
焊接短筋	⑨		Φ12	800	4	2.8
混凝土	C35:0.441 m^3（微膨胀细石混凝土）					
混凝土	C30:58.136 m^3（基础）					
混凝土	C15:5.84 m^3（垫层）					

注：材料表中尺寸仅为统计质量参考，各钢筋长度应放样下料。

说明:

1. 基础混凝土C30，钢筋Φ为HPB300级，Ф为HRB400级，基础设计等级为两级。混凝土保护层厚度（指最外层钢筋的外边缘至混凝土表面的距离）：柱为35 mm，基础为50 mm。
2. 基础开挖施工时，应根据现场情况采取妥善措施，加强边坡护理，防止边坡坍塌。
3. 在冻深范围内，短柱周围应回填灰渣或粗砂。
4. 防雷接地要求详见相关图纸，施工时不可遗漏。
5. 图中标高以m为单位，尺寸以mm为单位。
6. 本工程施工时，应严格执行现行施工验收规范和规程。

图 5–6　塔基设计

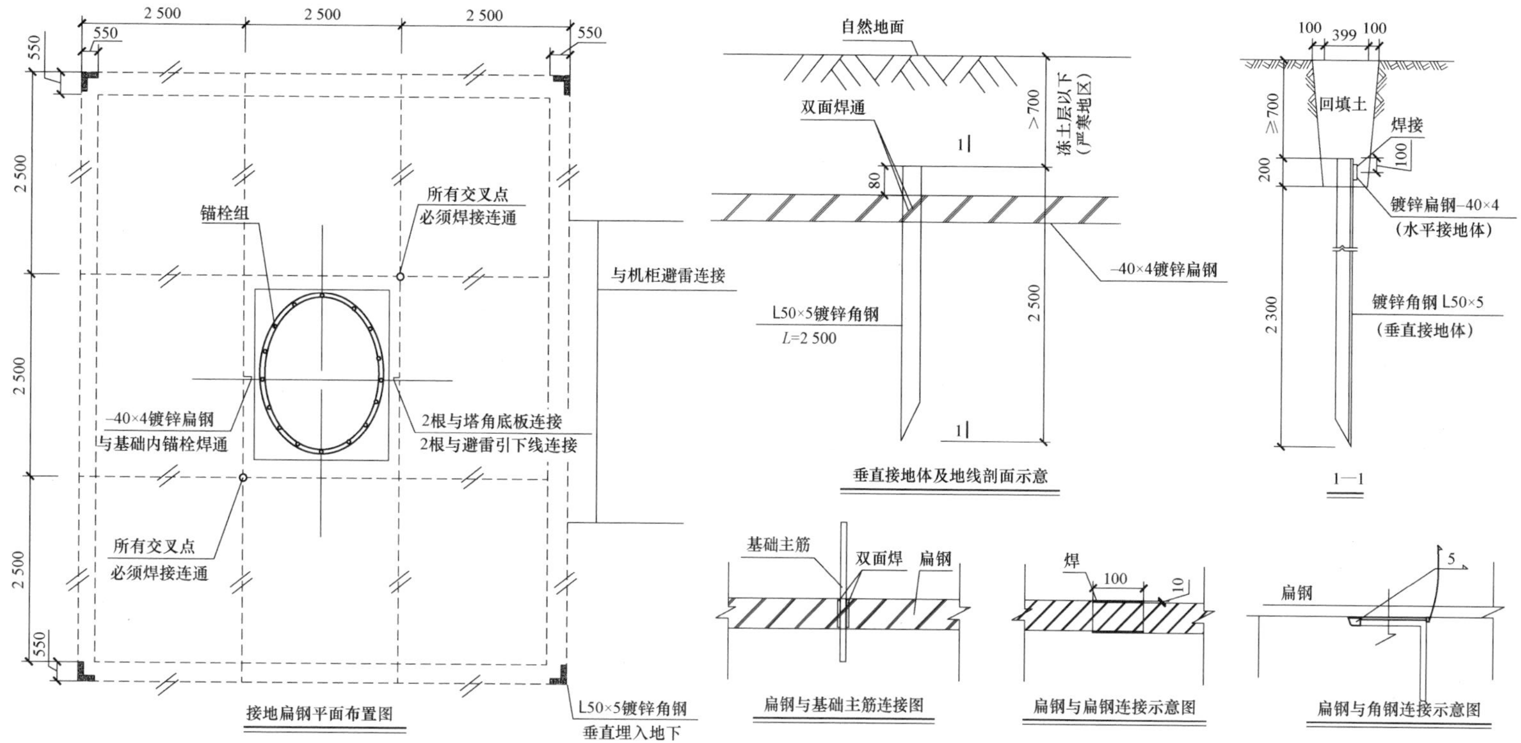

接地扁钢平面布置图

垂直接地体及地线剖面示意

1—1

扁钢与基础主筋连接图

扁钢与扁钢连接示意图

扁钢与角钢连接示意图

防雷接地设计说明：

一、设计依据

1.《通信局（站）防雷与接地工程设计规范》GB 50689—2011。

2.《通信局（站）防雷与接地工程设计规范》YD 5098—2005。

二、防雷系统

1. 铁塔顶接闪杆做法详见标准化铁塔相应图纸。

2. 铁塔平台各天线抱杆处及馈线离塔处预留接线端子排做法详见标准化铁塔相应图纸。

3. 利用铁塔塔身作为雷电流引下线。

4. 塔身在塔脚基础处用-40×4 热镀锌扁钢和基础纵筋可靠焊接，此扁钢在距塔脚基础 0.3 m 处设置接地测试端子。

三、接地系统

1. 本工程接地形式采用 TN-S 系统。新建铁塔地网应通过 -40×4 热镀锌扁钢和基站机房地网连接，形成联合接地网。地网的工频接地电阻值拉小于 10 Ω，当网围土地电阻率＞1 000 Ω·m 时，可不对工频电阻予以限制，但是要求地网的半径不应小于 10 m，并在地网四角加 20 m 的射形接地体。

2. 当铁塔基础地网的接地电阻值达不到要求时，可在铁塔基础地网外增设 1 圈或 2 圈环形接地体，环形接地体由水平接地体和垂直接地体组成，水平地体周边为封闭矩形，四角设有垂直接地体，并且垂直接地体间距不宜小于 5 m，水平接地体与铁塔基础地网之间通过预留扁钢相互焊接。第一圈与铁塔基础之间间距不应小于 1.5 m，第一圈环形接地体与第二圈环形接地体之间距离不应小于 4 m。

3. 地沟回填时，以素土回填，不应将含石块及砂石的杂土填入沟内。

4. 环形接地体的上端距地面不应小于 0.7 m，在经常有人走动的地方，局部埋深不应小于 1 m。

5. 水平接地体采用-40×4 热镀锌扁钢。

6. 垂直接地体采用 L50×5 热镀锌角钢，高 2.5 m。

7. 在塔脚基础处预留处一根-40×4 热镀锌扁钢，下端与基础纵筋可靠焊接，上端与塔身可靠焊接或铆接，此扁钢兼做接地测试端子。

8. 为保证良好的电气连通，扁钢与扁钢（包括角钢）搭接长度为扁钢宽度的 2 倍，焊接时要做到三面焊接。圆钢与扁钢搭接长度为圆钢直径的 10 倍，焊接时要做到双面焊接。圆钢与建筑物螺纹主钢筋的搭接长度为圆钢直径的 10 倍，焊接时要做到双面焊接。

9. 地网施工中焊接部位，以及室外联合地网引入室内的接地扁钢，应做三层防腐处理，具体操作方式为先涂沥青，然后绕一层麻布，再涂一层沥青。

图 5-7　铁塔防雷接地设计

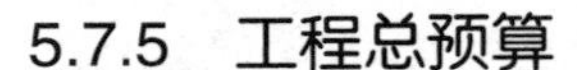

5.7.5 工程总预算

本项目新建基站设计让利后预算为34.13万元人民币。其中动力配套预算2.44万元，土建专业预算16.47万元，外电专业预算13.1万元，其他专业预算2.13万元。按照铁塔设计（监理）服务变革转型项目合同对项目工程设计监理费结算，通过PMS单独的设计监理工作量填报窗口进行填报，具体项目在预算中不体现。具体各项预算情况见表5－3。

表5－3　基站预算投资表　　元

序号	专业和费用名称	概（预）算			
		施工费（折扣后不含增值税）	甲供设备材料费（不含增值税）	其他费（折扣后不含增值税）	小计
一	设备及建筑安装投资	91 330.79	97 712.63	21 288.62	210 332.04
1	铁塔专业	0.00	60 171.55		60 171.55
2	铁塔基础土建专业	79 531.88			79 531.88
3	动力配套专业	6 788.30	17 592.36		24 380.66
4	机房（柜）土建专业	5 010.61	19 948.72		24 959.33
5	室内分布系统专业	0.00	0.00		0.00
6	传输专业	0.00	0.00		0.00
7	创新业务设备	0.00	0.00		0.00
二	其他投资	114 296.57	16 680.78		130 977.35
1	租赁基站机房装修	0.00			0.00
2	外电引入	114 296.57	16 680.78		130 977.35
3	选址费				0.00
三	总金额（不含增值税）	205 627.36	114 393.41	21 288.62	341 309.39
四	总金额（含增值税）				361 920.88

本新建铁塔工程内容繁多，包括电源配套工程、土建工程、地址勘察工程，下面重点对电源配套工程的荷载进行介绍。

5.7.6 基站通信机房荷载核算

通信建筑电力室、阀控式蓄电池室（蓄电池组四层双列摆放）的楼面等效均布活荷载标准值为16.0 kN/m^2；阀控式蓄电池室（蓄电池组四层单列摆放）的楼面等效均布活荷载标准值为13.0 kN/m^2；固定通信设备机房，楼面等效均布活荷载标准值为6.0 kN/m^2。

本设计涉及的设备安装地点为用户自己的现有标准规范机房，即这些机房在建设之初，均已考虑了后续安装通信设备所产生的等效均布活荷载，本期安装的设备均为在此范围内正常安装的通信设备，不会对机房产生超出标准值的荷载。

本设计是在一层用户机房新增综合机柜内安装动力源一体化开关电源一台（配置4块30 A整流模块，2组100 A・h蓄电池（质量为2×44 kg＝88 kg）），其产生的等效均布活荷载约为1.0 kN/m²，不超过通信设备机房的等效均布活荷载值，即本期工程无须考虑设备所在楼面进行结构处理。

5.8 实做项目及教学情境

实做项目一：以本章实例中的铁塔工程为基础，设计铁塔工程中电源系统建设方案，绘制相关图纸，并编制预算。

目的：熟悉铁塔工程设计的基本方法，掌握设计方案要点，理解铁塔工程中专项工程量统计方法和预算编制基础知识。

实做项目二：实测某小区某个电信运营商现有的铁塔安装位置，并绘制相关图纸。

目的：熟悉项目环境和测量工具，掌握勘察要领，加深对铁塔工程勘察设计相关内容的理解。

本章小结

本章主要介绍铁塔工程勘察、设计和预算编制基本方法，主要内容包括：

1. 铁塔工程的基础知识，包括铁塔工程的分类、质量控制等相关的内容等。

2. 铁塔基础工程可分定位和测量放线、土方开挖、垫层浇混凝土、模板支设、钢筋绑扎、混凝土浇灌、地脚螺栓定位、接地装置埋设、养护、回填土等10道工序。

3. 铁塔工程的勘察测量实务，包括勘察工作的要求以及主要任务。

4. 铁塔工程设计基础知识，包括铁塔设计规范、防雷接地设计规范、基站施工安全要求等。

5. 铁塔工程设计文档的编制方法，包括设计说明和图纸的主要内容。

6. 铁塔工程预算文档的编制方法，包括概预算编制基本步骤、工程量统计和材料的统计方法等。

7. 铁塔设计的合理性审查内容包括：

（1）审查设计单位土建和塔体设计的相应资质。

（2）对原建筑物承载能力进行验算结果检查。

（3）必要时对原建筑物的混凝土进行强度试验。

（4）对新建铁塔和原建筑物的连接、固定的可靠性进行验算。

（5）在抗震地区对新建塔和原建筑物进行连接抗震验算，防止发生共振。

（6）新建铁塔与原建筑物的平面布置尽量对称，加大根开，避免在屋面的边角或边沿处建塔。

（7）外型与周围环境协调、美观。

复习思考题

5－1　简述铁塔基础工程的10道工序。

5－2　铁塔设计的合理性审查内容包括哪些？

5－3　简述铁塔工程的分类。

5－4　下列规范属于国家现行的与铁塔工程相关的施工及验收规范的是（　　）。

A.《建筑工程施工质量验收统一标准》（GB 50300—2013）

B.《混凝土结构工程施工质量验收规范》（GB 50204—2015）

C.《建筑地基基础工程施工质量验收规范》（GB 50202—2002）

D.《移动通信工程钢塔桅结构验收规范》（YD/T 5132—2005）

5－5　钢材的屈服强度实测值与抗拉强度实测值的比值不应大于（　　）。

A. 0.85　　B. 0.9　　C. 1　　D. 1.1

5－6　根据《混凝土结构设计规范》GB 50010—2010，钢筋的强度标准值应具有不小于的（　　）保证率。

A. 95%　　B. 80%　　C. 70%　　D. 60%